复旦学前云平台
fudanxueqian.com

复旦学前云平台
数字化教学支持说明

为提高教学服务水平，促进课程立体化建设，复旦大学出版社学前教育分社建设了"复旦学前云平台"，为师生提供丰富的课程配套资源，可通过"电脑端"和"手机端"查看、获取。

【电脑端】

电脑端资源包括 PPT 课件、电子教案、习题答案、课程大纲、音频、视频等内容。可登录"复旦学前云平台"www.fudanxueqian.com 浏览、下载。

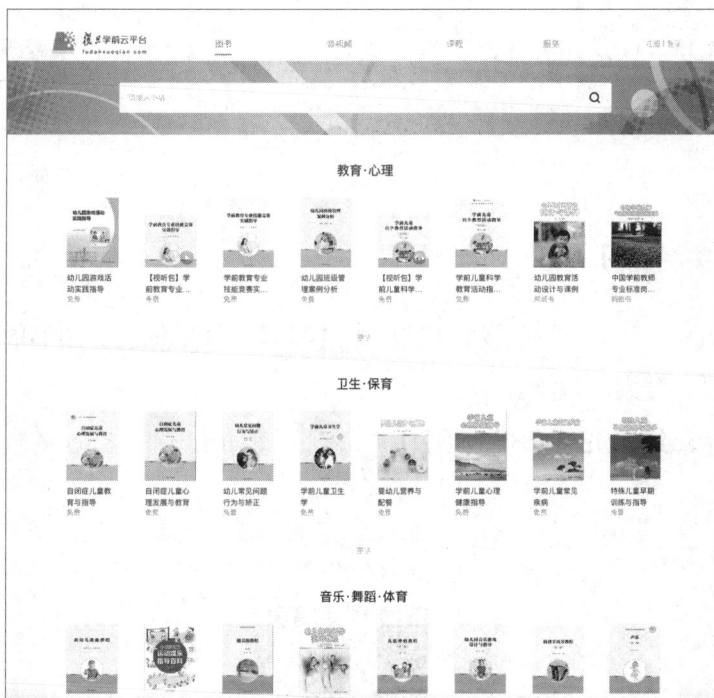

Step 1 登录网站"复旦学前云平台"www.fudanxueqian.com，点击右上角"登录 / 注册"，使用手机号注册。

Step 2 在"搜索"栏输入相关书名，找到该书，点击进入。

Step 3 点击【配套资源】中的"下载"（首次使用需输入教师信息），即可下载。音频、视频内容可通过搜索该书【视听包】在线浏览。

📱 【手机端】

PPT课件、音视频、阅读材料：用微信扫描书中二维码即可浏览。

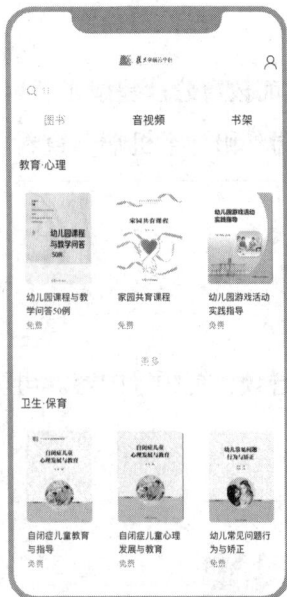

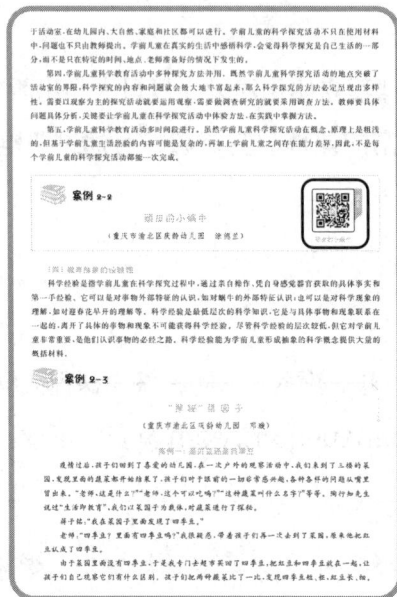

扫码浏览 ➡

📖 【更多相关资源】

更多资源，如专家文章、活动设计案例、绘本阅读、环境创设、图书信息等，可关注"幼师宝"微信公众号，搜索、查阅。

平台技术支持热线：029-68518879。

"幼师宝"微信公众号

普通高等学校学前教育专业系列教材

幼儿教师自然科学教程

（生物地理分册）

主　编　王向东
副主编　曾从刚　未友才
编　者　余艳俐　曾从刚　黄训君　喻利平
　　　　冯　熠　未友才　张玉彬

复旦大学出版社

内容提要

本书分为上、下两篇，共8章。主要内容为：上篇生物学知识从生物的基本单位细胞出发，介绍了生物体结构层次到生物个体，然后对生物进行分类，从而了解生物的多样性；从遗传和变异的角度对生物多样性的内因作了理论讲解，并宏观介绍了生物生存的环境；为增强学生的动手操作能力，介绍了植物、昆虫标本和粘贴画的制作方法。下篇地理学知识以人地关系为线索，介绍了地球所处的宇宙环境、大气环境以及人类生活的陆地环境和水环境，并学习和了解人类社会面临的自然灾害(地质灾害和气象灾害)等内容。本教材按章编写基础知识，每章分设若干节，每节按照问题和现象、基础知识、阅读与扩展、思考与练习的体系编写，内容鲜活，切合学生的认知规律，富有知识性和教育性。

本书精选了相关基础知识和最新前沿知识，在正文后附阅读与扩展，可供对自然科学感兴趣或学习能力较强的学生使用。全书课程学习适宜在学前教育专业二年级使用，按每周3课时，开设一学年，共计120课时为宜，也可根据实际情况灵活处理。

编审委员会

前言
Preface

　　2010年7月备受关注的《国家中长期教育改革和发展规划纲要(2010—2020年)》(以下简称《纲要》)正式发布。这是中国进入21世纪之后的第一个教育规划,是此后一个时期指导全国教育改革和发展的纲领性文件。其中,第三章明确了学前教育的发展规划,为学前教育的发展创造了一个新的局面。然而,培养幼儿教师科学素养和科学类教学技能的书籍依然欠缺,很多地方仍然在沿用原有的中师物理、化学、生物、地理教材,严重影响了学前教育事业的发展,制约了学前教育专业人才的培养,与国家的《纲要》精神严重不符。

　　基于以上背景,依据《纲要》的精神,编写组人员积极进行调研,借鉴了当今前沿科学著作,吸取了同行优秀成果,总结了编者多年的教学心得,在查阅了大量网上资料的基础上编写了这本《幼儿教师自然科学教程(生物地理分册)》。本书能够使学生在学前教育专业学习阶段受到良好的科学教育,培养学生的自主学习能力、实践能力和创新能力,提高学生的生物、地理等科学素养和从事幼儿科学教学的能力,满足学生个性发展和社会进步的需要。

　　本书编写中,从"问题和现象"开始,让学生带着问题学习基础知识的相关内容,在此基础上进行"阅读与扩展",供学生根据需求选择性学习,再从知识延伸到生活与现象,进行"思考与练习",按照从问题提出到知识解读、从现象解释到知识运用的格局编写。全书充分考虑到学前教育的实际,立足于服务社会需要和幼儿教师的职业发展需要,重点突出知识的基础性和实用性;为了尽量适应读者的需求,编写时也注重知识的综合性和知识运用的趣味性,因此,它既是学前教育专业的文化基础课教材,也是幼教从业人员和广大青少年提高科学素养的读本。

　　本书由四川省隆昌幼儿师范学校校长王向东主持编写,喻利平负责章节模板的设计及内容的选编,曾从刚负责全书统稿及编审修订生物学篇,未友才编审修订地理学篇。参加编写的老师有:余艳俐(第一章　认识生物),曾从刚(第二章　生物的分类和第五章　生物标本美工制作),黄训君(第三章　生物的遗传与变异),冯熠(第四章　生物与环境),未友才(第六章　神秘的宇宙),张玉彬(第七章人类生活的家园　—地球和第八章　自然灾害)。在编写时参阅、借鉴了国内外同行的研究成果,同时参考、借鉴了其他出版社的同类教材,尤其得到了复旦大学出版社的鼎力支持。在此一并表示感谢!

　　需要补充说明的是,本教材所选的资料中,还有少数未与相关作者取得联系,敬请与我们联系,在此,向本书所选用资料的作者表示我们深深的谢意。

　　由于时间仓促,以及编写力量薄弱,水平有限,对于书中的疏漏、不足之处,恳请各位读者批评指正。

编　　者

2013 年 7 月

目录
Contents

目 录
Contents

上 篇
Part 1 生物学

第一节　生物的基本特征

生物科学是研究生命现象和生命活动规律的科学。生物科学的研究对象是生物界中的各种生物,包括花草树木、虫鱼鸟兽,以及万物之灵的人类,概括地说就是具有生命的物质。随着生物学不断地快速发展,与其他学科的关联整合也越来越多。一个原因是分子生物学在近代突飞猛进,终于将人类基因组序列得以定序完成。由此,为解读大量的基因资讯,促成了基因组学。为探究基因和蛋白质的交互作用,开创出蛋白质组学。这些新的研究领域有助于解决疾病、粮食、环境生态等问题。其众多的资讯则需要新的计算机算法来处理。生命是什么? 这是生物科学研究的课题之一,也是自古以来人类期望早日揭示的奥秘,至今尚未完全解决。在丰富多彩的生物界中,小自细菌,大至蓝鲸和参天大树,它们都是由原生质构成的,而原生质就是以核酸和蛋白质为主的、复杂而有序的多分子体系。因此,生物体才能够表现出共同的基本特征。生物具有哪些基本特征呢?

一、生物的基本特征

第一,具有共同的物质基础、结构基础。物质基础:物质(主要为蛋白质与核酸)及元素(种类相同)组成上大体相同。化合物主要为蛋白质与核酸,其中蛋白质是生命活动的主要承担者,核酸是遗传信息的携带者,它们都是生命活动中重要的高分子物质。元素分为大量元素和微量元素:大量元素有 C、H、O、N 等,它们在生命活动中有很大作用;微量元素有 Fe、Mn、Zn、Cu、B、Mo 等,具有量小作用大的特点。结构基础:除了病毒外,都由细胞构成。

第二,生物都有新陈代谢作用。生物体内同外界不断进行的物质和能量交换,在体内不断进行物质和能量转化的过程,叫新陈代谢。新陈代谢是生命现象的最基本特征。新陈代谢是生命体不断进行自我更新的过程,如果新陈代谢停止了,生命也就结束了。病毒也属于生物,是因为它能进行新陈代谢和繁殖后代,但不能独立完成。

第三,生物能对外界的刺激做出反应。应激性是生物的基本特征之一,体现在生物能对外界刺激作出反应,而反射则是应激性的一种高级形式,两者主要区别在于是否有神经系统参与。病毒无细胞结构,不能独立生活(活细胞内寄生),没有酶系统、供能系统,没有合成新物质所需原料等。

第四,生物能生长、发育和繁殖。

第五,生物有遗传和变异的特征。遗传是物种稳定的基础,变异是产生进化的原材料。

第六,生物能适应环境,改变环境。适应环境的例子如:枯叶蝶形如枯叶,以利躲避天敌;草履虫的趋利避害;长期生活在地下的鼹鼠视力退化;食蚁兽的舌头又细又长等。改变环境的如人类对大自然的开发、利用;分解者将动、植物尸体分解后把一些物质返回到自然界中。

二、生物科学的发展和成就

生物科学在人类的生产实践活动中产生，并且随着社会生产力和科学技术的进步而发展。18 世纪，生物学主要是研究生物的形态、结构和分类，人们做了大量的搜集和整理事实、资料的工作。19 世纪，资本主义处于上升阶段，对于生物科学提出了更高的要求。这个时期，生物学家更多地应用实验手段进行研究，在比较解剖学、细胞学、胚胎学和古生物学等许多方面都取得新的进展，其中最伟大的成就是 1859 年达尔文的《物种起源》一书的出版，标志着以自然选择学说为中心的科学进化论的形成。它使生物科学最终摆脱了神学的束缚，开始进入全新的发展时期。

20 世纪以来，随着物理学和化学的渗透，实验生物学和遗传学的进步，生物化学和微生物学的发展，使生物学的研究对象，逐渐集中在与生命本质密切相关的生物大分子上，主要是核酸、蛋白质和酶这 3 种物质。30 年代前后，关于蛋白质分子的结构、酶的性质和功能的研究，都有重大的进展。1953 年，沃森和克里克提出了 DNA 分子的双螺旋结构模型，这是 20 世纪自然科学的重大突破之一，也是生物科学发展的一座新的里程碑。这时人们发现了遗传密码的编制机理，通过比较研究，证实了从细菌到人以至所有的生物，遗传密码基本上是通用的，从而证明了所有生物在分子进化上的共同起源。70 年代以来，在分子生物学的带动下，遗传工程逐渐兴起。80 年代，遗传工程为新兴的、人们按设计要求来改造生物本性和生产产品的生物工程开辟了新的天地。

我国在基础研究方面，也取得了一些世界先进水平的重大成果。例如，1965 年 9 月，我国科学工作者首先用化学方法人工合成了具有全部生物活性（指生物体内胰岛分泌的胰岛素所起到的作用）的结晶牛胰岛素，这是世界上第一次用人工方法合成蛋白质，是一项伟大的创举。1971 年，在测定猪胰岛素立体结构的研究工作中又取得了重要的结果。人工合成蛋白质，对于探索生命起源具有重大意义。1982 年初，我国科学家又人工合成了酵母丙氨酸转移核糖核酸。这些科研成果为国家增添了荣誉。

近几十年来，由于分子生物学对核酸、蛋白质、酶的结构和功能的基础研究取得了重大进展，使人们陆续揭开了生物体的新陈代谢、能量转换、神经传导、激素的作用机制等奥秘，大大推动了人们对生命本质的认识。分子生物学的发展，深刻地影响到生物科学的各分支领域，并且在农业、医学等方面日益得到广泛的应用。

在未来相当长一段时间内，分子生物学仍将保持带头的地位，其发展方向和趋势是：生物大分子的结构和功能的研究；真核生物基因及基因表达调控的研究；分子神经生物学的研究；医学分子生物学的研究；植物分子生物学的研究；分子进化的研究等。可见，分子生物学带动了整个生物科学的全面发展，这是当代生物学的一个显著特点和发展趋势。

展望未来，生物科学的发展前景非常广阔。生物科学是当代科学的前沿，它正向着前所未有的深度和广度进军，它将成为 21 世纪自然科学的领头科学，它将更好地造福于人类。

【阅读与扩展】

科学家用血中的白细胞克隆出雌鼠

近日，日本理化研究所生物资源中心（Riken Bioresource Centre）近日取鼠尾巴血中的白细胞克隆出了一只雌鼠。这只克隆鼠不仅可以繁殖后代，其寿命也和普通鼠无异。

日本科学家此前曾利用肝脏和淋巴处的白细胞来克隆鼠，不过这次研究人员抽取的是供体鼠尾部的循环血细胞。

据英国广播公司报道，日本理化研究所生物资源中心的研究人员在采集血液样本后分离出了白细胞，利用细胞核进行克隆，他们所采用的步骤与制造克隆羊多利的步骤是一样的。这种克隆技术被称为体细胞核移植技术，它将供体细胞核转移到已经去除细胞核的卵细胞中，让卵细胞发育成包含相同基因的供体克隆胚胎。从该胚胎中取出的干细胞是多功能细胞，能分化成从大脑到骨头的任何身体组织。

该研究成果发表在《生殖生物学》杂志上,它首次证明了可以使用外周血细胞来克隆老鼠。英国伦敦医学研究理事会国立医学研究中心的巴杰教授在接受采访时表示,这是克隆技术取得的一个有用的小进展。"这类细胞的克隆效果非常不错,这也表明即便是一小滴血液也能包含足够的遗传信息……这对于那些想要繁殖和扩大珍稀物种的人来说是非常有帮助的。"

【思考与练习】

1. 地球上的所有生物具有哪些共同的基本特征?
2. 生物学的概念是什么?

第二节 认识细胞

问题和现象

除少数种类以外,地球上绝大多数的生物体都是由细胞构成的。生物体的一切复杂的、瞬息万变的生命活动,主要是在细胞内进行的。可以说,细胞是生物体的结构和功能的基本单位。活的细胞之所以能够进行一切生命活动,这与细胞的化学成分和结构有密切关系。那么,细胞到底由哪些部分组成的呢?

根据细胞结构的不同特点,可以把细胞分为两大类:原核细胞和真核细胞。细菌、蓝藻等原核生物是由原核细胞构成的。原核细胞的结构比较简单,种类也少。原核细胞和真核细胞最明显的区别是:原核细胞没有成形的细胞核,只是在细胞的中央有一个核区,组成核的物质集中在核区里,没有核膜(图1-1)。在真核细胞中,有成形的细胞核,外被核膜,细胞核中有染色体,细胞质中有细胞器。地球上绝大多数的生物是真核生物,它们是由真核细胞构成的。真核细胞的结构比原核细胞复杂得多,种类也多。

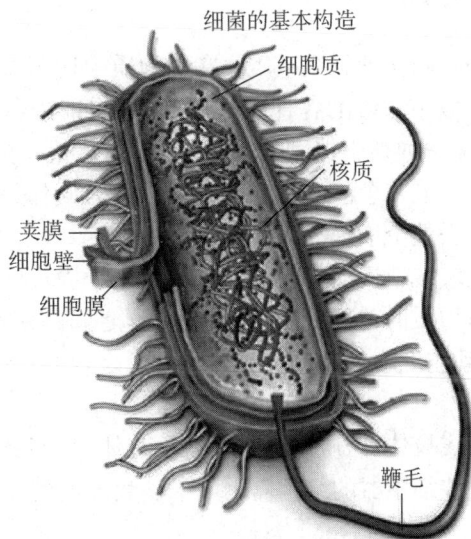

细菌的基本构造

细胞质

核质

荚膜
细胞壁
细胞膜

鞭毛

图1-1 原核细胞结构模型

一、植物细胞的结构和功能

在光学显微镜下观察植物的细胞,可以看到它的结构分为下列几个部分(图1-2)。

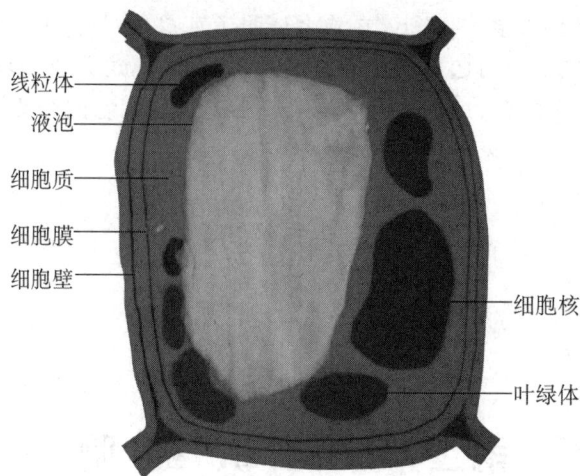

图 1-2 植物细胞结构模型

（一）细胞壁

位于植物细胞的最外层，是一层透明的薄壁。它主要是由纤维素与果胶组成的，孔隙较大，物质分子可以自由透过。细胞壁对细胞起着支持和保护的作用。

（二）细胞膜

细胞壁的内侧紧贴着一层极薄的膜，叫细胞膜。这层由蛋白质分子和脂类分子组成的薄膜，水和氧气等小分子物质能够自由通过，而某些离子和大分子物质则不能自由通过，因此，它除了起着保护细胞内部的作用以外，还具有控制物质进出细胞的作用：既不让有用物质任意地渗出细胞，也不让有害物质轻易地进入细胞。

细胞膜在光学显微镜下不易分辨。用电子显微镜观察，可以知道细胞膜主要由蛋白质分子和脂类分子构成。在细胞膜的中间，是磷脂双分子层，这是细胞膜的基本骨架。在磷脂双分子层的外侧和内侧，有许多球形的蛋白质分子，它们以不同深度镶嵌在磷脂分子层中，或者覆盖在磷脂分子层的表面。这些磷脂分子和蛋白质分子大都是可以流动的，可以说，细胞膜具有一定的流动性。细胞膜的这种结构特点，对于它完成各种生理功能是非常重要的。

（三）细胞质

细胞膜包着的黏稠透明的物质，叫作细胞质基质。在细胞质中还可看到一些带折光性的颗粒，这些颗粒多数具有一定的结构和功能，类似生物体的各种器官，因此叫作细胞器。例如，在绿色植物的叶肉细胞中，能看到许多绿色的颗粒，这就是一种细胞器，叫作叶绿体。绿色植物的光合作用就是在叶绿体中进行的。在细胞质中，往往还能看到一个或几个液泡，其中充满着液体，叫作细胞液。在成熟的植物细胞中，液泡合并为一个中央液泡，其体积占去整个细胞的大半。

细胞质不是凝固静止的，而是缓缓地运动着的。在只具有一个中央液泡的细胞内，细胞质往往围绕液泡循环流动，这样便促进了细胞内物质的转运，也加强了细胞器之间的相互联系。细胞质运动是一种消耗能量的生命现象。细胞的生命活动越旺盛，细胞质流动越快；反之，则越慢。细胞死亡后，其细胞质的流动也就停止了。

除叶绿体外，植物细胞中还有线粒体、内质网、核糖体、中心体，它们具有不同的结构，执行着不同的功能，共同完成细胞的生命活动。这些细胞器的结构需用电子显微镜观察。

（四）细胞核

细胞质里含有一个近似球形的细胞核，由更加黏稠的物质构成。细胞核通常位于细胞的中央，成熟的植物细胞的细胞核往往被中央液泡推挤到细胞的边缘。细胞核中有一种物质，易被碱性染料染成深色，叫作染色质。生物体用于传宗接代的物质即遗传物质就在染色质上。当细胞进行有丝分裂时，染色质就变化成染色体。

多数细胞只有一个细胞核，有些细胞含有两个或多个细胞核，如肌细胞、肝细胞等。细胞核可分为核膜、染色质、核液和核仁4个部分。核膜与内质网相连通,染色质位于核膜与核仁之间。染色质主要由DNA和蛋白质组成。DNA就是脱氧核糖核酸,是生物的遗传物质。在有丝分裂时,染色体复制,DNA也随之复制为两份,平均分配到两个子细胞中,使得后代细胞染色体数目恒定,从而保证了后代遗传特性的稳定。

二、动物细胞的结构和功能

动物细胞与植物细胞相比较,具有很多相似的地方,如动物细胞也具有细胞膜、细胞质、细胞核等结构。但是,动物细胞与植物细胞有一些重要的区别:动物细胞的最外面是细胞膜,没有细胞壁;动物细胞的细胞质中不含叶绿体,也不形成中央液泡。

动物细胞有细胞核、细胞质和细胞膜,没有细胞壁,液泡不明显,含有溶酶体。动物细胞的结构有细胞膜、内质网、线粒体、细胞核等;它们的主要作用是控制细胞的进出、进行物质转换、生命活动的主要场所、控制细胞的生命活动。细胞核包含有由DNA和蛋白质构成的染色体。内质网分为粗面的与滑面的:粗面内质网表面附有核糖体,参与蛋白质的合成和加工;光面内质网,表面没有核糖体,参与脂类合成。

【阅读与扩展】

试管婴儿

在英国剑桥郡的一家生育诊所内,有一个老式的钟形玻璃容器安静地站立在一个柜子上。在这个玻璃容器之下,摆放着一个创造了历史的小盘子,世界上首例试管婴儿就是在这个盘子里度过了她生命中最初的一段时间。

1978年7月25日,世界上第一个体外授精的婴儿路易斯·布朗诞生。随着这个孩子的降生,研究试管婴儿技术的科学家罗伯特·爱德华兹和妇科专家帕特里克·斯特普托成功改变了全球众多不孕夫妇的命运。35年以来,全世界已有500多万名试管婴儿出生。科研人员表示,未来的试管婴儿技术成功率将更高、费用将更低。

路易斯·布朗的出生是一个具有革命性的科学进步,如今,这项技术已经成为一个常规的医疗项目。这些年来,人们也已经淡忘了当时针对在实验室里培育胚胎的争论。伦敦国王学院女性健康系主任皮特·布劳德说:"试管婴儿技术曾经遭到强烈的质疑。在当时,人们认为试管婴儿就像是在扮演上帝的角色,而如今的人们正是这样看待人类克隆技术。"

罗伯特·爱德华兹和帕特里克·斯特普托从20世纪60年代开始合作研究。此前,科学家已经进行过动物体外授精试验,但几乎没有人相信,人类的胚胎也可以通过同样的方法来培育。

爱德华兹和斯特普托认为,如果能直接从女性的卵巢中获取卵子,对其授精之后再将胚胎放回到子宫之内,他们将能帮助无数夫妇解决生育问题。但是,即使在当时的科学界,很多人仍然认为,这项利用人类卵子和精子的研究是"不道德的"、"邪恶的"。英国医学研究委员会拒绝为他们的研究发放许可,但两位学者还是在奥德海姆医院建立了实验室,在那里,有无数不孕女性志愿参与到实验性治疗中。

爱德华兹和斯特普托最初曾希望在英国国民健康保险(放心保)制度之内开展试管婴儿技术,显然面临着很多困难。两人最后在伯恩开设了私立的诊所。当时,英国人的平均年收入约是6 000英镑,而试管婴儿一个周期的疗程就要花费约3 000英镑。高昂的价格使得只有少部分富裕的、开明的人士才有能力、有魄力接受不育治疗。

当时的媒体对试管婴儿技术有着超乎寻常的热情,诊所发放给患者的资料中还包括了保密建议,比如女性病人不要同媒体交谈,留意"电话问询",不要提及在诊所遇见的其他女病人的姓名等。

【思考与练习】

1. 比较原核细胞和真核细胞的主要区别。
2. 细胞膜的结构特点是什么?

3. 在细胞质基质中主要有哪几种细胞器？每种细胞器有什么功能？

4. 比较线粒体和叶绿体，它们的结构和功能有什么异同？

第三节　细胞的分裂和分化

问题和现象

　　细胞分裂是生物活细胞的重要生理功能之一。单细胞生物能够以细胞分裂的方式产生新的个体。多细胞生物也能够以细胞分裂的方式，不断产生新的细胞，使身体里衰老的、死亡的细胞及时得到更替。多细胞生物还可以由一个受精卵，经过细胞的分裂和分化，最终发育成一个新的多细胞个体。真核细胞分裂的方式有 3 种：无丝分裂、有丝分裂和减数分裂。

　　通过一台高倍率的电子扫描显微镜，里纳德·尼尔森带领人们进入一个原本无法观看的世界——身体的内部，细胞、各种组织以及我们如何被孕育、如何在母亲的体内生长并最终来到这个世界上。这一切显得如此神奇和美好，它让人们感到与自己的身体从未有过的亲近。

　　里纳德·尼尔森出生于 1922 年，瑞典人，最早时作为一名自由摄影师。尼尔森的工作室坐落在斯德哥尔摩北部的卡罗林斯卡研究所内，可以很容易地见到它的与众不同。照相机、摄像机、计算机以及各种各样的显微镜，还有一整面墙的放满玻璃罐子的橱柜。那些曾让世人惊奇的图片，视线所及，随处可见。天棚上是一幅巨大的被灯光打亮的透明胶片——一个在母亲子宫中的胎儿。尽管体内的空间如此狭窄，但当它被逐一细节地陈列眼前时，给你的感觉却像在观看一个正在演变的天体世界。

　　"一个孩子的诞生"是尼尔森从 1965 年就开始拍摄的专题，但直到 1990 年才最终补充完成。今天，我们再看这组照片时已经是从人体受孕的最初直至出生的全过程。大致图解：卵子经过大约 15 cm 长的、狭窄的输卵管向子宫内游动，它周围的营养细胞像一串串美丽的光环围绕着它。很快，它将与精子相遇并开始受精的过程。卵子的外层被一层透明的薄膜保护着，这使得它看起来像一个悬浮在天体中的漂亮的星球。此时经过种种障碍的精子终于与卵子相遇，卵子外膜成为它们第一道需要攻破的关卡。此时，精子们把头钻到卵子的外壁上，尾巴不断拍打着，卵子则随着精子尾部的运动，缓慢地逆时针转动。随着时间的推移，胎儿逐渐形成，移动着手臂，甚至把手指放在唇边。

一、减数分裂

（一）精子的形成过程

　　动物的精子是在精巢中形成的。精巢中有许多原始生殖细胞，叫作精原细胞。每一个精原细胞中的染色体数目都与体细胞的相同。当雄性动物进入繁殖期以后，睾丸中的一部分精原细胞就开始进行减数分裂。首先，一部分精原细胞略微增大，形成初级精母细胞。然后，初级精母细胞经过两次连续的分裂，也就是减数第一次分裂和减数第二次分裂，最终形成成熟的生殖细胞——精子（图 1-3）。

　　在减数第一次分裂前的间期，初级精母细胞的染色体首先进行复制，复制后的每条染色体都由两条姐妹染色单体组成。然后，初级精母细胞进行减数第一次分裂的分裂期。这时，细胞内染色体的变化与体细胞的有丝分裂有明显的不同。其中，最显著的变化是原来分散排列的染色体进行两两配对。配对的染色体的形状和大小一般都相同，一条来自父方，一条来自母方，这样的一对染色体叫作同源染色体。同源染色体两两配对的现象叫作联会。

　　在染色体发生联会时，由于每条染色体都含有两条姐妹染色单体，这两条姐妹染色单体又都由一个着丝点连接着，因此，联会后的每对同源染色体实际上含有 4 条染色单体，叫作四分体。随后，各个成对的染色体（四分体）排列在细胞的赤道板上，每条染色体的着丝点都附着在纺锤丝上。不久，在纺锤丝的牵引

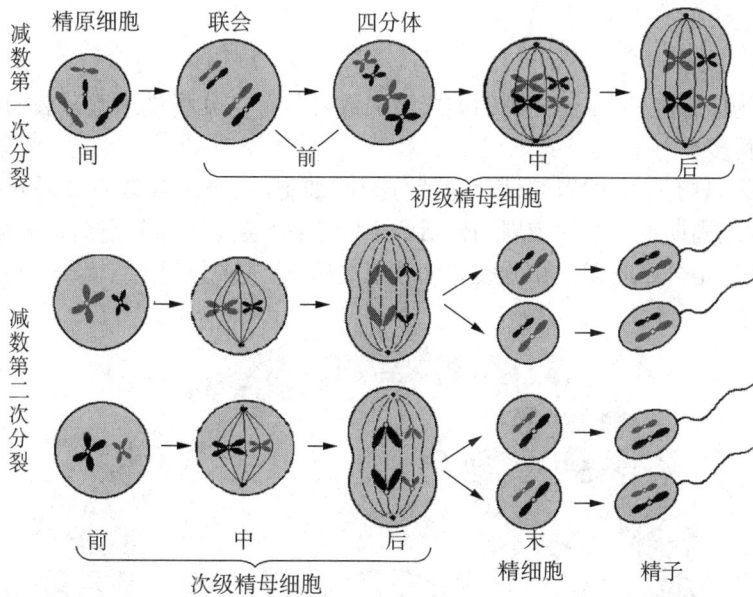

减数第一次分裂

精原细胞　联会　四分体

间　　前　　中　　后

初级精母细胞

减数第二次分裂

前　　中　　后　　末

精细胞　精子

次级精母细胞

图 1-3　精子的分裂过程

下,每对同源染色体彼此分离,分别移向细胞的两极。结果,细胞的每一极只得到各对同源染色体中的一条。在两组染色体分别到达细胞两极的同时,细胞分裂成两个子细胞。这时,一个初级精母细胞就形成了两个次级精母细胞。

在减数第一次分裂中,由于同源染色体彼此分离,分别进入两个次级精母细胞中,使得每个次级精母细胞只得到初级精母细胞中染色体总数的一半。因此,在减数分裂的整个过程中,染色体数目的减半,发生在减数第一次分裂。

在减数第一次分裂结束后,紧接着进入减数第二次分裂的分裂期,这一时期的分裂过程与一般的有丝分裂基本相同。这时候,在次级精母细胞中,每条染色体的着丝点分开,两条姐妹染色单体也随着完全分开,成为两条染色体。这两条染色体在纺锤丝的牵引下,分别移向细胞的两极,并且随着细胞分裂为二,分别进入到两个子细胞中。这样,在减数第一次分裂后形成的两个次级精母细胞,经过减数第二次分裂,就形成了 4 个精细胞。每个精细胞中都含有数目减半的染色体。最后,精细胞经过变形,形成精子。

(二)卵细胞的形成过程

动物卵细胞的形成过程是在卵巢中进行的。它的形成过程与精细胞的形成过程基本相同。它们之间的主要区别是:初级卵母细胞经过减数第一次分裂后,形成了一个次级卵母细胞和一个较小的细胞,叫作极体。紧接着次级卵母细胞进行减数第二次分裂,形成了一个卵细胞和另一个极体。与此同时,减数第一次分裂过程中形成的极体又分裂成两个极体。这样,一个初级卵母细胞经过两次分裂后,就形成了 1 个卵细胞和 3 个极体。卵细胞和极体中都含有数目减半的染色体。不久,3 个极体都退化消失。结果,一个卵原细胞经过减数分裂,最终只形成一个卵细胞。综上所述,减数分裂的基本过程可以用一个简图来概括(图 1-4)。

减数分裂的结果是,新产生的生殖细胞中的染色体数目比原来的减少了一半。例如,果蝇的精原细胞或卵原细胞中各含 4 对(8 条)染色体。经过减数分裂形成的精子或卵细胞中,各只含有 4 条染色体。

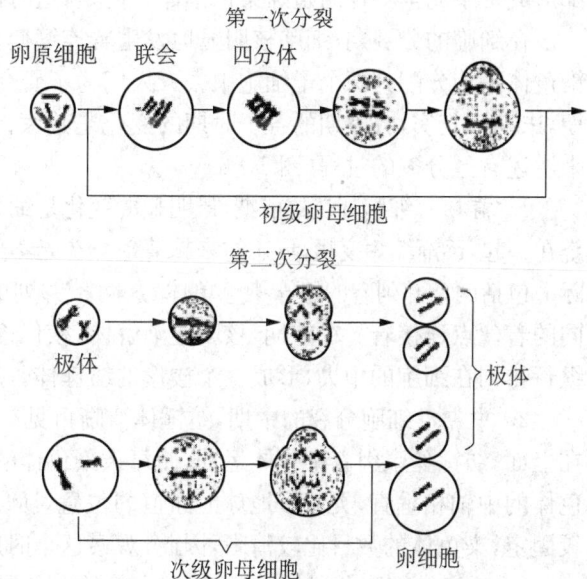

第一次分裂

卵原细胞　联会　四分体

初级卵母细胞

第二次分裂

极体

次级卵母细胞　卵细胞

图 1-4　卵细胞的分裂过程

二、有丝分裂

大多数植物和动物体细胞，以有丝分裂的方式增加数目。有丝分裂是细胞分裂的主要方式，分裂的过程要比无丝分裂复杂得多。

细胞进行有丝分裂，具有一定的周期性。连续分裂的细胞，从一次分裂完成时开始，到下一次分裂完成时为止，这是一个细胞周期。一个细胞周期包括两个阶段：分裂间期和分裂期。从细胞在一次分裂结束之后到下一次分裂之前，是分裂间期。在分裂间期结束之后，就进入分裂期（图 1－5）。

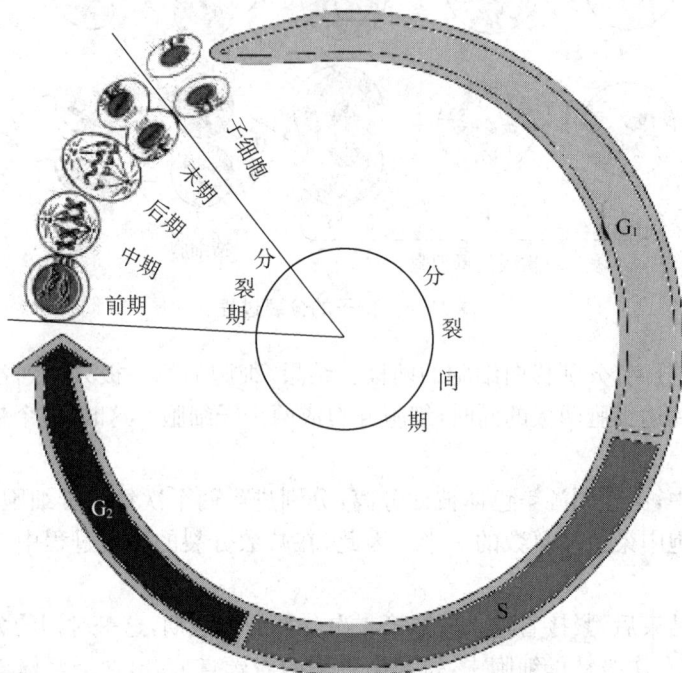

图 1－5　有丝分裂细胞周期

细胞分裂间期是新的细胞周期的开始，这个时期为细胞分裂期准备了条件。用光学显微镜观察分裂间期的细胞，往往看不出细胞有什么明显的变化，细胞似乎是静止的。实际上并不是这样，这时候细胞的内部正在发生复杂的变化，主要是完成 DNA 分子的复制和有关蛋白质的合成。复制的结果，每条染色体都形成两条完全一样的姐妹染色单体。但是，这时候的每条染色单体是一条长的细丝，呈染色质的形态。

在细胞的分裂期，细胞核明显地发生着连续变化，它的变化过程主要是：染色体和纺锤体的出现，然后染色体平均分配到两个子细胞中去。人们为了研究的方便，人为地把分裂期分为 4 个时期：前期，中期，后期，末期。其实，分裂期的各个时期的变化是连续的，并没有严格的时期界限。下面以高等植物细胞为例来讲述有丝分裂的过程（图 1－6）。

1. 前期　细胞分裂的前期，最明显的变化是细胞核中出现染色体。分裂间期复制的染色体，由于螺旋缠绕在一起，逐渐缩短变粗，形态越来越清楚。在光学显微镜下观察这个时期的细胞，可以看到每一条染色体实际上包括两条并列着的姐妹染色单体，这两条并列的姐妹染色单体之间不是完全分离开的，而是由一个共同的着丝点连接着。在前期，核膜逐渐解体，核仁逐渐消失。同时，从细胞的两极发出许多纺锤丝，纺锤丝纵行排列在细胞的中央，形成一个梭形的纺锤体。这时候，细胞内的染色体散乱地分布在纺锤体的中央。

2. 中期　细胞分裂的中期，纺锤体清晰可见。这时候，每条染色体的着丝点的两侧，都有纺锤丝附着在上面，纺锤丝牵引着染色体运动，使每条染色体的着丝点排列在细胞中央的一个平面上。这个平面与染色体的中轴相垂直，类似于地球上赤道的位置，所以叫作赤道板。在分裂中期的细胞中，染色体的形态比较固定，染色体的数目比较清晰，因此，观察这个时期的细胞，可以辨认染色体的形态和数目。

3. 后期　细胞分裂的后期，每一个着丝点分裂成两个，原来连接在同一个着丝点上的两条姐妹染色单体也随着分离开来，成为两条染色体。由于附着在着丝点上的纺锤丝不断地收缩变短，它牵引着分离开的

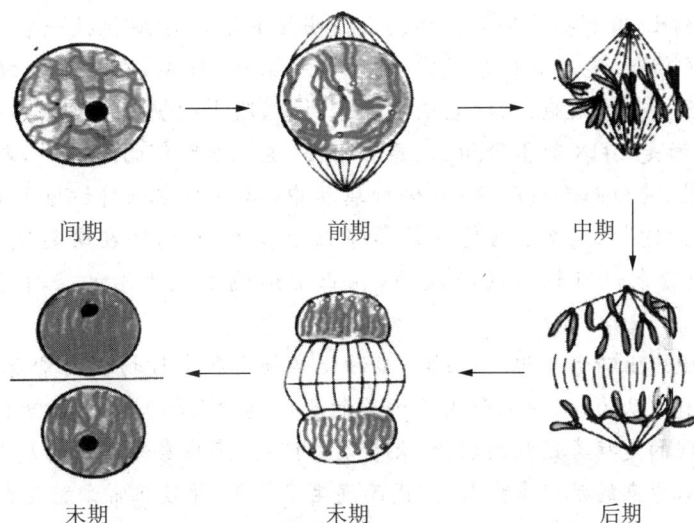

图 1-6 高等植物细胞的分裂过程

两条染色体,分别向细胞的两极移动。这样,细胞核内的全部染色体就平均分配到了细胞的两极,使细胞的两极各有一套染色体。这两套染色体的形态和数目是完全相同的,每一套染色体与分裂以前的亲代细胞中的染色体的形态和数目是相同的。

4. 末期 当这两套染色体分别到达细胞的两极以后,每条染色体的形态发生变化,又逐渐地变成细长而盘曲的丝。同时,纺锤丝逐渐消失,出现新的核膜和核仁。核膜把染色体包围起来,形成了两个新的细胞核。这时候,在赤道板的位置出现一个细胞板,细胞板由细胞的中央向四周扩展,逐渐形成了新的细胞壁。最后,一个细胞分裂成为两个子细胞。每个子细胞中染色体的形态和数目与亲代细胞的相同。

生物的种类不同,细胞中染色体的数目也不同。例如,洋葱的细胞内有 8 对共 16 条染色体,水稻有 12 对共 24 条染色体,果蝇有 4 对共 8 条染色体,人有 23 对共 46 条染色体。

动物细胞有丝分裂的过程,与植物细胞的基本相同。有两个不同:第一,动物细胞有中心体,在细胞分裂的间期,中心体内的两个中心粒各自产生了一个新的中心粒,因而细胞中有两组中心粒。一组中心粒的位置不变,另一组中心粒移向细胞的另一极。在这两组中心粒的周围发出无数条放射状的星射线;由两组中心粒之间的星射线形成了纺锤体。第二,动物细胞到了分裂的末期,细胞的中部并不形成细胞板,而是细胞膜从细胞的中部向内凹陷,最后把细胞质缢裂成两部分,每部分都含有一个细胞核。这样,一个细胞就分裂成了两个子细胞(图1-7)。

细胞有丝分裂的重要特征,就是亲代细胞的染色体经过复制以后,平均分配到两个子细胞中去。由于染色体上有遗传物质,因而在生物的亲代和子代之间保持了遗传性状的稳定性。可见,细胞的有丝分裂对于生物的遗传有重要意义。

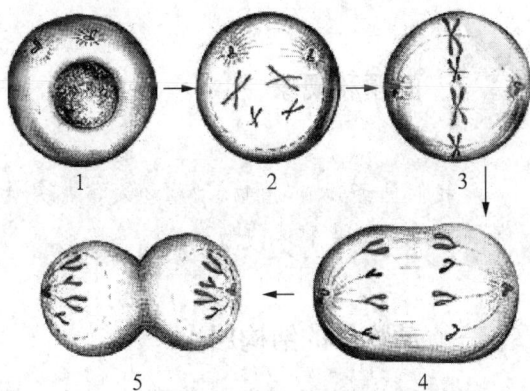

图 1-7 动物细胞的分裂过程

1. 间期 2. 前期 3. 中期 4. 后期 5. 末期

【阅读与扩展】

细胞的癌变

癌的根本问题是细胞畸形分化的问题。细胞不按正常的规律发育,恶化而成癌细胞。于是,它不再受机体的控制,不受约束地连续分裂,产生新的癌细胞,破坏身体内环境的平衡。

癌细胞与正常细胞相比,有哪些特征呢? 形态上最明显的不同是细胞核一般都比正常细胞的大,形状不规则,核仁也变大了;癌细胞的有丝分裂常有"多极分裂"的现象,在一个分裂细胞中出现多个纺锤体,产生三、四、五个甚至更多的细胞;细胞表面发生了变化,膜上的糖脂或糖蛋白的糖链短缺不全,而癌细胞可以在人体内到处游走,穿入到各种组织、器官中去,这就是所谓的"转移",以致癌细胞能够在身体内"到处为家",进行分裂、繁殖而形成肿块;在体外培养中,只要经常保持适宜的环境,癌细胞可以长期繁殖而不死亡,如"海拉细胞"已经在实验室中培养了三十多年,它仍将在实验室内一代一代地传下去;癌细胞对不良的环境一般来说有较强的抵抗力,在正常细胞不能生活的条件下,癌细胞常能坚持活下来。

什么原因使正常细胞走上畸形变化的道路? 多种化学物质和多种物理因素是致癌的,有人认为这些因素引起细胞癌变。也有人认为,癌细胞是由于细胞的基因调控由抑制状态而活化,因而变成了癌细胞。研究得最多也是最有道理的是病毒致癌的理论,大量实验证明,癌病毒的遗传物质能够参加到寄主细胞的染色体中,遇有适宜条件,原来的癌病毒被激活,因而发生了作用,导致正常细胞变成癌细胞。

关于正常细胞发生癌变的各种理论,能够在理论上为预防正常细胞的癌变,控制癌细胞的生长,使癌变细胞又回到正常的轨道上来指明了方向。我们相信,当人们通过研究解决了细胞癌变的根本原因以后,就可以控制这种一直威胁人们生命的最危险的疾病。

【思考与练习】

1. 真核细胞在有丝分裂过程中,处于分裂期前期、中期、后期、末期时,它的细胞核内的显著变化是什么?
2. 动物细胞有丝分裂的过程与植物细胞有丝分裂过程有什么不同?
3. 设计表格,并填表比较减数分裂与有丝分裂的相同点和不同点。

第四节　多细胞生物体的结构层次

问题和现象

我们已经知道,植物、动物和人体都是由许多细胞构成的。同一生物体的细胞是一样的吗? 它们是随意堆砌成生物体的吗?

一、动物体的结构层次

动物和人体的生长发育都是从一个细胞开始的,这个细胞就是受精卵。下面主要介绍人体从细胞到个体的结构层次。

1. **细胞分化形成组织**　受精卵通过细胞分裂产生新细胞。这些细胞起初在形态、结构方面都很相似,并且都具有分裂能力。后来,除了一小部分细胞仍然保持着分裂能力以外,大部分细胞失去了分裂能力。在发育过程中,这些细胞各自具有不同的功能,它们在形态、结构上也逐渐发生了变化,这个过程叫作细胞分化。细胞分化产生了不同的细胞群,每个细胞群都是由形态相似,结构、功能相同的细胞联合在一起形成的,这样的细胞群叫作组织(图1-8)。

2. **组织进一步形成器官**　不同的组织按照一定的次序结合在一起构成器官。例如,大脑主要由神经组织和结缔组织构成,胃由上皮组织、肌肉组织、结缔组织和神经组织构成。此外,心脏、肝、肺、肾、眼、耳、甲状腺、唾液腺等都是器官(图1-9)。

纤毛上皮　　　　复层扁平上皮

单层立方上皮　　单层扁平上皮

复层柱状上皮　　单层柱状上皮

上皮组织

平滑肌

骨骼肌

心肌

肌肉组织

树突
尼氏体　　细胞核
轴突　　　侧支
髓鞘
施万细胞核　　郎飞结
轴突终末
骨骼肌纤维　运动终板

神经组织

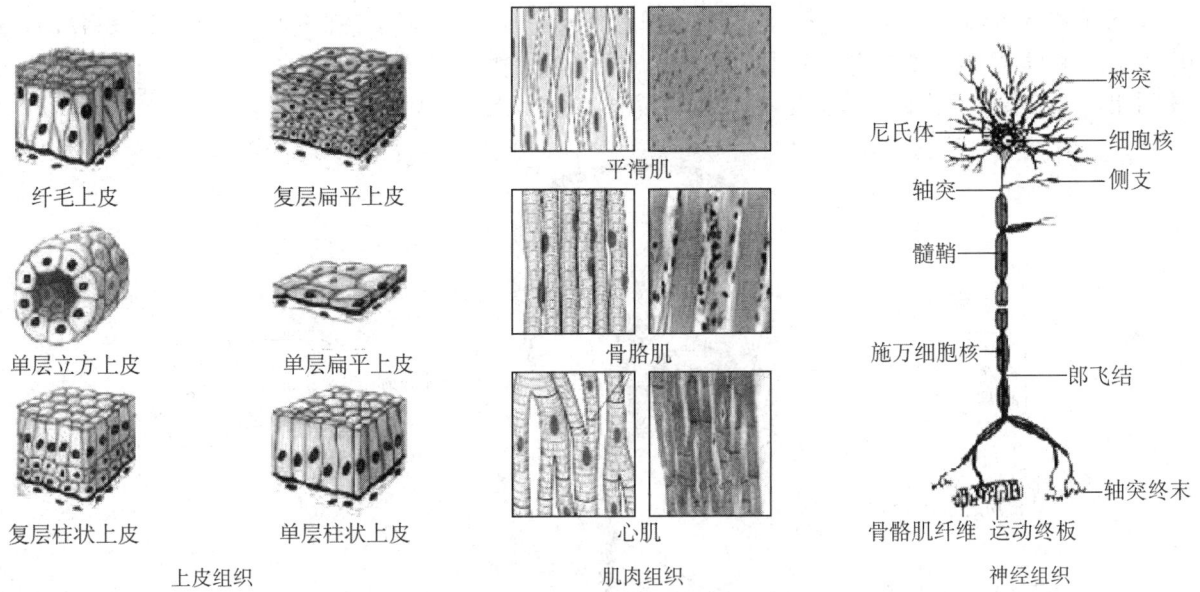

图 1-8　不同组织结构

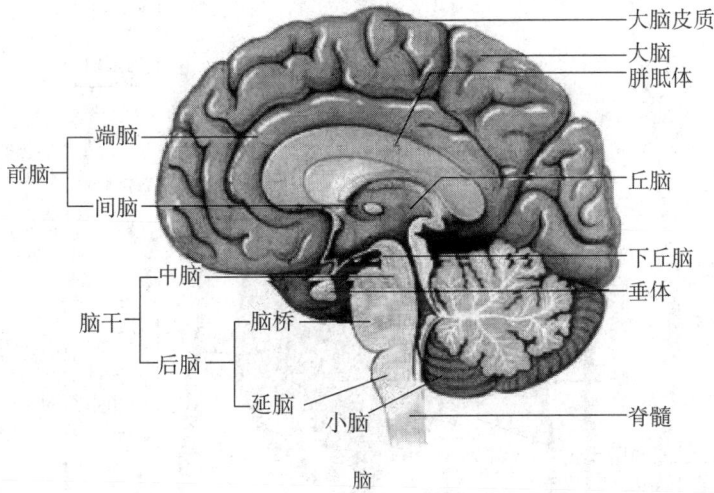

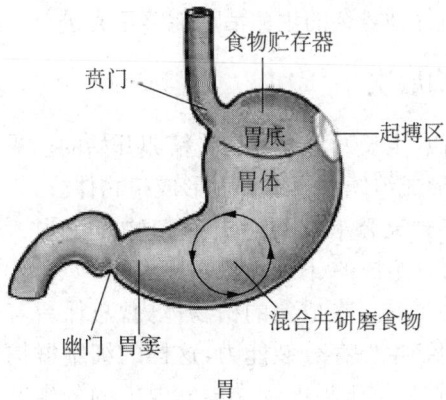

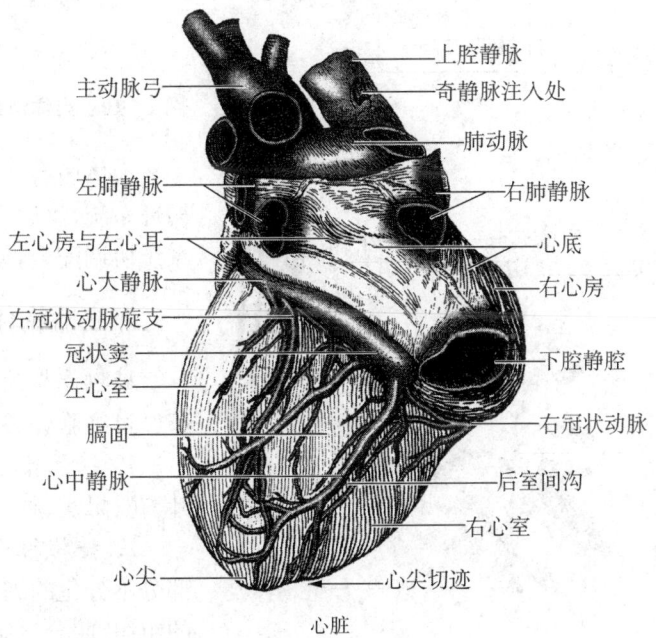

大脑皮质
大脑
胼胝体
端脑
前脑
间脑
丘脑
中脑
脑干
下丘脑
垂体
脑桥
后脑
延脑
小脑
脊髓

脑

上腔静脉
主动脉弓
奇静脉注入处
肺动脉
左肺静脉
右肺静脉
左心房与左心耳
心底
心大静脉
右心房
左冠状动脉旋支
冠状窦
左心室
下腔静腔
膈面
右冠状动脉
心中静脉
后室间沟
心尖
右心室
心尖切迹

心脏

食物贮存器
贲门
胃底
起搏区
胃体
幽门　胃窦
混合并研磨食物

胃

图 1-9　不同器官

13

3. 器官构成系统和人体　能够共同完成一种或几种生理功能的多个器官按照一定的次序组合在一起构成系统。例如，口、咽、食管、胃、肠、肛门以及肝、胰、唾液腺等器官，按照一定的次序连在一起，共同完成人体消化食物和吸收营养物质的功能，它们构成了消化系统（图 1-10）。

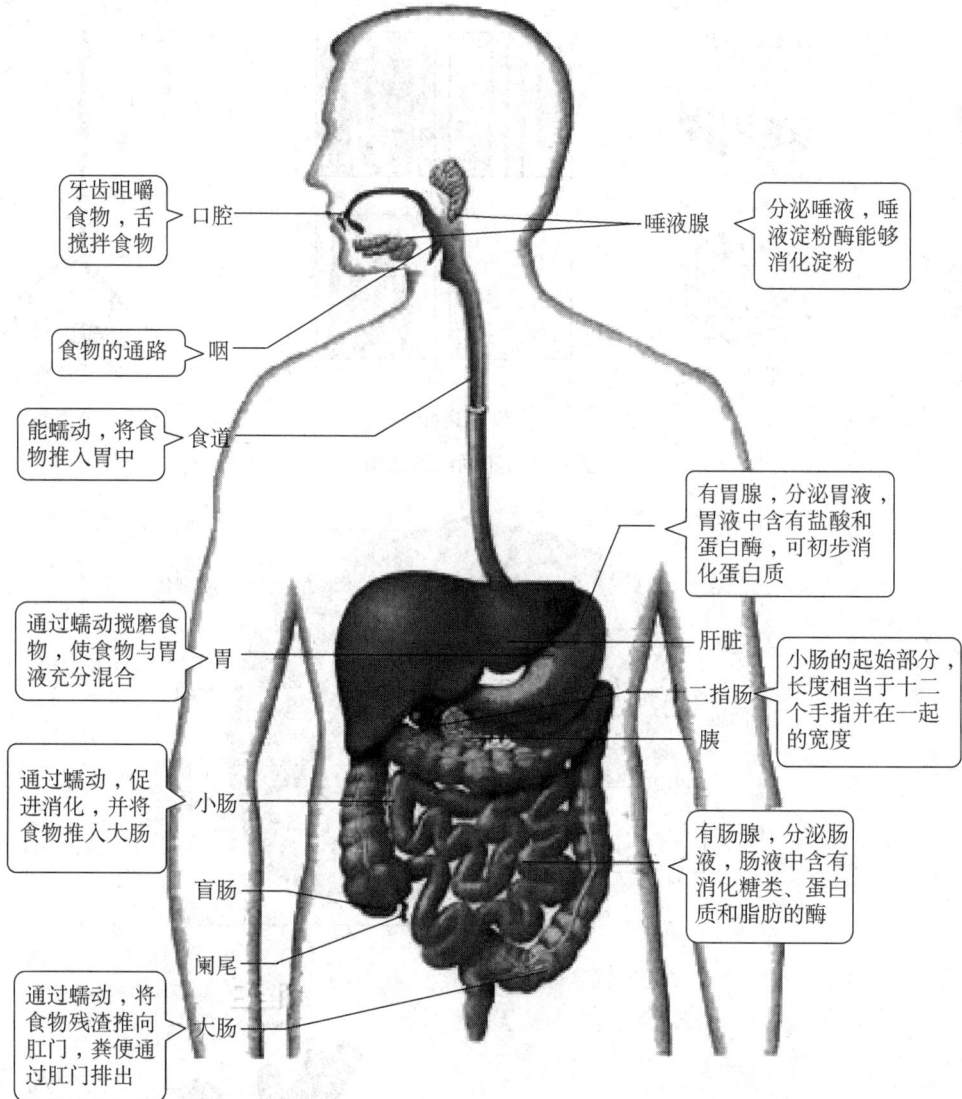

图 1-10　人体消化系统

人体内有八大系统，它们是运动系统、消化系统、呼吸系统、循环系统、泌尿系统、神经系统、内分泌系统、生殖系统。这八大系统协调配合，使人体内各种复杂的生命活动能够正常进行。

二、植物体的结构层次

植物体与动物体相似，生长发育也是从受精卵开始的。受精卵经过细胞分裂、分化，形成组织、器官，进而形成植物体。

1. 绿色开花植物有六大器官　绿色开花植物是由根、茎、叶、花、果实、种子六大器官组成的（图 1-11）。

2. 植物的几种主要组织　在成熟的植物体内，总保留着一部分不分化的细胞，它们终生保存分裂能力，这样的细胞群构成的组织，叫分生组织。例如，位于根的尖端——根尖的分生区就属于分生组织（图 1-12）。

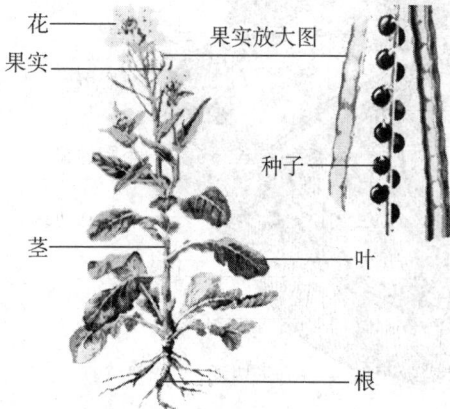

图 1-11　油菜的六大器官

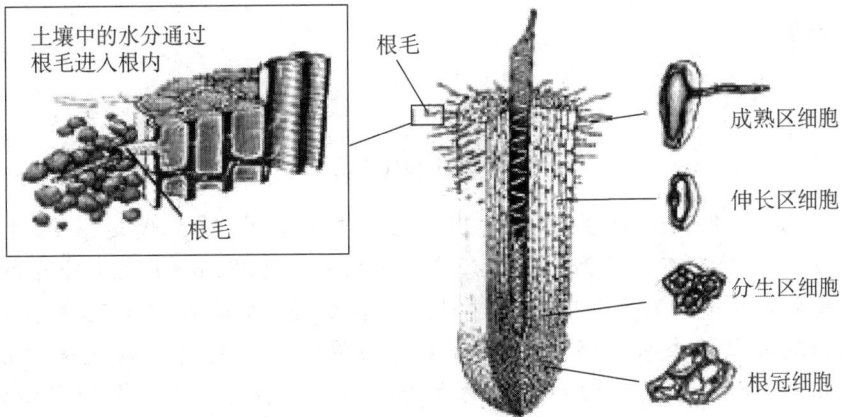

图 1-12　根的结构

　　分生组织的细胞小,细胞壁薄,细胞核大,细胞质浓,具有很强的分裂能力,能够不断分裂产生新细胞,再由这些细胞分化形成其他组织。

　　除了分生组织以外,植物的主要组织还有保护组织、营养组织、疏导组织等(图 1-13)。

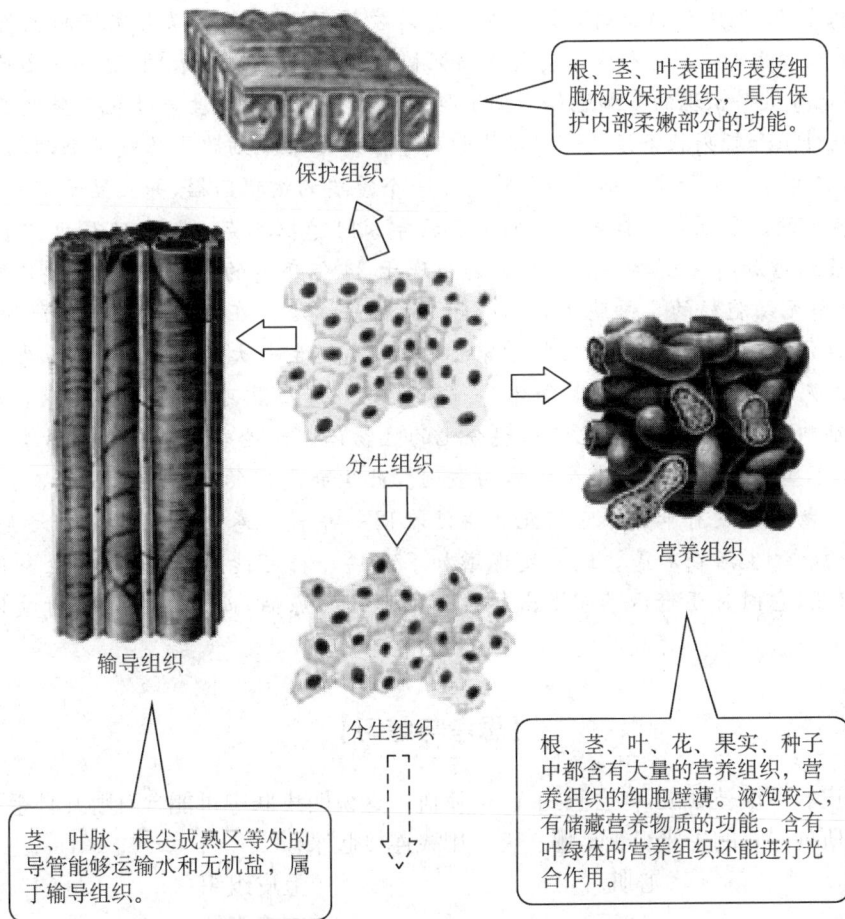

根、茎、叶表面的表皮细胞构成保护组织,具有保护内部柔嫩部分的功能。

保护组织

分生组织

营养组织

输导组织

分生组织

茎、叶脉、根尖成熟区等处的导管能够运输水和无机盐,属于输导组织。

根、茎、叶、花、果实、种子中都含有大量的营养组织,营养组织的细胞壁薄。液泡较大,有储藏营养物质的功能。含有叶绿体的营养组织还能进行光合作用。

图 1-13　植物的各种组织

　　对植物体的结构层次,从宏大到微细可以这样来描述:植物体是由六大器官组成的。每一种器官都由几种不同的组织构成。每一种组织都由形态相似、结构和功能相同的细胞联合在一起形成。植物体是有一定结构层次的。想一想,如果按照从微细到宏大的顺序来描述,植物体的结构层次是怎样的?

【阅读与扩展】

多细胞生物的进化

曾经被认为是最早的多细胞生物是发现在 12 亿年前中元古代延展纪时期的一种红藻 *Bangiomorpha pubescens* 的化石。多细胞生物必须解决从一个生殖细胞产生整个生物的问题，来完成繁殖的任务。发育生物学是研究这个过程的学科。一般认为，在延展纪出现的单细胞生物有性生殖是多细胞生物出现的前提条件。多细胞生物中的细胞假如丧失其规则发展的控制其生长的功能会导致癌症。但是，2010 年的一组新发现的古老生物化石将地球上最早的多细胞生物的出现时间提前。

由法国等多国科学家组成的研究小组在 2010 年 7 月 1 日出版的英国《自然》杂志上称，他们对来自加蓬的化石的最新研究发现，多细胞生物起源于 21 亿年前。据研究人员介绍，地球上最早的生命迹象出现于 35 亿年前，是现存生物中最简单的一群。然而，生命的多样化过程实际上发生于距今 35 亿年到 6 亿年前的元古代，在此期间出现了真核生物，它们与原核生物的最大不同是拥有细胞核，而且具有更复杂的组织和新陈代谢形式。不过，此前科学家很少发现中元古代（距今 16 亿年至 10 亿年前）之前多细胞生物存在的证据。研究团队于 2008 年在加蓬的弗朗斯维尔意外发现了 250 多个保存完好的生物化石，并对其中 100 多个进行了深入细致的研究。科学家对其周围沉积物进行测算，结果表明，这些化石已有 21 亿年的历史，是地球上目前已知最早出现的多细胞体。据了解这些最早的多细胞生命体化石呈扁圆盘状，直径约为 12.7 cm，有扇贝状外缘和辐射状条纹——并不能归属于任何复杂单细胞生物或早期动物的范畴。不过从任何一方面来看，这种古老生命体都标志着其跨越了一个重要的演化门槛，并且显示这一过渡是由于地球大气的显著变化诱发的。法国普瓦提埃大学的古生物学家阿德拉扎克·阿尔巴尼说："很明显，多细胞体的出现和氧气浓度的增加有关。"单细胞生物大约出现于 34 亿年前的"原始汤"，主要以原核生物形式存在，原核生物是一种无细胞核的单细胞生物，包括细菌和蓝细菌。在距今约 6 亿年前的寒武纪，各种生物以爆炸性的速度涌现，这种现象被古生物学家称作"寒武纪生命大爆发"。单细胞生物出现之后又经过了 14 亿年才出现了最早的多细胞生命体——卷曲藻。卷曲藻可能是一个菌落，或者一种真核生物——其包裹在细胞膜内的细胞功能已经出现分化的生物体。无论卷曲藻属于何种类型，它是"寒武纪生命大爆发"之前已知仅有的几类复杂生命体的案例。此次新发现的化石使卷曲藻不再显得那么孤独，目前这种新发现的物种还没有命名。它们几乎生活在同一年代。卷曲藻生活在今天美国北部地区，而这一新发现化石的物种生活在加蓬。这一发现增加了这样一种可能性，即多细胞生命体可能是一种趋势，而非是一种偶然，它同时还暗示了演化出复杂生命形式的原因，而不仅仅是何时演化出这样的生命形式。

【思考与练习】

1. 如果你的皮肤不慎被划破，你会感到痛，会流血。这说明皮肤中可能含有哪几种组织？

2. 构成左侧所列器官的主要组织是哪一类？用线连接起来。

心脏	上皮组织
唾液腺	结缔组织
股骨	
肱二头肌	神经组织
脊髓	肌肉组织

3. 人体的运动系统主要由骨骼和肌肉组成。有人说，靠运动系统就能完成各种体育运动。这种说法对吗？请你分析说明。

4. 当你吃甘蔗时，首先你要把甘蔗茎坚韧的皮剥去；咀嚼甘蔗茎时会有很多的甜汁；那些咀嚼之后剩下的渣滓被吐掉。试从组织构成器官的角度,说一说甘蔗茎是由哪些组织构成的?

　　5. 保护组织分布在植物体的哪些部位?什么组织贯穿于植物体的根、茎、叶等器官?掐去一根枝条的顶尖,这根枝条还能继续往上生长吗?为什么?

　　6. 说说向日葵和猫在身体的结构层次上的相同点和不同点。

第二章

生物的分类

第一节　绿色植物的类群

问题与现象

为什么俄国著名植物生理学家季米亚捷夫曾这样形容绿色植物在生物圈中的作用："它是窃取天火的普罗米修斯,它所获取的光和热,不仅养育了地球上的其他生物,而且使巨大的涡轮机旋转,使诗人的笔挥舞?"

在广袤的陆地和辽阔的海洋中,几乎到处都生活着植物。地球上的植物,目前已知的有30多万种,他们千姿百态,构成了绚丽多姿的植物界。他们既有共同的特征,又有各自的特点。

一、绿色植物分类

图 2-1　马铃薯

相信大家都能认识这是什么(图 2-1)? 但大家给出的答案却不一样,有的叫土豆、有的叫马铃薯、有的叫洋芋、还有的叫山药蛋,但这些名称绝大多数的美国人都听不懂,因为他们叫"potato",看来要想进行国际交流,我们就需要对各种生物进行统一取名、进行分类。自然界中有 30 多万种植物,对它们进行取名并分类,就需要学习植物分类的基础知识。

1. **植物分类的单位**　生物分类的单位,由大到小依次是界、门、纲、目、科、属、种。种又叫作物种,是分类学上的基本单位。同种植物的亲缘关系最密切,它们具有一定的形态特点和生理特性,以及一定的自然分布区域。总之,分类单位越小,其中所包括的植物的共同特征就越多。

这种由大到小的分类单位,不仅便于识别植物,而且可以清楚地看出植物之间的亲缘关系和系统地位。

下面是 3 种被子植物具有的各级分类单位。思考一下,哪两者的相似之处多,亲缘关系近? 哪两者的相似之处少,亲缘关系远?

界	植物界	植物界	植物界
门	被子植物门	被子植物门	被子植物门
纲	双子叶植物纲	双子叶植物纲	单子叶植物纲
目	蔷薇目	蔷薇目	石蒜目
科	蔷薇科	蔷薇科	石蒜科
属	梅属	蔷薇属	水仙属
种	桃	月季	水仙

通过分析可以知道,桃与月季同科,因此两者的相似之处多,亲缘关系近;桃与水仙以及月季与水仙同门而不同纲,因此它们之间的相似之处少,亲缘关系远。

2. **植物的命名法**　瑞典植物分类学大师林奈(Carolus Linnaeus,1707—1778)于 1753 年创立了双名法,在植物分类学上做出了不可磨灭的贡献。他用两个拉丁词作为一种植物的名称。第一个词是属名,是名词,它的第一个字母要大写。第二个词是种加词,常用形容词,后面再写出命名人的姓氏或姓氏缩写(命名人的姓氏或姓氏缩写的第一个字母要大写),以便于考证。这种国际上统一的名称,就是学名。这种命名的方法,叫作双名法。例如,稻的学名是 *Oryza sativa* L.。第一个词是属名,是稻的古希腊名,是名词。第二个词是种加词,是栽培的意思,是形容词。后面大写的"L",是命名人林奈(Linne)的缩写。

二、孢子植物

1. 藻类植物　"西湖春色绿,春水绿于染。""日出江花红胜火,春来江水绿如蓝。"春天来了,湖水、江水都泛起绿色。这是为什么呢? 原来,春天气温升高,阳光明媚,水中的藻类植物开始大量繁殖。这些绿色的小生物自由地漂浮在水中,使春水荡漾着绿波。藻类植物是多种多样的。有单细胞的,有多细胞的;有的生活在水中,有的生活在海水中(图2-2)。

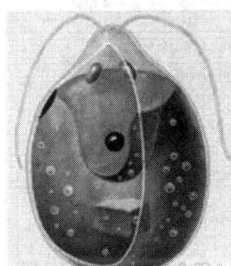
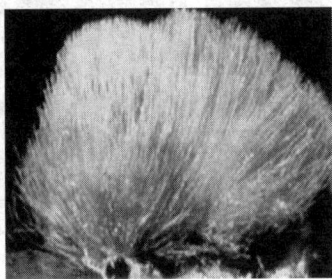

衣藻　　　　　　　　海藻　　　　　　　　海带

图2-2　藻类植物

藻类植物大都生活在水中,少数生活在陆地上的阴湿处。全身都能从环境中吸收水分和无机盐,都能进行光合作用,没有专门的吸收养料、运输或进行光合作用的器官,也没有根、茎、叶的分化。

关于藻类植物的作用可以归纳为:光合作用释放氧气;作为水生动物的饲料;供人类食用;作为药用等。

2. 苔藓植物　在阴湿的地面和背阴的墙壁上,常常密集地生长着许多低矮弱小的植物,这类植物就是茎和叶,没有输导组织的苔藓植物。当你走进温暖多雨地区的森林中,还会在树干上发现它们的踪迹;有时脚下似有一块毛茸茸的绿地毯,不仅松软,而且踩过的地方常常会留下一处处小水洼,这些在潮湿地面上的矮小植物也是苔藓植物,与藻类植物不同,苔藓植物大多生活在潮湿的陆地环境,一般具有茎和叶。但是,茎中没有导管,叶中没有叶脉,根非常简单,称为假根,因此植株一般都矮小(图2-3)。

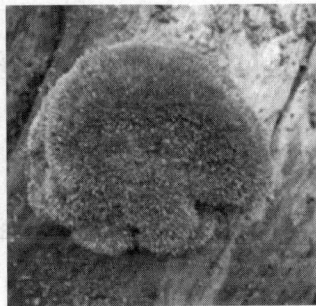

图2-3　苔藓植物

如果你生活的地方污染比较严重,恐怕就很难见到苔藓植物,你知道这是为什么? 原来,苔藓植物的叶只有一层细胞,二氧化硫等有毒气体可以从背、腹两面侵入叶细胞,使苔藓植物的生存受到威胁。人们利用苔藓植物的这个特点,把它当作监测空气污染程度的指示植物。

3. 蕨类植物　你见过蕨类植物吗? 它们经常出现在公园里,在花卉市场上也可以见到,它们的叶大大的,背面常常有许多褐色的斑块隆起;它们的茎大多藏在地下。这些形态优美的植物就是蕨类植物(图2-4)。

图 2-4　蕨类植物

野生的蕨类植物生活在森林和山野的潮湿环境中,植株比苔藓植物高大得多,根茎叶中具有运输物质的管道作为输导组织。同藻类植物和苔藓植物一样,蕨类植物是不结种子的植物。蕨类植物叶片下表面的褐色隆起里面,含有大量的孢子(一种生殖细胞)。孢子成熟以后,就从叶表面散发出来,落在温暖潮湿的地方,就会萌发和生长。

蕨的嫩叶可以食用。卷柏、贯众等可供药用。生长在水田、池塘中的满江红,是一种优良的绿肥和饲料。在距今 2 亿多年前,地球上曾经茂盛地生长着高达数十米高的蕨类植物,它们构成森林。后来,这些蕨类植物绝灭了,它们的遗体埋藏在地下,经过漫长的年代,变成了煤炭。

4. 孢子植物的主要特征　孢子植物是指能产生孢子并用孢子进行无性繁殖的植物总称,主要包括藻类植物、苔藓植物和蕨类植物等。细胞内含有叶绿素或其他色素,能进行光合作用;一般生活在水中或阴暗潮湿的环境。

三、种子植物

我们常见的花草树木,平时吃的粮食、瓜果蔬菜,绝大多数都是结种子的,并且是由种子发育成的,这些植物统称为种子植物。

种子的大小和形状千差万别,但是它们的基本结构是相同的:种子的外面有一层种皮,里面是胚。胚实际上就是幼小的生命体。种皮使幼嫩的胚得到保护。子叶或胚乳里含有丰富的营养物质。孢子只是一个细胞,只有散落在温暖潮湿的环境中才能萌发,否则很快就失去生命力。种子则不同,在比较干旱的地方也能萌发;如果遇到过于干燥或寒冷的环境,它可以待到气候适宜时再萌发。因此,种子的生命力比蕨类植物和苔藓植物产生的孢子生命力强得多,寿命也比孢子长。目前发现寿命最长的种子是在我国辽宁省挖出了"沉睡"一千年以上的古莲子。当把这些古莲子种下去,他们不仅成活了,而且绽放出美丽的花朵。

可见,同孢子植物相比,种子植物之所以更适应陆地环境,成为陆生植物中占绝对优势的类群,能产生种子是重要原因之一。

种子植物根据种子的结构可以分为裸子植物和被子植物。裸子植物的种子外面没有果皮包被,种子裸露在外面,比如松树、云杉、银杏、侧柏、苏铁等裸子植物的种子;而被子植物的种子外面包被着果皮,果皮和种子共同构成了果实(图 2-5)。在种子发育的过程中,果实可以保护种子免受昆虫的叮咬,以及外界环境中的其他不利因素的危害。可见,被子植物比裸子植物更加适应陆地生活,在生物圈中的分布更广泛,种类更多。

图 2-5 种子植物

绿色植物分类总结如下：

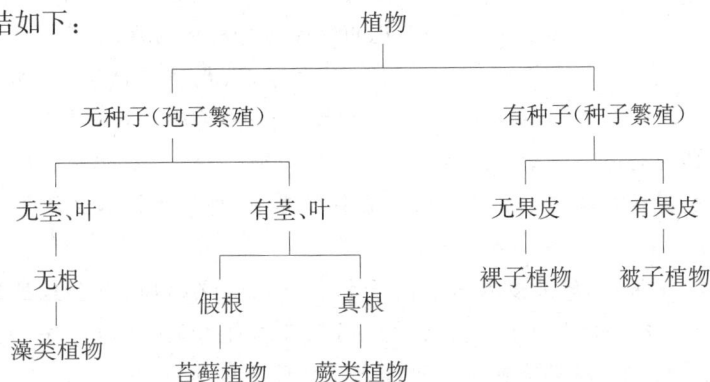

植物
- 无种子（孢子繁殖）
  - 无茎、叶
    - 无根
      - 藻类植物
  - 有茎、叶
    - 假根
      - 苔藓植物
    - 真根
      - 蕨类植物
- 有种子（种子繁殖）
  - 无果皮
    - 裸子植物
  - 有果皮
    - 被子植物

种子植物的主要特征 种子植物不仅具有发达的根、茎、叶，而且受精过程已经脱离了水的限制。种子是一种生殖器官，种子植物就是依靠种子来繁殖后代的。种子中具有胚，胚的外面包着种皮，因此，种子植物抵抗干旱和其他不良环境条件的能力比孢子植物大大加强了，更能适于陆地上生活。

【阅读与扩展】

一、被子植物14个科的分科检索表

1. 胚有两片子叶；叶片多具网状脉；花各部分的基数常是5或4。

  2. 雌蕊和雄蕊均是多数且分离；花托柱状或平整。

    3. 木本植物；花托柱状；花被花瓣状；聚合蓇葖果 ·························· 木兰科

    3. 大都是草本植物；花托多平整；萼片和花瓣5枚至多枚；多数是聚合蓇葖果或聚合瘦果 ·························· 毛茛科

  2. 雌蕊一枚或多数，雄蕊多数或定数；花托平整或下凹成杯状。

    4. 花单性。

      5. 雌雄异株；木本植物；葇荑花序；无花被；雄蕊2至多枚；蒴果 ·········· 杨柳科

      5. 雌雄同株或异株；草质藤本植物；不是葇荑花序；有花被；雄蕊5枚，两两结合，一枚分离；瓠果 ·························· 葫芦科

    4. 绝大多数的花两性。

      6. 果实是荚果 ·························· 豆科

      6. 果实不是荚果。

        7. 单体雄蕊 ·························· 锦葵科

7. 不是单体雄蕊。

8. 雄蕊有固定数目。

9. 聚药雄蕊；头状花序；下位子房；瘦果 …………………… 菊科

9. 不是聚药雄蕊；不是头状花序；上位子房；不是瘦果。

10. 雄蕊 6 枚，四强雄蕊；十字形花冠；角果 …………………… 十字花科

10. 雄蕊 5 枚，等长；花冠轮状；果实是浆果或蒴果 …………………… 茄科

8. 雄蕊无固定数目。

11. 叶不具透明芳香油腺点；雄蕊常多数；萼片 5 裂或 5 枚；花瓣（常 5 枚）通常都着生在杯状（或盘形、壶形）花托的边缘；果实有核果、蔷薇果、梨果等 …………………… 蔷薇科

11. 叶具透明芳香油腺点；雄蕊着生在花盘的基部；萼片 4～5 枚，合生；花瓣 4～5 枚，分离；果实是柑果或核果等 …… 芸香科

1. 胚有一片子叶；叶片多具平形脉；花各部分的基数常是 3。

12. 花的外面有外稃、内稃各一片；果实是颖果 …… 禾本科

12. 花的外面无外稃和内稃；果实不是颖果。

13. 下位子房；花序下面有一个膜质的总苞 …… 石蒜科

13. 上位子房；花序下面一般无膜质的总苞 …… 百合科

二、种子植物与人类的关系

在 30 多万种植物中，种子植物占了 2/3 左右。在植物界中，种子植物不仅数量最多，而且用途最广泛，与人类的关系最密切。

人们吃的粮食、蔬菜、水果等，绝大多数来自种子植物。人们吃的肉、蛋、奶，虽然直接来自动物，可是生产肉、蛋、奶的动物，是靠吃种子植物才能生活的。因此可以说人们吃的肉、蛋、奶是间接来自种子植物的。至于穿衣用的棉、麻、丝、毛，同样是直接或间接地来自种子植物的。

人们制作坚固的房屋，美观实用的家具，以及车、船、桥梁等，过去都要用种子植物提供的木材，现在虽然有了水泥、钢铁和塑料，利用的木材比以前少了，但是制造其中的某些部件，还是离不开木材。

做手术和包扎伤口都离不开棉絮、纱布和绷带，这些都是棉的产品，棉属于种子植物。许多种子植物，如人参、甘草、贝母等，可作药材。随着医药科学研究的深入发展，人们发现越来越多的种子植物具有药用价值。例如，三尖杉和长春花就是近年来发现具有治疗癌症功效的种子植物。

球鞋和车辆的内外胎等日用生活品都是橡胶制品，可供提取橡胶的植物是橡胶树和橡胶草。食品工厂酿造酒、醋、酱油、味精、豆腐乳等所需要的原料，主要来自小麦、高粱、玉米、大豆等。桐油来自油桐的种子。芦苇是重要的造纸原料。近年来，我国的科学家从田菁的种子中提取出田菁胶，田菁胶在食品、造纸、石油、矿冶、纺织等工业中有着重要的用途。以上提到的植物都是种子植物。

许多种子植物，如柳杉、梧桐、榆树、橙、桧等，能够吸收大气中的二氧化硫等有害气体，并且能够吸附大气中的一部分尘埃。例如，$1 km^2$ 的柳杉林，每日可以吸收 60 kg 的二氧化硫；$1 m^2$ 的榆树，一昼夜可以吸附 3～9 g 的尘埃。此外，许多种子植物还能分泌出具有杀菌能力的挥发性物质。所以，将这些种子植物广泛地种植在居民区、道路两侧和工矿区附近，既绿化了环境，又净化了空气。

种子植物构成了大片的森林，森林能够涵养水源和保持水土。据试验，一块无林坡地的土壤，只能吸收少量的雨水，其余的都随着地表流失了。如果有 10 m 宽的林带，土壤就能吸收较多的雨水。如果林带宽达 80 m 时，雨水就全都能被土壤吸收，并且转变成地下水蓄积起来，从而防止了水土流失。此外，由种子植物构成的大片森林，还具有防风固沙、调节气候的作用。

供观赏的花草树木，大都是种子植物。金钱松、罗汉松等裸子植物，以其四季常青的色泽和傲岸挺拔的气势，常用来制作盆景。被子植物由于具备了花，更以其秀美的外形、艳丽的花色和芳香的气味，成为绿化美化生活环境所必不可少的植物。鲜花成为人们生活中美好、幸福、友谊的象征。供观赏的种子植物，还具有陶冶情操、增进身心健康的功效。

四、被子植物的一生

问题和现象

水稻和小麦是否开花？它们的花是否会产生花蜜？而桃树、梨树等开的花却很鲜艳,这是为什么呢?

被子植物从种子萌发,经过一系列的生长发育后,在植株的茎上形成花芽,然后开花、结果、产生种子。被子植物开花结果后,其果实和种子通过一定的方式传播。在适宜的环境条件下,种子发育成为新的植株,使种族得以延续。

被子植物生命活动的起点是受精卵,从受精卵经过一系列细胞的分裂和分化之后,形成不同的组织,进而发育为不同的器官。这些器官分为两大类,即营养器官和生殖器官:营养器官是由根、茎、叶3种器官组成;生殖器官是由花、果实和种子3种器官组成。

1. 花的形态结构和生理

(1) 花的组成和基本结构:一朵完整的花可以分成5个部分:花柄、花托、花萼、花冠和花蕊(图2-6)。

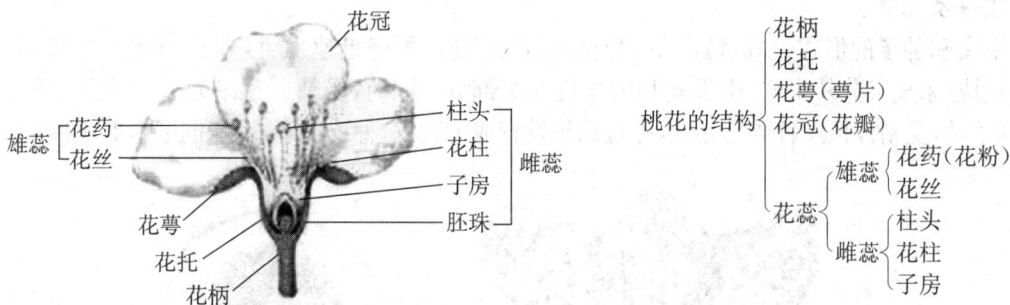

图 2-6　桃花的结构

花蕊是一朵花最关键的部分,分为雄蕊群和雌蕊群。雄蕊群含有许多雄蕊,雄蕊由花药和花丝两部分组成,花药是花丝顶端的囊状结构,其内有花粉囊,花粉囊可以产生大量花粉粒,花粉粒中有精子。雌蕊群由许多雌蕊组成,雌蕊由柱头、花柱和子房3个部分组成:柱头是接受花粉的部位,柱头表面分泌黏液,可以吸附花粉,并为花粉萌发提供水分和其他物质;花柱是连接柱头与子房的部分,花粉管萌发后穿过花柱到达子房;子房外面是子房壁,里面有胚珠,胚珠外面是珠被,珠被内有胚囊,胚囊内有一个卵细胞和两个极核以及其他细胞等。

(2) 开花和传粉:当花的各部分发育成熟时,花被展开,露出雌蕊、雄蕊,这一现象称为开花。开花后,花药裂开,花粉囊散发出的花粉借助于一定的媒介力量,被传送到同一朵花或另一朵花的柱头之上,这一过程称为传粉。根据花的花蕊可以将花分为单性花和两性花,单性花有雌花和雄花之分,当一朵花的花粉传给另一朵花的雌蕊柱头上的传粉过程称为异花传粉;而一朵花的花粉传给同一朵花的柱头上的传粉过程称为自花传粉。自花传粉是一种原始的方式,对植物本身是不利的,长期自花传粉,会降低后代生活力;而异花传粉由于遗传的差异较大,对植物有利(图2-7)。

以风为媒介传粉的花,叫风媒花,花粉从花囊中散出后随风飘散,随机地落到雌花的柱头上,这种花的特点是花多密集成穗状花序或茉黄花序等,可产生大量的花粉,花粉粒体积小,质轻而干燥,表面较光滑,如小麦、水稻、玉米等。如果以昆虫(蜜蜂、蝴蝶等)为传粉媒介的花为虫媒花,虫媒花的特点多数具有花蜜,常具有特殊的气味,花朵较大,有鲜艳的颜色,有些植物的花朵虽然较小,但密集形成花序,十分显眼,花粉粒较大,外壁粗糙,表面有黏性物质,花粉不易被风吹散,易为虫黏附等。

通过各种媒介将花粉传到雌蕊柱头上的花粉,在柱头分泌的黏液的作用下形成花粉管,花粉管沿着花

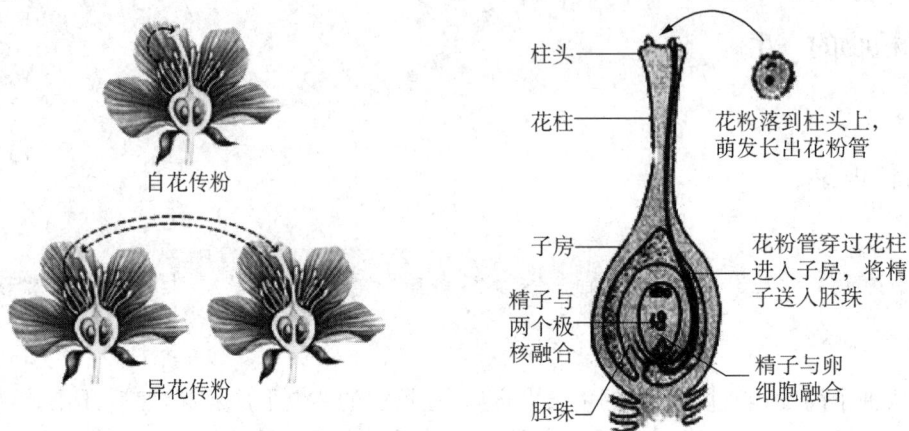

图 2-7 传粉

柱向子房生长，直达胚珠，然后穿过珠孔进入胚囊。随着花粉管的生长，里面的两个精子一个与卵细胞融合，形成受精卵，进一步发育成为胚；另一个与两个极核融合形成受精极核，进一步发育成为胚乳，这一过程叫作"双受精"，双受精过程是被子植物所特有的。

双受精使后代的胚具有父母双方的遗传性状和特性，供给胚发育的胚乳也有父母双方的遗传性状，从而使植物体的后代具有更强的生命力和适应性。这些优势使被子植物成为地球上适应力最强、种类最多、分布最广的一类植物。

（3）果实和种子的形成：一般情况下，受精过程完成后，子房迅速发育，形成果实。果实都由果皮和种子两部分组成，果皮又分外果皮、中果皮和内果皮3个部分。同时，受精卵逐渐发育成为胚，胚包含胚根、胚轴、胚芽和子叶，受精极核发育成为胚乳，并且珠被发育成为种皮，种皮包裹着胚和胚乳，形成种子（图2-8）。

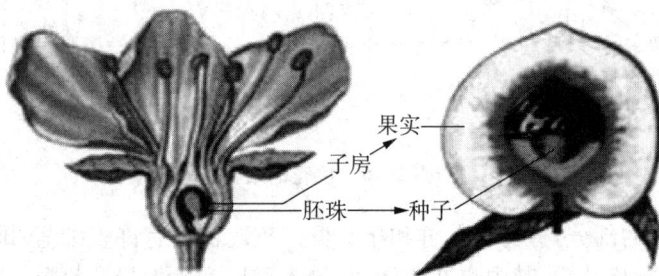

图 2-8 果实和种子的形成

根据种子成熟后是否具有胚乳，将种子分为两种类型：①有胚乳种子，是指种子成熟以后具有胚乳，胚乳占据了种子的大部分，胚相对较小，大多数单子叶植物是有胚乳的种子，如小麦、水稻等；②无胚乳种子，是指种子成熟后缺乏胚乳，这类种子仅由种皮和胚两部分组成，在种子成熟过程中，胚乳中储藏的营养转移到子叶中，因此常常具有肥厚的子叶，如花生、大豆等（图2-9）。

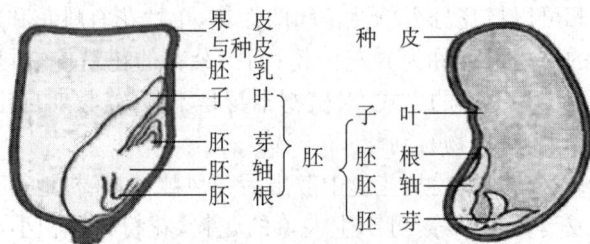

图 2-9 种子的结构

种子是植物传宗接代的繁殖器官，是种子植物所特有的结构。当果实和种子发育成熟了，不同的植物通过不同的方式将果实和种子传播出去，度过了休眠期后，如果遇到适量的水分、充足的空气和适宜的温度等外界条件时,干燥的种子吸足了水分后,坚硬的种皮被软化,子叶或胚乳中的营养物质运往胚,胚吸收这些营养物质后,首先胚根突破种皮,向下生长,形成主根,继而形成根系,胚轴带动着胚芽向上生长形成茎和叶,从而发展成一颗幼苗。

2. 根的形态结构及生理

(1) 根的形态结构:根,是植物在长期进化过程中适应陆地生活而逐渐形成的器官。根大多生长在土壤里,具有吸收、固着、合成、贮藏等作用。一株植物全部根的总和,叫作"根系"。根系有两种基本类型:直根系和须根系(图2-10)。根系在土壤中分布的深度和阔度,因植物种类、生长发育的情况、土壤条件和人为的影响等因素而不同。

根分为主根、侧根和不定根。主根是种子萌发时,最先是胚根突破种皮,向下生长,这个由胚根细胞的分裂和伸长所形成的向下垂直生长的根,称为主根。侧根是主根生长到一定长度时,在一定部位上侧向地生出许多分支的根,称为侧根。侧根和主根往往形成一定的角度,当侧根达到一定长度时,又能生出新的侧根(图2-11)。不定根是有些植物在主根和侧根以外的部分,如茎、叶或胚轴上生出的根,统称为不定根。例如,小麦的种子萌发时形成的主根,存活时间不长,以后由胚轴上或茎的基部所产生的不定根所代替。在农业、林业生产中,常利用某些植物能从茎、叶上产生不定根的特性进行扦插繁殖,已成为常见的育苗方法之一。

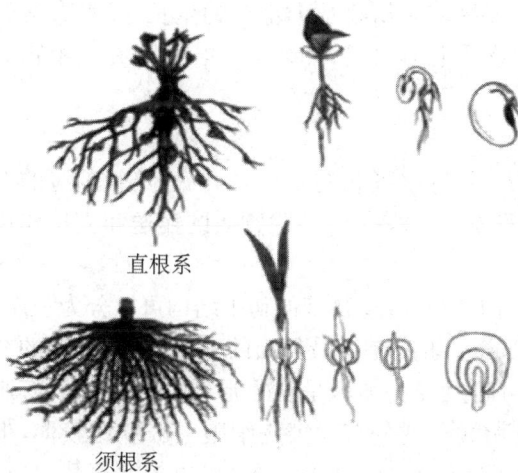

直根系

须根系

图2-10　根系的类型

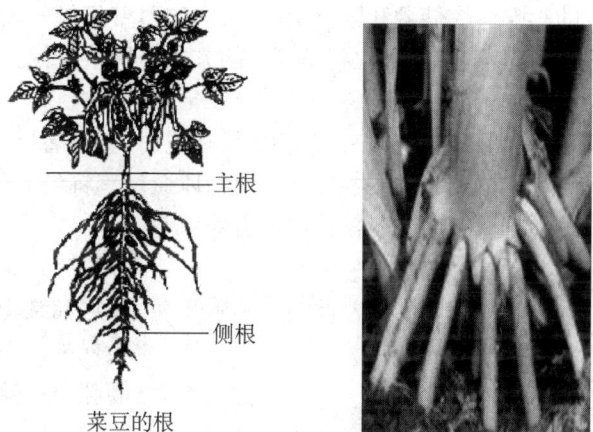

主根

侧根

菜豆的根

图2-11　根的结构

1) 根尖的基本结构:根尖,是指从根的顶端到着生根毛的这一段,是根中生命活动最旺盛、最重要的部分。根内组织的形成,根的伸长,根对水分和养料的吸收,主要是在根尖内进行的。根尖可以分为4个部分,从顶端向上依次是根冠、分生区、伸长区和成熟区(图2-12)。

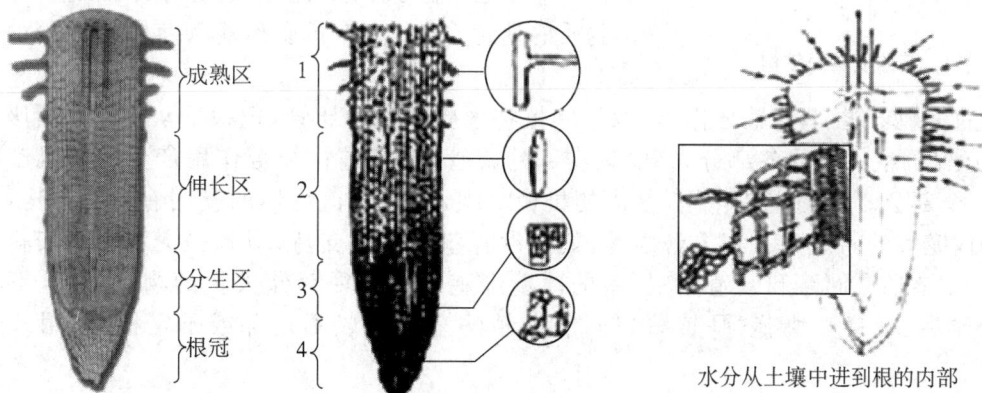

成熟区

伸长区

分生区

根冠

1

2

3

4

水分从土壤中进到根的内部

图2-12　根尖的结构

2）根冠：根冠位于根的先端，成圆锥形，由许多排列不规则的薄壁细胞组成，像一顶帽子似的套在分生区的外方，所以称为根冠。根冠具有保护根的顶端分生组织和帮助正在生长的根较顺利地穿越土壤，并减少损伤的作用。

3）分生区：分生区是根的顶端分生组织，位于根冠内。分生区不断地进行细胞分裂形成新的细胞，除一部分形成根冠细胞，以补偿根冠因受损伤而脱落的细胞外，大部分经过细胞的生长、分化，逐渐形成根的各种结构。

4）伸长区：伸长区位于分生区稍后方的部分，细胞分裂已逐渐停止，并明显沿根的长轴方向延伸，因此称为伸长区。伸长区能吸收一些水分和无机盐。根长度的生长是分生区细胞的分裂和伸长区细胞的延伸共同活动的结果，有利于根能吸取更多的营养。

5）成熟区：成熟区紧接伸长区，细胞已停止伸长，并且多已分化成熟。表皮产生根毛，也称为根毛区。成熟区是根吸收水分和无机盐最强的部位。

（2）根的生理功能：①吸收作用，根可吸收土壤中的水和无机盐。②固着和支持的作用，由于植物体具有反复分枝，深入土壤的庞大根系，以及根内牢固的机械组织和维管组织的共同作用，可以抵抗风、雨、冰、雪的袭击，巍然屹立。③输导作用，由根毛吸收的水分和无机盐，通过根的维管组织输送到茎和其他部位，而叶所制造的有机养料经过茎输送到根，再经根的维管组织输送到根的各部分，以维持根的生长需要。④合成功能，据研究，在根中能合成蛋白质所必需的氨基酸，并能很快地运至生长的部分，构成蛋白质，作为形成新细胞的材料；根还能合成激素和植物碱，这些激素和植物碱对植物地上部分的生长、发育有着较大的影响。⑤储藏和繁殖功能，根内的薄壁组织较发达，常为物质贮藏之所，如萝卜、甜菜等；有些植物的根能产生不定芽，常常利用扦插的方式来繁殖后代。

3. 茎的形态结构及生理

茎由胚芽发育而来，大多生长在地面，支持着叶、花和果实，并将根吸收的水分、无机盐及叶制造的有机养料运输到身体的各部分。植物体通过茎将各部分的活动联成一个整体。茎除物质的输送和支持作用外，还能制造和储藏养料，进行营养繁殖。

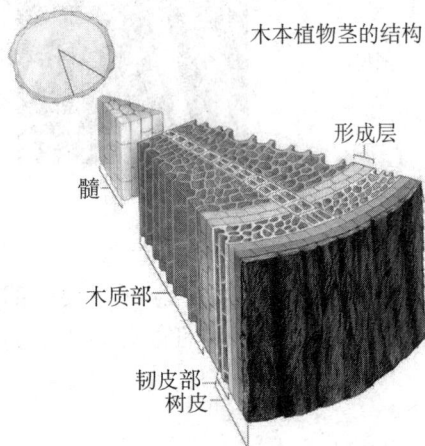

图 2 - 13 茎的横切面结构

（1）茎的基本结构：双子叶植物茎的初生结构可以分为表皮、皮层和维管柱 3 个部分。表皮是茎最外面的一层细胞，是茎的初生保护组织。在横切面上表皮细胞呈长方形，排列紧密，没有胞间隙，有各种表皮毛和气孔器分布。表皮细胞一般壁比较薄，但外切向壁较厚，并有不同程度加厚的角质膜，可以控制蒸腾，抵抗病菌的侵入。皮层位于表皮之内，组成成分主要是薄壁细胞，细胞多层，排列疏松，有明显的胞间隙，近表皮处的厚角组织和薄壁组织细胞中常含有叶绿体，因此使幼茎呈绿色。维管柱是皮层以内的部分，包括维管束、髓和髓射线 3 个部分，维管束中有木质部，其内的导管是运输水分和无机盐的通道，维管束中的韧皮部，其内的筛管是运输有机物的通道，而髓射线是在茎中横向运输营养物质的通道，并将营养物质运输到茎的中央髓处储藏起来（图 2 - 13）。

（2）茎的生理功能：茎有输导作用，双子叶植物木质部中的导管，把根毛从土壤中所吸收的水分和无机盐，运输到植物体的各部分，茎的韧皮部的筛管，把叶进行光合作用产生的有机产物运送到植物体的各个部分。茎的支持作用，茎内的机械组织，构成了植物体的坚固有力的结构，起着巨大的支持作用，庞大的树冠加上狂风暴雨等，如果没有茎强大的支持作用，是无法合理安排枝叶在空间的分布的。茎还有储藏和繁殖作用，茎的薄壁细胞组织往往存储大量的物质，如地下茎中的根状茎（藕）、球茎（荸荠）、块茎（马铃薯）等，有些植物茎能形成不定芽或不定根，常用来进行无性繁殖。

4. 叶的形态结构及生理

（1）叶的形态结构：叶一般是由叶片、叶柄和托叶组成，叶片是叶的主要部分，叶柄是叶的细长柄状部分,连接着叶片与茎,托叶是柄基两侧所生的小叶状物(图2-14)。三部分均具有的叶称为完全叶,如月季、桃、梨等;只具有一或两部分的叶称为不完全叶,如荠菜、白菜等植物。

图 2-14　叶的结构

叶片的基本结构由表皮、叶肉和叶脉3个部分组成。表皮位于叶片的最外层,分上表皮和下表皮。表皮细胞的外壁常有一层透明的角质层,可以保护叶片不受病菌的侵害,防止叶内的水分过度散失。叶肉位于上表皮与下表皮之间,一般分为栅栏组织和海绵组织。栅栏组织的细胞排列紧密且整齐,细胞里含有丰富的叶绿体,光合作用就是在叶绿体的内部完成的。海绵组织的细胞排列比较疏松,细胞里含有较少的叶绿体。叶脉分布在叶肉之间。叶脉具有输导和支持的作用。

(2) 叶的主要生理功能:主要是光合作用、蒸腾作用,他们在植物的生命活动中具有重大的意义。

总之,被子植物的一生就在沿着开花、传粉、受精,形成种子和果实,当种子和果实发育成熟后开始传播种子,遇到适宜的条件后萌发,长出根、茎、叶,进行营养生长,营养生长到一定的时候,进行生殖生长,周而复始的循环下去,从而延续后代。

【阅读与扩展】

无 性 生 殖

无性生殖指的是不经过两性生殖细胞结合,由母体直接产生新个体的生殖方式,分为分裂生殖(细菌及原生生物)、出芽生殖(酵母菌、水螅等)、孢子生殖(蕨类等)、营养生殖(草莓葡萄茎等)。

无性生殖可以缩短植物生长周期,保留农作物的优良性状,增加农作物产量,品种创新性大有助于生物变异与进化。

现就分裂生殖、出芽生殖、孢子生殖、营养生殖分述如下。

1. 分裂生殖　分裂生殖又叫裂殖,是生物由一个母体分裂出新子体的生殖方式。分裂生殖生出的新个体,大小和形状都是大体相同的。在单细胞生物中,这种生殖方式比较普遍。例如,草履虫、变形虫、眼虫、细菌都是进行分裂生殖的。

2. 出芽生殖　出芽生殖又叫芽殖,是由母体在一定的部位生出芽体的生殖方式。芽体逐渐长大,形成与母体一样的个体,并从母体上脱落下来,成为完整的新个体,如水螅、酵母菌(环境恶劣时水螅也进行有性生殖。)常常进行出芽生殖。

3. 孢子生殖　有的生物身体长成以后能够产生一种细胞,这种细胞不经过两两结合就可以直接形成新个体。这种细胞叫作孢子,这种生殖方式叫作孢子生殖。例如根霉,它的直立菌丝的顶端形成孢子囊,里面产生孢子。孢子落在阴湿而富含有机质的温暖环境中,就能够发育成新的根霉。一般的低等植物和真菌都是这种生殖方式。如铁线蕨、青霉、曲霉。

4. 营养生殖　由植物体的营养器官(根、叶、茎)产生出新个体的生殖方式,叫作营养生殖。例如,马铃薯的块茎、蓟的根、草莓葡萄枝、秋海棠的叶,都能生芽,这些芽都能够形成新的个体。营养生殖能够使后代保持亲本的性状，因此，人们常用分根、扦插、嫁接、压条等人工的方法来繁殖花卉和果树。扦插就是把枝条剪成小段，插入土中，生根发芽后成为新植株。嫁接就是把一株植物的枝条（或芽）称为接穗，接到另一株植物的枝干上称为砧木，将两者的形成层紧紧地贴在一起，一段时间后使它们彼此愈合起来，成为一个植株。

【思考与练习】

1. 为什么说种子植物比孢子植物抵抗干旱和其他不良环境条件的能力强多了？
2. 与蕨类植物相比，为什么裸子植物的植株高大？
3. 在玉米开花的季节，如果遇到阴雨连绵的天气，常会造成玉米减产，这是什么原因？
4. 南瓜、丝瓜等葫芦科植物，开会季节开了很多花，但只结了少许的果实，其原因是什么？

第二节　绿色植物的生理功能

问题和现象

在公园里，在居住的小区里，无论你走到哪里，只要有人居住的地方，一定有绿色植物，我们把不长植物的地方称为"不毛之地"。为什么人们总是把居住的地方与植物紧紧结合在一起，这是为什么呢？

原来绿色植物能够为我们人类带来太多的产品了，它们为什么能够给我们人类带来这么多的产品呢？原来，绿色植物生理功能在起作用，这些作用我们平时还没觉察出来。

一、光合作用

科学家确认，绿色植物对光能的利用率很低，杂交水稻的光能利用率只有2％左右，而按理论计算，水稻的光能利用率可达到4％，所以增产的潜力仍然巨大。要想提高光能的利用率，首先要了解光合作用的相关知识。

叶是光合作用的主要器官。参天大树拔地而起，枝繁叶茂；纤纤小草苗壮成长，生生不息。无论是参天大树，还是纤纤小草，一般都具有叶，叶是绿色植物进行光合作用的主要器官，叶片是进行光合作用的主要部分。

绿色植物的叶片一般包括表皮、叶肉和叶脉3个部分。

表皮位于叶片的最外层，分上表皮和下表皮。表皮细胞的外壁常有一层透明的角质层，可以保护叶片不受病菌的侵害，防止叶内的水分过度散失。表皮上有一种成对存在的肾形细胞，叫作保卫细胞。保卫细胞之间的空隙，叫作气孔，气孔是氧气、二氧化碳以及水蒸气等进出的通道，气孔的开关可以控制它们的进出量（图2-15）。

叶肉位于上表皮与下表皮之间，一般分为栅栏组织和海绵组织。栅栏组织的细胞排列紧密且整齐，细胞里含有丰富的叶绿体，光合作用就是在它的内部完成的。海绵组织的细胞排列比较疏松，细胞里含有较少的叶绿体。

叶脉分布在叶肉之间。叶脉具有导管，有输导水、无机盐的功能；筛管则有输导有机物的功能，叶脉还具有支持叶片的功能。

叶绿体是光合作用的场所，叶片的叶肉细胞和保卫细胞中含有叶绿体，叶绿体中又含有绿色的叶绿素。叶绿素能够吸收光能，为光合作用提供能量。在生命活动旺盛的绿叶细胞中，叶绿体的数量较多。叶绿体中的叶绿素，是叶片在阳光的照射下形成的色素，是叶片呈现绿色的主要原因。叶绿体是绿色植物进行光合作用的场所。

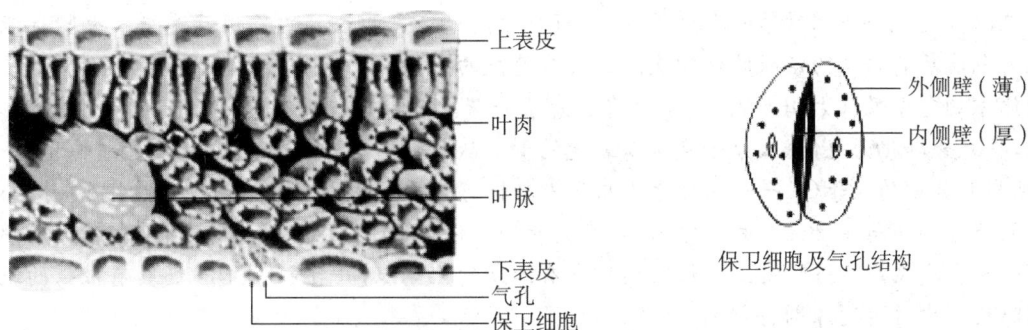

图 2-15 叶片的结构

光是绿色植物进行光合作用的条件,光是植物进行光合作用的能量来源,是万物生长的根本。只有在一定强度的光照下,植物才能进行光合作用,制造有机物,满足自身的生长发育的需要。

淀粉是绿色植物光合作用的产物,绿色植物好像是生产淀粉等有机物的天然"工厂",在光照条件下,利用二氧化碳和水作为原料生产出产量惊人的有机物,养活了地球上绝大多数的生物,我们食用的面粉、大米等都含有大量的淀粉,他们是光合作用的产物,为我们提供了大量的能量。

绿色植物通过光合作用,除了制造淀粉外,还能够产生氧气,使得自然界的生物有充足的氧气用于呼吸作用,完成各项生命活动。

二氧化碳是光合作用的原料,它通过气孔进入叶片,用于植物的光合作用。除此之外,光合作用需要水的参与。

光合作用,是指绿色植物通过叶绿体,利用光能,把二氧化碳和水转化成储存能量的有机物,并且释放出氧气的过程。

化学反应方程式:$6CO_2 + 6H_2O \longrightarrow C_6H_{12}O_6 + 6O_2$(条件是光能、场所是叶绿体)

光合作用的意义:第一、制造有机物。绿色植物通过光合作用制造有机物的数量是非常巨大的。据估计,地球上的绿色植物每年大约制造四五千亿吨有机物,这远远超过了地球上每年工业产品的总产量。所以,人们把地球上的绿色植物比作庞大的"绿色工厂"。绿色植物的生存离不开自身通过光合作用制造的有机物。人类和动物的食物也都直接或间接地来自光合作用制造的有机物。第二,转化并储存太阳能。绿色植物通过光合作用将太阳能转化成化学能,并储存在光合作用制造的有机物中。地球上几乎所有的生物,都是直接或间接利用这些能量作为生命活动的能源的。煤炭、石油、天然气等燃料中所含有的能量,归根到底都是古代的绿色植物通过光合作用储存起来的。第三,使大气中的氧和二氧化碳的含量相对稳定。据估计,全世界所有生物通过呼吸作用消耗的氧和燃烧各种燃料所消耗的氧,平均为 10 000 t/s(吨每秒)。以这样的消耗氧的速度计算,大气中的氧大约只需 2 000 年就会用完。然而,这种情况并没有发生。这是因为绿色植物广泛地分布在地球上,不断地通过光合作用吸收二氧化碳并释放氧,从而使大气中的氧和二氧化碳的含量保持着相对稳定。第四,对生物的进化具有重要的作用。在绿色植物出现以前,地球的大气中并没有氧。只是在距今 20 亿至 30 亿年以前,绿色植物在地球上出现并逐渐占有优势以后,地球的大气中才逐渐含有氧,从而使地球上其他进行有氧呼吸的生物得以发生和发展。由于大气中的一部分氧转化成臭氧(O_3)。臭氧在大气上层形成的臭氧层,能够有效地滤去太阳辐射中对生物具有强烈破坏作用的紫外线,从而使水生生物开始逐渐能够在陆地上生活。经过长期的生物进化过程,最后才出现广泛分布在自然界的各种动植物。

【阅读与扩展】

光合作用的过程

光合作用需要光,但并不是光合作用的整个过程都需要光。根据是否需要光,光合作用的过程可以分为两个阶段:光反应阶段和暗反应阶段。

光反应阶段是光合作用的第一个阶段,必须有光才能进行。其主要的作用就是吸收太阳光能,并将太阳能转化为电能后再转化为活跃的化学能。光反应阶段的主要场所是叶绿体类囊体结构的薄膜。

叶绿体中的色素吸收太阳光能,一方面将水分子分解成氧和氢,并且源源不断地释放出电子(e^-),形成电子流,将光能转化为电能,氧分子直接以氧气的形式从气孔中逸出,进入空气,而氢则传递到叶绿体基质中,并且和释放出的电子(e)一起在叶绿体基质中与辅酶Ⅱ($NADP^+$)结合形成还原性辅酶Ⅱ(NADPH)作为活跃的还原剂参与暗反应。另一方面,在有关酶的催化作用下,促进ADP和Pi在光能的作用下,转化为了ATP,不管是ATP还是NADPH,它们都含有活跃的化学能,并且NADPH还具有很强的还原性,在接下来的暗反应中作为还原剂将C_3化合物还原。

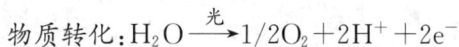

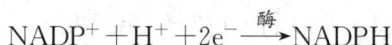

物质转化:$H_2O \xrightarrow{\text{光}} 1/2 O_2 + 2H^+ + 2e^-$

$\qquad ADP + Pi + 能量 \xrightarrow{\text{酶}} ATP$

$\qquad NADP^+ + H^+ + 2e^- \xrightarrow{\text{酶}} NADPH$

能量转变:

光能→电能→ATP、NADPH中活跃的化学能

条件:光、H_2O、色素分子和酶

场所:叶绿体类囊体膜(叶绿体基粒)

暗反应阶段是光合作用的第二阶段,在叶绿体基质中有光和无光的环境下都能进行。植物会将吸收到的1分子二氧化碳通过与一种C_5的化合物发生化学反应,转化为2分子C_3的化合物,此过程称为二氧化碳的固定。这一步反应的意义是,把原本并不活泼的二氧化碳分子活化,使之随后能被还原。C_3被光反应中生成的NADPH还原,此过程需要消耗ATP,并经过一系列复杂的生化反应,1个碳原子将会被用于合成葡萄糖,剩下的5个碳原子经一系列变化,最后重新生成1个C_5的化合物,循环重新开始,循环运行6次,生成1分子的葡萄糖。

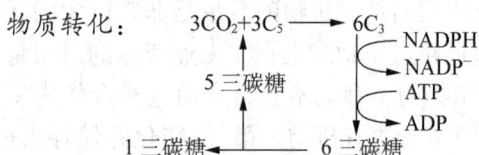

物质转化:

$$3CO_2 + 3C_5 \longrightarrow 6C_3$$

能量转变:

ATP、NADPH中活跃的化学能→有机物中稳定的化学能

条件:ATP、NADPH、CO_2和多种酶

场所:叶绿体基质

二、绿色植物的蒸腾作用

问题和现象

夏天人们喜欢到树木繁多的地方去乘凉,原因你知道吗? 原来绿色植物除了光合作用和呼吸作用以外,蒸腾作用也是植物叶进行的一项重要的生理作用。

1. 蒸腾作用的概念 我们用透明的塑料袋将植物的叶片罩住,一段时间后,在塑料袋内壁上有大量的水珠出现,显然,这些水珠是由植物的叶片散发出来的水蒸气凝结而成的,可见,植物体确实能够把吸收来的一部分水分,以水蒸气的形式散发出去。像这样,水分以气体状态通过植物体叶的表面等处散发到体外的过程,叫作蒸腾作用。那么,蒸腾作用是怎么进行的呢?

水分从植物体内散失到大气中的方式有两种:一种是以液态逸出体外,如吐水;另一方式是以气态逸出体外,即蒸腾作用,这是植物最主要的生理作用,也是植物失水的主要方式。

2. 蒸腾作用的过程　对于幼小的植物来说,叶片和茎的表面都能够进行蒸腾作用,当植物长大以后,茎的表面形成了很厚的保护组织,体内的水分很难通过茎散失掉(图2-16)。这时,只有叶片才是进行蒸腾作用的主要部位。叶片通过蒸腾作用的途径有两条:一条是通过角质层;另一条是通过气孔。角质层本身是不透水的,对于一般的植物来说,通过角质层进行蒸腾作用很有限。普通植物的成熟叶子,通过角质层蒸腾作用的水分仅仅占总蒸腾作用总量的5%～10%。所以,通过气孔蒸腾水分才是蒸腾作用的主要途径。

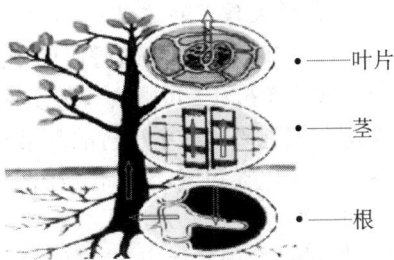

图 2-16　蒸腾作用的过程

气孔是叶片表皮上每对保卫细胞之间的孔隙,保卫细胞内含有叶绿体,能够进行光合作用。由于保卫细胞靠近气孔一侧的细胞壁厚,而背近气孔一侧的细胞壁比较薄,因此,当保卫细胞吸水膨胀时,较薄的外壁容易伸长,引起细胞向外弯曲,于是气孔开放;当保卫细胞失水时,细胞的体积缩小,细胞壁收缩,气孔就关闭。可见,气孔的开放与关闭,是受保卫细胞控制的,而气孔的开闭又控制着蒸腾作用的进行。

植物由于根部吸收来的水分,通过导管输送到叶。其中,大部分水分转化成水蒸气,通过气孔蒸腾到大气中。

3. 植物蒸腾作用的生理意义　①蒸腾作用是植物对水分吸收和运输的主要动力,高大植物的树冠部分水的获取,主要是依靠蒸腾作用产生的拉力。②蒸腾作用促进了矿质元素在植物体内的运输,由于矿质盐类要溶于水中才能被植物吸收和在体内运转,而蒸腾作用能促进水分的吸收和流动,矿物质可随水分的吸收和流动而被吸入和分布到植物体各部分中去。植物对有机物的吸收和有机物在体内运转也是如此。③蒸腾作用能够降低植物体和叶片的温度,绿色叶片在阳光下吸收的大量光能,除了有极少部分被植物的叶绿素所吸收用于光合作用外,绝大部分转化为热能。如果叶子没有降温的本领,叶温过高,叶片会被灼伤。在蒸腾过程中水变为水蒸气时需要吸收热能,因此能够降低叶片的温度。

【阅读与扩展】

影响蒸腾作用强弱的因素有气温、光照和湿度等。一般情况下,如果气孔周围气温高,光照强,湿度小,气孔开放程度就大,蒸腾作用就越强;如果气孔周围气温低,光照弱,湿度大,气孔开放程度就小,蒸腾作用就越弱。当然,在温度很高,光照很强(达到光饱和点)的情况下,气孔关闭,植物蒸腾作用几乎停止,这是植物为了保持体内水分的一种适应。

三、呼吸作用

问题和现象

你能解释吗? 为什么冷藏的蔬菜能较长时间地保持新鲜呢? 为什么卧室里不宜摆放植物?

1. 呼吸作用的概念　生物体内的有机物在细胞内经过一系列的氧化分解,最终生成二氧化碳或其他产物,并且释放出能量的总过程,叫作呼吸作用(又称为细胞呼吸),这是所有的动物和植物都具有的一项生命活动。生物的生命活动都需要消耗能量,这些能量来自生物体内糖类、脂类和蛋白质等有机物的氧化分解。生物体内有机物的氧化分解为生物提供了生命所需要的能量,具有十分重要的意义。

2. 呼吸作用的分类　呼吸作用是一种酶促氧化反应。虽名为氧化反应,不论有无氧气参与,都可称作呼吸作用(这是因为在化学上,有电子转移的反应过程皆可称为氧化)。有氧气参与时的呼吸作用,称之为有氧呼吸；没氧气参与的反应，则称为无氧呼吸。

3. 呼吸作用的过程

（1）有氧呼吸：有氧呼吸的全过程，可以分为 3 个阶段。第一个阶段（称为糖酵解），1 个分子的葡萄糖分解成 2 个分子的丙酮酸，在分解的过程中产生少量的氢（用[H]表示），同时释放出少量的能量。这个阶段是在细胞质基质中进行的。第二个阶段（称为三羧酸循环或柠檬酸循环），丙酮酸经过一系列的反应，分解成二氧化碳和氢，同时释放出少量的能量。这个阶段是在线粒体基质中进行的，植物有氧呼吸过程中，中间产物丙酮酸必须进入线粒体才能被分解成 CO_2。第三个阶段（呼吸电子传递链），前两个阶段产生的氢，经过一系列的反应，与氧结合而形成水，同时释放出大量的能量。这个阶段是在线粒体内膜中进行的。以上 3 个阶段中的各个化学反应是由不同的酶来催化的。在生物体内，1 mol 的葡萄糖在彻底氧化分解以后，共释放出 2 870 kJ 的能量，其中有 1 160.52 kJ 左右的能量储存在 ATP 中（38 个 ATP，1 mol ATP 储存 30.54 kJ 能量），其余的能量都以热能的形式散失了（呼吸作用产生的能量仅有 34% 转化为 ATP）。

有氧呼吸的化学反应方程式：

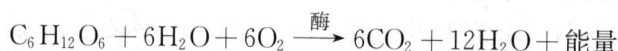

$$C_6H_{12}O_6 + 6H_2O + 6O_2 \xrightarrow{\text{酶}} 6CO_2 + 12H_2O + \text{能量}$$

（2）无氧呼吸：生物进行呼吸作用的主要形式是有氧呼吸。那么，生物在无氧条件下能不能进行呼吸作用呢？科学家通过研究发现，生物体内的细胞在无氧条件下能够进行另一类型的呼吸作用——无氧呼吸。

无氧呼吸一般是指细胞在无氧条件下，通过酶的催化作用，把葡萄糖等有机物质分解成为不彻底的氧化产物，同时释放出少量能量的过程。这个过程对于高等植物、高等动物和人来说，称为无氧呼吸。对于微生物（如乳酸菌、酵母菌），则习惯上称为发酵。细胞进行无氧呼吸的场所是细胞质基质。苹果储藏久了，为什么会有酒味？高等植物在水淹的情况下，可以进行短时间的无氧呼吸，将葡萄糖分解为乙醇和二氧化碳，并且释放出少量的能量，以适应缺氧的环境条件。高等动物和人体在剧烈运动时，尽管呼吸运动和血液循环都大大加强了，但是仍然不能满足骨骼肌对氧的需要，这时骨骼肌内就会出现无氧呼吸，高等动物和人体的无氧呼吸产生乳酸。此外，还有一些高等植物的某些器官在进行无氧呼吸时也可以产生乳酸，如马铃薯块茎、甜菜块根等。无氧呼吸的全过程，可以分为两个阶段：第一个阶段与有氧呼吸的第一个阶段完全相同；第二个阶段是丙酮酸在不同酶的催化下，分解成乙醇和二氧化碳，或者转化成乳酸。以上两个阶段中的各个化学反应是由不同的酶来催化的。在无氧呼吸中，葡萄糖氧化分解时所释放出的能量，比有氧呼吸释放出的要少得多。例如，1 mol 的葡萄糖在分解成乳酸以后，共放出 196.65 kJ 的能量，其中有 61.08 kJ 的能量储存在 ATP 中（2 个 ATP），其余的能量都以热能的形式散失了。

无氧呼吸的化学反应方程式：

$$\overset{\text{多数植物组织,酵母菌}}{C_6H_{12}O_6 \xrightarrow{\text{酶}} 2C_2H_5OH(\text{乙醇}) + 2CO_2 + \text{能量}}$$

$$\overset{\text{人、动物,马铃薯块茎和甜菜块根,乳酸菌}}{C_6H_{12}O_6 \xrightarrow{\text{酶}} 2C_3H_6O_3(\text{乳酸}) + \text{能量}}$$

4. 呼吸作用的意义　对生物体来说，呼吸作用具有非常重要的生理意义，这主要表现在以下两个方面。第一，呼吸作用能为生物体的生命活动提供能量。呼吸作用释放出来的能量，一部分转变为热能而散失，另一部分储存在 ATP 中。当 ATP 在酶的作用下分解时，就把储存的能量释放出来，用于生物体的各项生命活动，如细胞的分裂、植株的生长、矿质元素的吸收、肌肉的收缩、神经冲动的传导等。第二，呼吸过程能为体内其他化合物的合成提供原料。在呼吸过程中所产生的一些中间产物，可以成为合成体内一些重要化合物的原料。例如，葡萄糖分解时的中间产物丙酮酸是合成氨基酸的原料。

【阅读与扩展】

下面是家酿甜酒酿的具体制作过程：

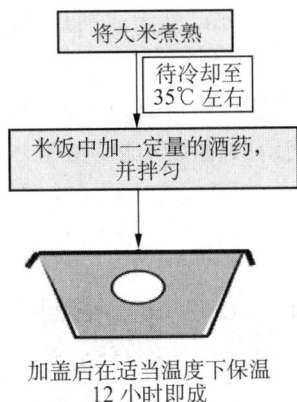

将大米煮熟

↓

待冷却至
35℃ 左右

↓

米饭中加一定量的酒药，
并拌匀

↓

加盖后在适当温度下保温
12 小时即成

思考：
1. 酒药是什么？为什么要待米饭冷却以后再加酒药？
2. 在中间挖一个洞的目的是什么？既然是酒为什么会甜？酿制甜酒酿时，总是先来"水"，后来"酒"，为什么？
3. 可用大豆制甜酒酿吗？

四、酶和 ATP

问题和现象

夏季不仅炎热而且漫长，最热的是很大概是 7、8 月份。在这两个月里，消暑也是非常关键的，人在发烧的时候为什么不想吃东西？体温正常的时候细嚼馒头或米饭时，为什么又会觉得有甜味呢？

在新陈代谢过程中，生物体内的酶和 ATP 具有十分重要的作用，如果没有酶和 ATP，新陈代谢就无法进行下去。

1. **新陈代谢与酶的关系**　新陈代谢的过程是极其复杂的，它包括生物体内全部的化学反应。生物体内每时每刻都进行着成千上万的化学反应，正是因为生物体内具有酶，种类繁多的化学反应才能够迅速而顺利的进行。

2. **酶是生物催化剂**　我们在初中学习过，唾液淀粉酶能够将淀粉水解成麦芽糖。在这一化学变化中，唾液淀粉酶起到了催化剂的作用。但是，酶的催化作用需要一定的外界条件。酶只有在适宜的温度、pH 等条件下，才能促使化学反应的进行。

一般来说，酶是活细胞所产生的一类具有催化作用的特殊蛋白质。酶在适宜的条件下，能够使生物体内复杂的化学反应迅速而顺利地进行，而酶的本身并不发生变化。因此，酶是生物催化剂。

3. **酶的特性**　科学家们发现，少量的酶可以起到很强的催化作用。例如，在适宜的条件下，1 份淀粉酶能够催化 100 万份淀粉，使这些淀粉水解成麦芽糖。与一般的无机催化剂相比，酶的催化效率要高出 $10^6 \sim 10^{10}$ 倍。可见，酶的催化作用具有高效性的特点。

实验还证明，唾液淀粉酶只对淀粉起到催化作用，而对过氧化氢不起催化作用。在过氧化氢酶的催化作用下，过氧化氢才分解成水和氧。可见，酶的催化作用具有专一性的特点。

由于生物体内化学反应的种类极多，而每一种酶只能对一定的化学物质产生催化作用，因此生物体内酶的种类应当是多样的。现在已经知道，生物体内存在着 3 000 多种各具不同功能的酶。这就是说，酶不仅具有高效性、专一性，同时还具有多样性的特点。正是因为酶具有高效性、专一性和多样性的特点，所以酶对于生物体内新陈代谢的正常进行是必不可少的。

4. **ATP 与新陈代谢的关系**　我们知道，生物体内的能量是进行各项生命活动的动力。不论哪种生物，只有不断地获得能量，才能生存下去。生物体维持生命活动所需要的能量，直接来自异化作用，间接来自同化作用，最终来自光能。

植物细胞内的 ATP 是一种普遍存在的储存高能量的有机化合物。植物细胞通过呼吸作用释放出的能量，一部分储存在 ATP 中，其余的则以热能的形式散失掉了。对于植物体来说，ATP 是完成细胞分裂、细胞生长和根吸收无机盐等生命活动所需能量的直接来源。同样，动物和人的细胞内也普遍存在着 ATP。

动物和人的各项生命活动,如肌肉收缩、吸收、分泌和神经传导等,都需要消耗 ATP。所以说,ATP 是生物体维持各项生命活动所需能量的直接来源。

ATP 是三磷酸腺苷的英文缩写符号。ATP 的结构式可以简写成 A—P～P～P。简式中的 A 代表腺苷,P 代表磷酸基团,～代表一种特殊的化学键,叫作高能磷酸键。高能磷酸键水解时,能够释放出较多的能量,ATP 分子中较多的化学能就储存在高能磷酸键内。

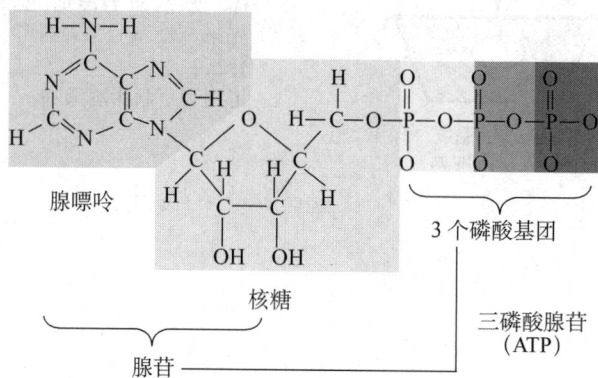

在 ATP 分子中远离 A 的那个高能磷酸键,在一定的条件下很容易水解,也很容易重新形成。水解时伴随有能量的释放;重新形成时伴随有能量的储存。当 ATP 在有关酶的催化作用下水解时,远离 A 的那个高能磷酸键水解,储存在这个高能磷酸键中的能量就释放出来,每 1 mol 的 ATP 水解后,可以释放出 30.54 kJ 的能量。ATP 就转变成 ADP 和 Pi(磷酸)。相反,在另一种酶的催化作用下,ADP 可以接受能量,并且与一个磷酸结合,从而转变成 ATP(图 2-17)。

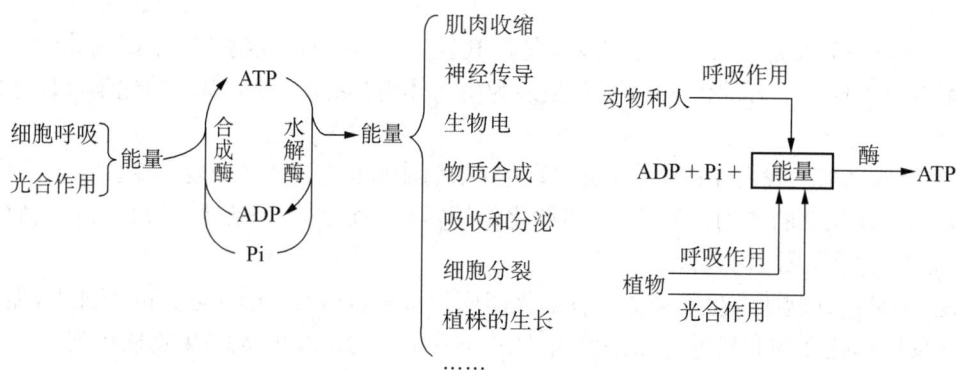

图 2-17 ATP 与 ADP 相互转化示意

总之,伴随着细胞内 ATP 和 ADP 的相互转化,时刻存在着能量的储存和释放。我们可以形象地把 ATP 比喻成细胞里时刻流通着的能量"货币"。正是由于细胞内具有这种能量"货币"的流通,生物体的生命活动才能够及时得到能量供应,新陈代谢才能够顺利地进行下去。

【阅读与扩展】

孩子发热时,常用的物理降温退热方法有哪些?

1. 35％乙醇擦浴 乙醇能扩张血管,蒸发时会带走大量热量,婴幼儿发热时可以以此帮助降温。准备 75％的乙醇 100 ml,加温水等量,保持温度在 27～37℃,不能过冷,否则会引起肌肉收缩,致使热度又回升。擦浴时,用小毛巾从宝宝颈部开始擦拭,从上往下擦,以拍擦方式进行,腋窝、腹股沟处体表大动脉和血管丰富的地方要擦至皮肤微微发红,有利于降温。注意婴儿胸口、腹部、脚底不要擦,以免引起不良反应。

　　2. 温水洗澡　洗澡能帮助散热。如果宝宝发热时精神状态较好,可以多洗澡,水温调节在27~37℃。注意不要给宝宝洗热水澡,否则易引起全身血管扩张、增加耗氧,容易导致缺血缺氧,加重病情。

　　3. 热水泡脚　泡脚可以促进血液循环,缓解不适。宝宝发热时泡脚的另一妙处在于能帮助降温。泡脚可以用足盆或小桶,倒入2/3盆水,水温要略高于平时,温度在40℃左右,以宝宝能适应为标准。泡脚时家长抚搓宝宝的两小脚丫,既使血管扩张,又能减轻发热带来的不适感。

　　4. 冰袋冷敷　可以去商店购买化学冰袋,使用时放冰箱冷冻,由凝胶状态变成固体后取出,包上毛巾敷在宝宝头顶、前额、颈部、腋下、腹股沟等处,可以反复使用。也可以家庭自制冰袋:用一次性医用硅胶手套装水打结放冷冻柜,冻成固体后取用。如果觉得冰块太冰的话,可以在冰袋半冰半水的状态取出,包上毛巾给宝宝冷敷。注意:不能将冰袋直接接触皮肤,以免冻伤。

　　5. 冰枕　宝宝高热时可以做个冰枕给宝宝枕着,既舒服效果又好。去医院买个冰袋(不是热水袋)。把冰块倒入盆里,敲成小块,用水冲去棱角,装入冰袋,加入50~100 ml水,不要装满,2/3满就可以,排净空气,夹紧袋口,包上布或毛巾放在宝宝头颈下当枕头。待冰块融化后可重新更换,可以帮助宝宝的体温降下来。

五、新陈代谢的概念与类型

问题和现象

　　图2-18上的植物是猪笼草,它的生活方式与其他植物相比有什么特别的地方?

图2-18　猪笼草

　　通过第一章的学习,我们知道生物的基本特征有7个方面。其中的新陈代谢是生物体进行一切生命活动的基础,是生物的最基本的特征,这是因为生物只有在新陈代谢的基础上,生物体才能表现出生长、发育、遗传和变异等基本特征。

　　种子能够萌发、出土,长成健壮的植株,并且开花、结果,这是因为种子是活的,种子和由它长成的植株都在时刻不停地进行着新陈代谢作用。从单细胞的藻类,到低等多细胞的水螅,以及高等的哺乳动物家兔以至所有的动物和人,都能够从小长大,发育成熟,这也是因为它们都是活的,都在时刻不停地进行着新陈代谢作用。那么,新陈代谢的含义究竟是什么呢?

(一) 同化作用和异化作用

　　新陈代谢包括同化作用和异化作用两个方面。同化作用和异化作用在生物体内是同时地、不间断地进行着的,并且都包括物质的变化和能量的变化。下面以植物和动物为例,对同化作用和异化作用进行分析。

1. 同化作用　绿色植物的同化作用是通过光合作用来完成的。绿色植物进行光合作用的主要器官是叶。绿色植物进行光合作用的条件是光能，场所是细胞中的叶绿体，原料是二氧化碳和水，产物是糖类等有机物和氧。从实质上说，光合作用包含了两个方面的转化：①把简单的无机物制造成复杂的有机物，并且释放出氧，这是物质方面的转化；②在把无机物制造成有机物的同时，把光能转变为储存在有机物中的化学能，这是能量方面的转化。

动物和人的同化作用，是通过对食物的摄取、消化以及对营养物质的吸收和重新合成来完成的。不仅合成出动物和人各自的有机物，而且把食物中的化学能转变为储存在自身有机物中的化学能。

总之，生物体能够把从外界环境中获取的营养物质转变成自身的组成物质，并且储存能量，这个变化过程就叫作同化作用，或者叫作合成代谢。

2. 异化作用　植物的异化作用是通过呼吸作用来完成的。我们知道植物的叶能够进行呼吸作用，实际上植物体的根、茎、叶、花、果实和种子6种器官中，所有的活细胞每时每刻都在进行着呼吸作用。植物的活细胞通过呼吸作用，把一部分有机物（如葡萄糖）彻底分解成二氧化碳和水，并且释放出其中的能量，从而供给植物体进行各项生命活动的需要。

动物和人的异化作用也是通过呼吸作用来完成的。动物和人体内所有的活细胞，同样每时每刻都进行着呼吸作用，也就是把一部分有机物进行分解，并且释放出其中的能量。与植物不同的是，高等动物和人体进行异化作用需要通过呼吸系统和泌尿系统等，还要借助循环系统，使氧从外界进入到体内的每一个活细胞，并且使活细胞中新陈代谢的最终产物（如二氧化碳、尿素和多余的水分）排出体外。

总之，生物体能够把自身的一部分组成物质进行分解，释放出其中的能量，并且把分解的最终产物排出体外，这个变化过程就叫作异化作用，或者叫作分解代谢。

3. 同化作用和异化作用的关系　通过对比可以看出，同化作用合成自身的组成物质，异化作用分解自身的组成物质；同化作用储存能量，异化作用释放能量。可见，同化作用和异化作用是两个不同的生命活动过程。但是，它们之间又是密切相关的。例如，家兔如果长期不摄取食物，也就是说同化作用中断了，家兔的异化作用就会因为原料不足而无法进行下去；反过来说，如果家兔停止了呼吸作用，也就是说异化作用中断了，家兔的肌肉收缩等生命活动和体温就无法维持，同化作用自然也就无法进行下去。可见，同化作用和异化作用既相互对立，又相互依存，有着密切的关系。

4. 新陈代谢　通过上述分析可以知道，生物体内同时进行着的同化作用和异化作用，组成了生物体新旧更替的过程。以人体内的蛋白质为例，人体一方面每天都要通过食物从外界获取蛋白质，这些蛋白质经过消化作用，最终成为氨基酸并且被小肠吸收，然后合成人体所特有的蛋白质，如构成人的细胞成分的蛋白质、人的血浆里面的蛋白质。另一方面，人体内的蛋白质每天都有一部分被分解。人体内蛋白质新旧更替的速度相当快，如人的血浆中的蛋白质平均每10天左右就要更新一半。

综上所述，无论是同化作用还是异化作用，在其中都进行着物质代谢和能量代谢。物质代谢包括生物体内以及生物体与环境之间在物质方面发生的变化；能量代谢包括生物体内以及生物体与环境之间在能量方面发生的变化。概括地说，生物体与外界环境之间物质和能量的交换，以及生物体内物质和能量的转变过程，叫作新陈代谢。新陈代谢中同化作用、异化作用、物质代谢和能量代谢之间的关系，可以归纳如图2-19。

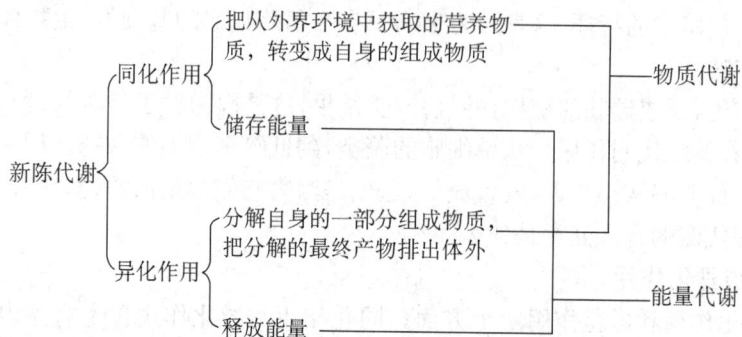

图2-19　新陈代谢

　　总之,新陈代谢是指生物体内全部有序的化学变化的总称,包括同化作用和异化作用两个方面。在自然界中,凡是有生命的物体都在进行着新陈代谢作用,这是生物与非生物的最根本的区别。不难设想,新陈代谢一旦中止,生命也就结束了。

（二）新陈代谢的基本类型

　　生物的种类繁多,生存环境的差别很大。不同种类的生物在长期的进化过程中,不断地与它的周围环境发生相互作用,于是逐渐地在新陈代谢的方式上形成了不同的类型。按照自然界中生物体的同化作用和异化作用的不同特点,生物的新陈代谢有如下基本类型。

　　根据生物体在同化作用过程中能不能利用无机物制造有机物来维持生命活动,新陈代谢的同化作用可以分为自养型和异养型两种。

　　1. 自养型　各种绿色植物的叶绿体内都含有叶绿素。在光的照射下,绿色植物能够进行光合作用,利用无机物制造有机物,储存能量,来维持自身的生命活动,这样的新陈代谢类型属于自养型。例如,海带、紫菜、草等,它们都能够利用无机物来制造有机物。实际上绝大多数植物的新陈代谢类型都属于自养型。

　　大多数种类的细菌,只能够吸取现成的有机物来维持生命活动。但是,也有少数种类的细菌,能够利用环境中某些无机物氧化时所释放出的能量来制造有机物,并且依靠这些储存有能量的有机物来维持生命活动,这些种类细菌的新陈代谢类型也属于自养型。例如,硝化细菌就是一类生活在土壤和水中的细菌。硝化细菌能够把土壤中的氨(NH_3)转化成亚硝酸(HNO_2)和硝酸(HNO_3),并且利用这个氧化过程中所释放出的能量来合成有机物,这种合成有机物的作用,叫作化能合成作用。

　　总之,自养型是指生物体在同化作用的过程中,能够把从外界环境中摄取的无机物转变为组成自身结构的有机物,并储存能量的新陈代谢类型。

　　2. 异养型　牛靠吃草生活,猎豹靠捕食羚羊等动物生活。牛和猎豹等各种动物,不能像绿色植物那样进行光合作用,也不能像硝化细菌那样进行化能合成作用。一般来说,动物只能通过摄取环境中现成的有机物来维持自身的生命活动,因此,动物的新陈代谢类型属于异养型。此外,营腐生或寄生生活的真菌、病毒和大多数种类的细菌,它们的新陈代谢类型都属于异养型。人的新陈代谢类型也属于异养型。

　　总之,异养型是指生物体在同化作用的过程中,把从外界环境中摄取的现成的有机物转变成为自身的组成物质,并且储存能量的新陈代谢类型。

　　根据生物体在异化作用过程中对氧的需求情况,新陈代谢的异化作用可以分为需氧型和厌氧型两种。

　　(1) 需氧型:我们知道,绝大多数动植物都需要生活在氧充足的环境中。这样的动植物体,在异化作用过程中必须从外界环境中不断地摄取氧来氧化分解体内的有机物,释放出其中的能量,以便维持生命活动。这种新陈代谢类型叫作需氧型,也叫作有氧呼吸型。人的新陈代谢类型也属于需氧型。

　　(2) 厌氧型:少数生物,例如用来制作泡菜和酸奶的乳酸细菌和生活在动物体内的寄生虫,它们只有在缺少氧的情况下才能够将体内的有机物分解,从中获得维持生命活动所需的能量。以乳酸细菌为例,如果在它的生活环境中提供充足的氧,乳酸细菌的生长发育就会停止。这样的生物体,在异化作用过程中必须在缺少氧的条件下才能维持正常的生命活动。这种新陈代谢类型叫作厌氧型,也叫作无氧呼吸型。

　　要说明的是,对于某些生物来说,需氧型和厌氧型的划分并不是绝对的。例如,酵母菌在缺氧的条件下进行无氧呼吸,能够将葡萄糖分解成乙醇和二氧化碳,并且释放出少量的能量,这时的酵母菌的新陈代谢类型属于厌氧型。但是,酵母菌在有氧的条件下却进行有氧呼吸,能够将葡萄糖彻底氧化分解成二氧化碳和水,并且释放出大量的能量,这时的酵母菌的新陈代谢类型则属于需氧型。因此,在生产上利用酵母菌酿酒时,需要采取排除氧的措施,而当需要酵母菌细胞大量繁殖时又应当进行通气培养。

【阅读与扩展】

小胖墩产生的原因

　　有的小学生不注意节制饮食,又缺乏体力劳动和体育锻炼,因而体内贮存了过多的脂肪,长成了小胖墩。这种现象与小胖墩的新陈代谢状况有密切关系。

小学生正处在生长发育阶段,他们的同化作用和异化作用都很旺盛,并且同化作用增强的程度超过了异化作用。这时期如果摄入的营养过量,又缺乏体育锻炼,就会造成体内脂肪大量的积累,身体变得肥胖。对于这个问题不必着急,有办法解决。只要让肥胖的小学生养成良好的饮食习惯,并且注意增加体育锻炼,同化作用和异化作用就会维持在正常的状态,身体内就不会积累过多的脂肪。当然,小胖墩的节制饮食要适当。如果小学生营养不足,必然也会影响他们的生长发育。

【思考与练习】

1. 水和二氧化碳进入叶片作为光合作用的原料,其中水是通过导管运输来的,二氧化碳是从空气中吸收来的。淀粉和氧气是光合作用的产物,其中氧气是通过叶片进入空气的。绿色植物中的叶绿体是进行光合作用的场所。请回答:_____是进行光合作用的场所;光合作用的原料是_____和_____;光合作用的产物是_____和_____;绿色植物进行光合作用的主要器官是_____。

2. 思考光合作用的光反应阶段和暗反应阶段的联系?

3. 夏天的森林里空气湿润,凉爽宜人,主要的原因是植物进行( )。

A. 呼吸作用　　　　B. 光合作用　　　　C. 蒸腾作用　　　　D. 吸收作用

4. 下列做法不属于运用蒸腾作用原理的是( )。

A. 在阴天或傍晚移栽植物　　　　B. 移栽植物时去掉部分枝叶

C. 对移栽后的植物进行遮阳　　　　D. 夏天早上和傍晚给植物浇水

5. 某生物小组利用银边天竺葵(叶片边缘部分的细胞中无叶绿体,呈白色)进行了如下实验:

① 将银边天竺葵放在黑暗处一昼夜。

② 用不透光的黑纸片从上下两面遮盖在图 2 - 20 中 C 处;用装有固体氢氧化钠(氢氧化钠可以吸收二氧化碳)的透明塑料袋将部分枝叶密封。把天竺葵放在光下照射几小时后,摘下叶片 M、N,去掉遮光的黑纸片。

③ 将叶片 M、N 放入装有某溶液的烧杯里,隔水加热,脱去叶片中的叶绿素。

④ 把经过脱色的叶片放入清水中漂洗。

⑤ 将漂洗后的叶片放在培养皿里,滴加碘液,观察叶片颜色变化。

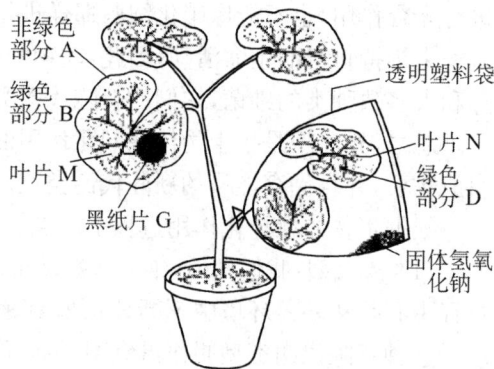

图 2 - 20

请分析回答:

(1) 实验前将植株放到黑暗环境中的目的是_____。

(2) 实验中用于脱色的某溶液是_____。

(3) 滴加碘液后,发现只有 B 处变成蓝色,A、C、D 处均未变蓝色。则

比较 A、B 两处,可以说明_____。

比较 B、C 两处,可以说明_____。

比较 B、D 两处,可以说明_____。

(4) 在实验过程中,透明塑料袋内壁出现的水珠主要来自植物的_____,水分是通过叶片上的_____散失的。

6. 呼吸作用在植物体的哪个部位进行?( )

A. 根、茎　　　　B. 叶、种子　　　　C. 花、果实　　　　D. 任何生活的部分

7. 呼吸作用的实质是( )。

A. 合成有机物,贮存能量　　　　B. 合成有机物,释放能量

C. 分解有机物,贮存能量　　　　D. 分解有机物,释放能量

8. 白天在光照条件下绿色植物能表现出光合作用,而表现不出呼吸作用,是由于(　　)。

A. 只进行光合作用

B. 呼吸作用吸入二氧化碳放出氧气

C. 没有呼吸作用

D. 光合作用与呼吸作用同时进行,光合作用旺盛,呼吸作用显示不出来

9. 由于现代工业的迅速发展,人类大量燃烧煤和石油等化石燃料,使地层中经过千万年而积存的碳元素在较短的时间内释放出来,使大气中二氧化碳的含量迅速增加,进而导致升温,形成"温室效应":

(1) 大气中二氧化碳的来源:从生物体来说,是在_____过程中产生二氧化碳,其反应式是_____;从化学反应看,煤、石油、天然气等通过_____把大量二氧化碳排放到空气中。

(2) 大气中二氧化碳的去路,其中主要的途径是绿色植物通过_____消耗二氧化碳,其反应式_____。

(3) 面对"温室效应"我们应采取的措施是:

A. 应尽量采用_____等清洁能源以减少二氧化碳的释放。

B. 从生物学的角度,人类首先应停止_____,还应_____逐渐改善环境。

10. 酶的特性体现在哪几个方面?

11. 生物体内 ATP 和 ADP 是如何相互转化的? 这对于生命活动的顺利进行有什么意义?

12. 什么叫作自养型和异养型?

13. 举例说明需氧型和厌氧型的划分不是绝对的。

第三节　动　物

问题和现象

　　动物是生物界中最庞大的一类,提到他们,谁都可以说出一长串的名字,如蜜蜂、蜘蛛、鲫鱼、青蛙、蛇、鸡、猫、狗等。动物是多种多样的,现在生活在地球的动物,已经知道的约有 150 万种。科学家们根据各种动物的形态和特征,把这些动物分为两大类:一类是无脊椎动物;另一类是脊椎动物。其中无脊椎动物 100 多万种。

　　无脊椎动物的身体内没有由脊椎骨组成的脊柱,主要类群包括原生动物门、腔肠动物门、扁形动物门、线形动物门、环节动物门、软体动物门、节肢动物门和棘皮动物门等。脊椎动物是有由脊椎骨组成脊柱的动物,主要类群包括鱼纲、两栖纲、爬行纲、鸟纲和哺乳纲等。

一、无脊椎动物的主要类群及代表

在种类繁多的动物界,无脊椎动物的种类占绝大多数。其中,原生动物是最低等、最原始的单细胞动物。

(一) 原生动物门

原生动物门大约有 3 万种动物,其中大多数种类生活在有水的环境中,少数种类寄生在其他生物体内。常见的原生动物有草履虫、变形虫和疟原虫等。

草履虫生活在有机质丰富、不大流动的淡水中。它们的身体微小,必须用显微镜才能够看得清楚。通过显微镜观察,我们可以看到草履虫的形状像一只倒转的草鞋,前端较圆,后端较尖(图 2-21)。整个身体由一个细胞构成。构成草履虫的这个细胞实际上是一个能营独立生活的动物体,它能够完成消化、呼吸、

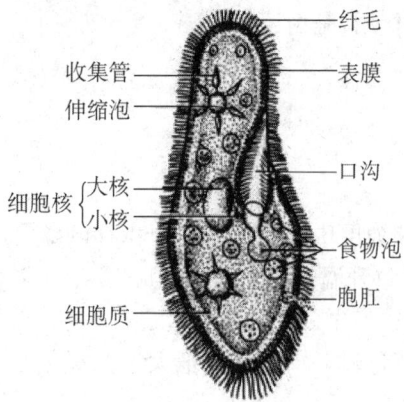

图 2-21 草履虫

排泄、对刺激的反应等一切生理活动。草履虫身体的前端和后端,各有一个伸缩泡。伸缩泡有一个固定的小孔与体表相通,伸缩泡周围有一些呈放射状的收集管。收集管与伸缩泡交替地舒张和收缩,当收集管收缩时,伸缩泡舒张,这时水和含氮废物被注入到伸缩泡中;当收集管舒张时,伸缩泡收缩,这时水和含氮废物就从小孔排到体外。

原生动物门的主要特征:身体微小、结构简单,整个身体是由一个细胞构成的。

（二）腔肠动物门

腔肠动物是低等的多细胞动物,大约有 9 000 种。腔肠动物中的大部分种类生活在海洋里,如水母、海葵和珊瑚等,也有少数种类生活在淡水中,如水螅。

水螅生活在缓流而富有水草的河渠中,以水蚤等小动物为食。水螅的体壁是由外胚层和内胚层两层细胞构成的,在内外胚层之间还有一层没有细胞结构的中胶层。由体壁围绕成的空腔叫作消化腔,消化腔与口相通(图 2-22)。食物在水螅体内有两种消化方式:内胚层的许多细胞能够将消化液分泌到消化腔中,食物在消化腔里进行细胞外消化;内胚层的一些细胞能够把食物微粒包进细胞里,进行细胞内消化。不能消化的食物残渣,由口排到体外。生殖方式有出芽生殖和有性生殖两种。

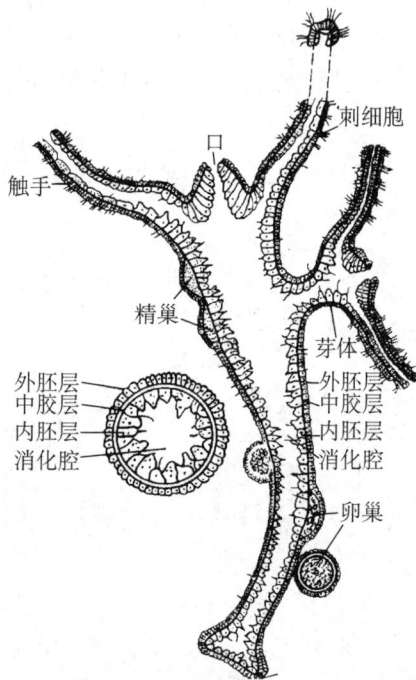

图 2-22 水螅

腔肠动物门的主要特征:生活在水中;身体呈辐射对称;体壁由内胚层、外胚层和中胶层构成。体内有消化腔;身体有口无肛门。

在无脊椎动物的进化历程中,继低等的多细胞动物——腔肠动物之后,出现了扁形动物,它们是比腔肠动物高等的多细胞动物。

（三）扁形动物门

世界上已知的扁形动物有 1 万多种,它们分布在海水、淡水和湿土中。有的营自由生活,如涡虫;有的营寄生生活,如猪肉绦虫。

涡虫栖息在溪流中的石块下,以水生生物和小动物的尸体为食。身体长 1～1.5 cm。背面灰褐色,腹面颜色较浅,并密生纤毛。身体有耳突,背腹扁平,形状像柳叶。涡虫身体的前端呈三角形,两侧耳突有感知味觉和嗅觉的作用。头部背面有两个黑色的眼点,能够辨别光线的强弱。涡虫的口在身体腹面后端近三分之一处,口与身体后端之间有一个生殖孔,但是没有肛门(图2-23)。

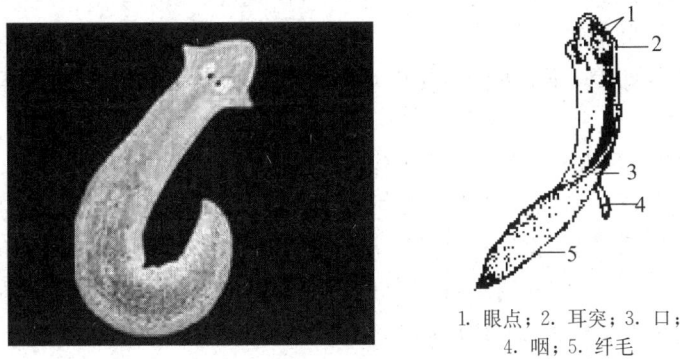

1. 眼点;2. 耳突;3. 口;
4. 咽;5. 纤毛

图2-23　涡虫

涡虫的身体有明显的背、腹和前、后之分,是左右对称的动物。与辐射对称的动物相比,左右对称的动物能够较快地运动、摄食和适应外界环境的变化,说明这种体形的动物比较高等。

涡虫的再生能力很强。如果将涡虫的身体切为数小段,经过一段时间后,在适宜的条件下,每一小段都能生长发育成一个完整的涡虫。生物体的一部分受到损伤或切除以后,能够重新生成的现象,叫作再生。涡虫身体前段的再生能力比后段强。

扁形动物门的主要特征:身体左右对称;背腹扁平;有3个胚层;有口,无肛门。

(四) 线形动物门

线形动物约有9 500种,其中大多数是寄生在人、家畜和农作物体内的寄生种类,也有少数营自由生活的种类。蛔虫和蛲虫等都是常见的线形动物。

蛔虫寄生在人的小肠内,是最常见的人体寄生虫。蛔虫的身体细长,活的成体乳白色或淡红色。蛔虫与涡虫不同,不仅身体的前端有口,并且在身体的后端有肛门,这说明线形动物比扁形动物更为高等(图2-24)。

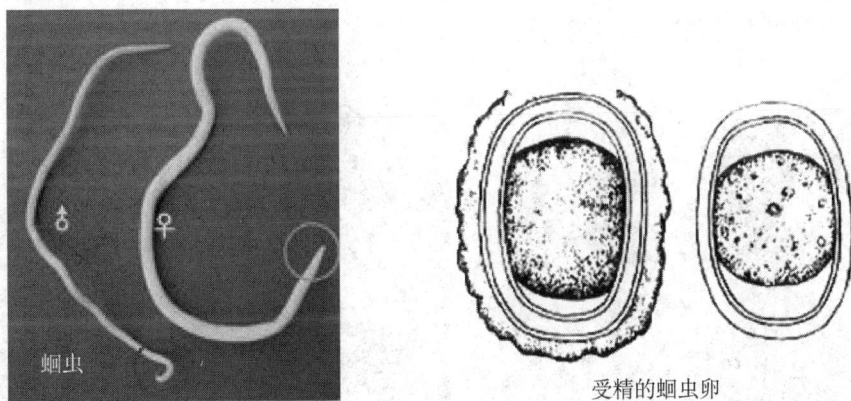

受精的蛔虫卵

图2-24　蛔虫

蛔虫具有适宜寄生生活的许多特点,体表有角质层,能够防止人体消化液的侵蚀,具有保护作用;消化管的结构简单,适于吸食人体小肠内半消化的食物;生殖器官发达,生殖能力强,雌虫每天可以产卵约20万粒,受精卵对环境的适应力强。

蛔虫病是一种常见的肠道寄生虫病,在生活中由于不注意饮食卫生,蛔虫病的发病率相当高。因此,应该做好预防工作。首先要养成良好的个人饮食卫生习惯。生吃的蔬菜、水果要洗干净,不要喝不清洁的生水,饭前及便前便后要洗手。其次,一定要管理好粪便,防止蛔虫卵的传播,减少人体患蛔虫病的机会。

线形动物门的主要特征:身体细长,消化管的前端有口,后端有肛门。

（五）环节动物门

环节动物都是比较高等的无脊椎动物。环节动物的种类，已知的有 8 700 多种，由于它们的身体是由许多相似的体节组成的，因此而得名。

水里的蚂蟥，土壤中的蚯蚓，都是人们常见的环节动物。环节动物大多数在海水、淡水和土壤中，营自由生活，少数营寄生生活。

蚯蚓生活在潮湿、疏松、富含有机质的土壤中。蚯蚓白天在土壤中穴居，以泥土中的有机物为食，夜晚爬出地面，取食地面上的落叶。蚯蚓的身体呈长圆筒状，由许多体节构成。蚯蚓的整个身体好像是由内外两条管子套在一起，外面的管子由体壁包围而成，里面的管子是消化管。体壁和消化管之间的空腔是体腔，体腔被隔膜分成许多个小室，体腔内有蚯蚓专有的消化系统、循环系统、神经系统和生殖系统。它的形态结构和生理功能都比涡虫和蛔虫的复杂而高等（图 2-25）。

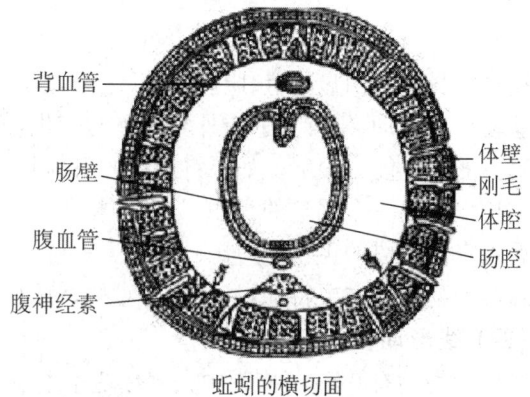

图 2-25 蚯蚓

环节动物门的主要特征：身体由许多体节组成，有体腔，体腔由隔膜分成许多小室。

（六）软体动物门

软体动物的种类很多，已知的有 10 万多种，软体动物门是动物界中的第二大门。软体动物的分布非常广泛，常见的种类有蜗牛、河蚌和乌贼等（图 2-26）。

图 2-26 软体动物的壳

春季或夏季的雨后，常常可以在墙角、树干、草和菜叶上找到缓慢爬行的蜗牛。蜗牛有很多种类，常见的有褐云玛瑙螺（也叫非洲蜗牛）、灰蜗牛等。蜗牛通常栖息在温暖而阴湿的环境中，以植物的茎、叶作为食物，常取食农作物的嫩茎、叶片和幼芽。在寒冷的冬季或炎热干燥的夏季，蜗牛能够分泌黏液，将壳封闭，不吃不动，在枯叶或瓦砾堆中进行冬眠或夏眠。

蜗牛身体的表面有一个螺旋形的贝壳。壳内贴着一层外套膜。外套膜包裹着柔软的身体。蜗牛身体的软体部分可以分为头、腹足和内脏团三部分。蜗牛在爬行时，头和腹足伸出贝壳外，不活动时则缩进贝壳内。

　　蜗牛的头部有两对伸缩自如的触角。前面的一对比较短,能够触探土壤和食物,有触觉的作用;后面的一对比较长,顶端有眼,能够辨别光线的明暗,并且有嗅觉的作用(图2-27)。

　　蜗牛的口在头部的腹面,适于在爬行时取食。口里有颚片和齿舌。颚片有咀嚼食物的作用。齿舌上有许多倒生的角质小齿,外形似锉刀,可以伸出口外,刮食植物的茎和叶。

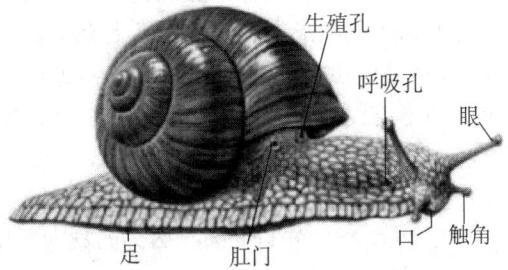

图 2-27 蜗牛

　　蜗牛的腹足宽大,肌肉发达,因为位于身体的腹面,所以称为腹足。腹足是蜗牛的运动器官。蜗牛爬行时将腹足紧贴在附着物上,靠腹足的波状蠕动而缓慢爬行。腹足的腹面前端有一个腺体,叫作足腺。足腺能够分泌黏液,使腹足经常保持湿润,以免爬行时受到损伤。因此,在蜗牛爬过的地方,总是留下一条黏液的痕迹。蜗牛在爬行时,在贝壳口的右侧外套膜的边缘处会露出一个圆形的小孔,这个小孔能够不断地开闭,叫作呼吸孔,这是蜗牛与外界进行气体交换的开口。

　　蜗牛是雌雄同体、异体受精的动物。两只蜗牛之间可以互相受精。完成受精数日以后,受精卵就由位于头部前端右侧的生殖孔排出体外。受精卵产出后埋在土中,借土壤中温暖而潮湿的条件自行孵化。

　　蜗牛以植物的茎、叶为食,主要取食植物的幼芽和嫩叶,因此蜗牛对农田、菜园和果园危害很大。由于蜗牛肉是一种高蛋白、低脂肪的食品,不少地方开展了对蜗牛的人工养殖。蜗牛体内含有多种酶,应用现代科学技术可以从蜗牛体内提取"蜗牛酶"。蜗牛酶能代替纤维素酶、果胶酶等较贵重的药品,在细胞学和遗传学研究中起重要作用。蜗牛还可以做中药材,具有清热利尿的功能,能够治疗肿瘤、痔疮、脱肛、喉咙肿痛等疾病。蜗牛的药用价值在我国著名的医药书籍《本草纲目》中有记载。此外,用蜗牛贝壳磨成的粉还是很好的矿物质料。

　　软体动物门的主要特征:身体柔软;有外套膜;身体的表面有贝壳(或者具有被外套膜包被的内壳)。因此,软体动物又被称为贝类。

(七) 节肢动物门

　　节肢动物门是动物界中种类最多、数量最大的一门。现存种类 120 多万种,占动物界已知种数的 4/5,主要包括昆虫纲、甲壳纲、蛛形纲和多足纲。这门动物广泛分布在海洋、河流和陆地上,与人类的关系十分密切。

　　1. 昆虫纲　　昆虫纲是节肢动物门中最大的纲,也是动物界中最大的纲,已知的种类约有 100 万种,几乎在地球表面的任何地方都有分布。大多数昆虫是陆生的,如蝗虫、蜜蜂和蝇等;少数昆虫的幼虫是水生的,成虫是陆生的,如蜻蜓、蚊等。

　　蝗虫常生活在杂草茂密、地势低洼的地区,主要吃禾本科植物,如芦苇、玉米、稻、粟和高粱等,曾经在我国历史上造成严重的蝗灾。

　　蝗虫的外部形态结构特点:身体分为头部、胸部和腹部。头部有 1 对触角、1 对复眼、3 个单眼、1 个咀嚼式口器;胸部的前胸具有前足 1 对,胸部的中胸具有中足 1 对、前翅 1 对、气门 1 对,胸部的后胸有后足 1 对、后翅 1 对、气门 1 对;腹部第一节有 1 对听觉器官,第一节至第八节各有 1 对气门,内通气管,末端有(雌性)产卵器或(雄性)交接器(图 2-28)。

　　蝗虫不仅外部形态结构比较复杂,同时还具有与陆上飞行生活相适应的内部结构和生理特点。例如,蝗虫有气管呼吸系统,由气门进入的氧气,通过气管呼吸系统可以直接进入组织和细胞内。蝗虫有链状神经系统,其咽上神经节特别发达,起到脑的作用,因此蝗虫的各种活动灵敏而复杂。

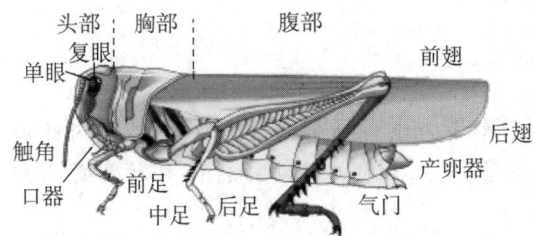

图 2-28 蝗虫

　　昆虫纲的主要特征:身体分为头、胸、腹 3 个部分;头部有 1 对触角、1 对复眼和 1 个口器,胸部有 3 对足,1 般有 2 对翅。

昆虫的生殖和发育:昆虫的生殖发育有两种,如家蚕的发育要经过受精卵、幼虫、蛹、成虫四个时期,而且幼虫和成虫在形态和生活习性上有明显的差异,像这样的发育过程,叫作完全变态发育。除家蚕外,蚊、蝇、蜜蜂等昆虫都是完全变态发育。蝗虫的发育过程经历的是受精卵、幼虫、成虫 3 个时期,而且幼虫和成虫的形态结构非常相似,生活习性也几乎一致,像这样的发育过程,叫作不完全变态发育。蝗虫的幼虫经历 5 次蜕皮,虫体逐渐增大,最后变为成虫。除蝗虫以外,蟋蟀、蝼蛄、螳螂等也进行不完全变态发育。

2. 甲壳纲　虾和蟹的身体表面都披有甲胄状的硬壳,它们都属于节肢动物门甲壳纲。虾和蟹的大多数种类生活在海水中,少数种类生活在淡水中。常见的虾类有对虾、沼虾和长臂虾等,常见的蟹类有河蟹和三疣梭子蟹等(图 2 - 29)。

图 2 - 29　虾和蟹

对虾生活在浅海海底,平时在海底爬行,有时也在海水水中游泳,以海水中的浮游生物作为食物。

对虾的身体较大,雌虾长 18～24 cm,雄虾长 13～17 cm,身体长而侧扁,分为头胸部和腹部,头胸部表面披有坚韧的头胸甲。头胸甲的前方伸出 1 个有锯齿的剑状突起,叫作额剑,它既能分水前进,又是防御和攻击的武器。颚剑两旁生有 1 对带柄的复眼,复眼转动自如,因此对虾的视野很宽。对虾的头胸部有 2 对触角,1 对比较短小,另 1 对特别长,有触觉和嗅觉的作用。头胸甲的前下方有口器。掀开头胸甲,可以看到两侧有叶片状的鳃,这是对虾的呼吸器官。头胸部的腹面有 5 对细长、分节的步足。前 3 对步足的末端有小钳,用来捕捉食物,后 2 对步足的末节呈爪状,适于在海底爬行(图 2 - 30)。

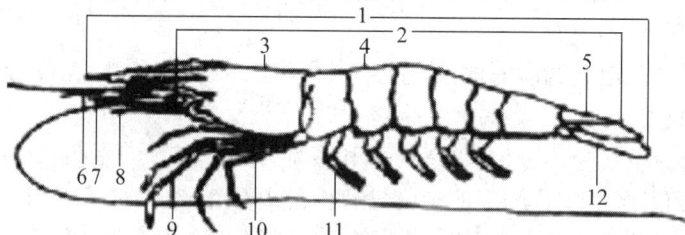

图 2 - 30　对虾

1. 全长;2. 体长;3. 头胸部;4. 腹部;5. 尾节;6. 第一触角;7. 第二触角;
8. 第三颚足;9. 第三步足;10. 第五步足;11. 游泳足;12. 尾肢

对虾的腹部有 7 个体节,腹部各节屈伸自如。在第一至五腹节下方生有 5 对片状的游泳足,是对虾游泳的器官。腹部末端的尾节,有 1 对宽大的尾肢,同尾节合成扇形,是对虾在水中上下浮沉和转变游泳方向的器官。

甲壳纲的主要特征:一般分为头胸部和腹部,头胸部表面包着坚韧的头胸甲;有两对触角;大多生活在水中,一般用鳃呼吸。

3. **蛛形纲** 提到蜘蛛、蝎、蜈蚣、蛐蜓等小动物时，人们常常说它们是昆虫，其实，蜘蛛和蝎是属于蛛形纲的动物，蜈蚣则是属于多足纲的动物。它们大多数在陆地上生活，少数种类在水中生活，或者营寄生生活。

圆蛛是一种常见的蜘蛛，它们常常在庭院树木之间和屋檐下结网，用网兜捕小型昆虫作为食物。

圆蛛有许多与昆虫不同的形态特征。圆蛛没有翅和触角。它的身体分为头胸部和腹部两部分，腹部不分节。圆蛛的头胸部只有单眼，没有复眼，有 6 对附肢：第一对是螯肢，螯肢的基部有毒腺，尖端有毒腺孔，与毒腺相通，毒腺分泌的毒液有麻痹昆虫的作用；第二对是触肢，触肢有捕食、触觉等作用；后 4 对是步足，是圆蛛的运动器官（图 2-31）。圆蛛腹部的末端有 3 对纺绩器，纺绩器与体内的丝腺相通，丝腺能够分泌透明的液体，由纺绩器上的小孔流出来，遇到空气就凝结成蛛丝，由蛛丝结成的蛛网能把昆虫粘在网上。结网是圆蛛的一种本能行为。

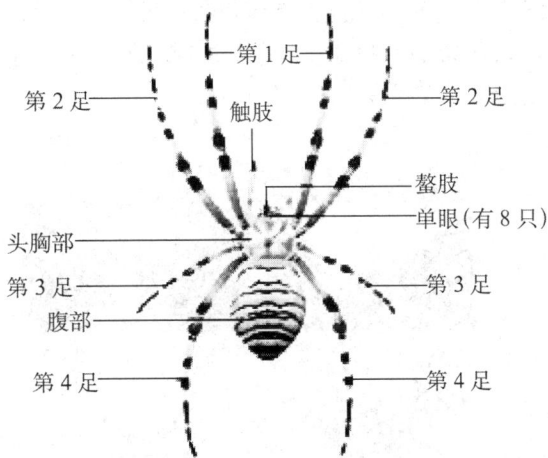

图 2-31 圆蛛

蛛形纲的主要特征：身体分为头胸部和腹部；有 4 对分节的步足；只有单眼，没有复眼。

4. **多足纲** 多足纲动物一般都生活在陆地上，常见的种类有蜈蚣、马陆等。

蜈蚣常生活在阴暗潮湿的地方，如石块、朽木、枯叶下。昼伏夜出，捕捉蚯蚓、昆虫等小动物作为食物。蜈蚣的种类有很多种，少棘巨蜈蚣是常见的种类之一。

蜈蚣的身体扁长，分为头部和躯干部。头部有 1 对触角，2 组单眼。每组单眼由 4 个单眼组成，彼此靠近，很像复眼。蜈蚣的躯干部有很多体节，每个体节有 1 对分节的步足，其中第一对步足特化为毒颚，末对步足向后延伸，呈尾状（图 2-32）。

图 2-32 蜈蚣

多足纲的主要特征：身体分为头部和躯干部；头部有 1 对触角；躯干部由许多体节组成；每个体节都有 1 对或 2 对步足。

节肢动物门的主要特征：身体由很多体节构成，并且分部；体表有外骨骼；足和触角都分节。

无脊椎动物在进化上是比较古老的和低等的一类，它们和人类的关系极为密切，有许多是人类的食品，或为人类提供工业上的、医药上的原料，但也有不少种类对人类有害，如传播疾病等。

【阅读与扩展】

1. **昆虫纲的分类** 昆虫与人类的关系非常密切，人们为了利用有益昆虫，控制和防除害虫，必须更好地认识昆虫和研究昆虫。为此，昆虫学家根据各种昆虫的不同特点，对它们进一步加以科学的分类，将昆虫纲分为 30 多个目。

2. 昆虫外部形态的特点　昆虫身体的大小有差别，有小型、中型、大型之分。身体的形状也不相同：有的身体较长，如螳螂；有的呈椭圆形，如金龟子；有的展翅呈飞机形，如蜻蜓。

头部的形状也不同。有的近似圆球形，如蜻蜓的头部；有的近似三角形，如螳螂的头部。头部生长的触角各式各样：蟋蟀、螳螂的触角呈细丝状，叫作丝状触角；蝴蝶的触角呈打垒球的棒状，叫作棒状触角；蜜蜂的触角呈人的膝关节，叫作膝状触角；金龟子的触角呈鱼的鳃瓣状，叫作鳃瓣状触角。触角能灵活摆动，有触觉和嗅觉作用（图 2－33）。

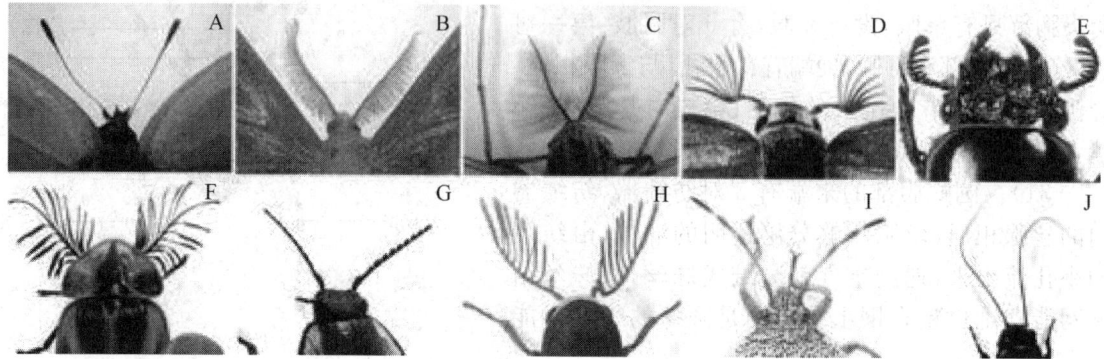

图 2－33　昆虫触角形状

昆虫头部下方的口器，由于各种昆虫的食性和取食方式不同，形态结构有特化，形成了不同类型的口器。蝗虫、蟋蟀、蜻蜓、螳螂、金龟子的咀嚼式口器，适于咀嚼动植物组织和其他固体物质。蝴蝶的虹吸式口器，其细长的吸管适于伸进花朵深处吸取花蜜。蜜蜂的嚼吸式口器，适于咀嚼花粉和吮吸花蜜。蝉的刺吸式口器，适于刺入植物组织吸取汁液。蝇的舐吸式口器，能够舐吸食物。虽然这些口器各不相同，但它们均是由咀嚼式口器演化而来的（图 2－34）。

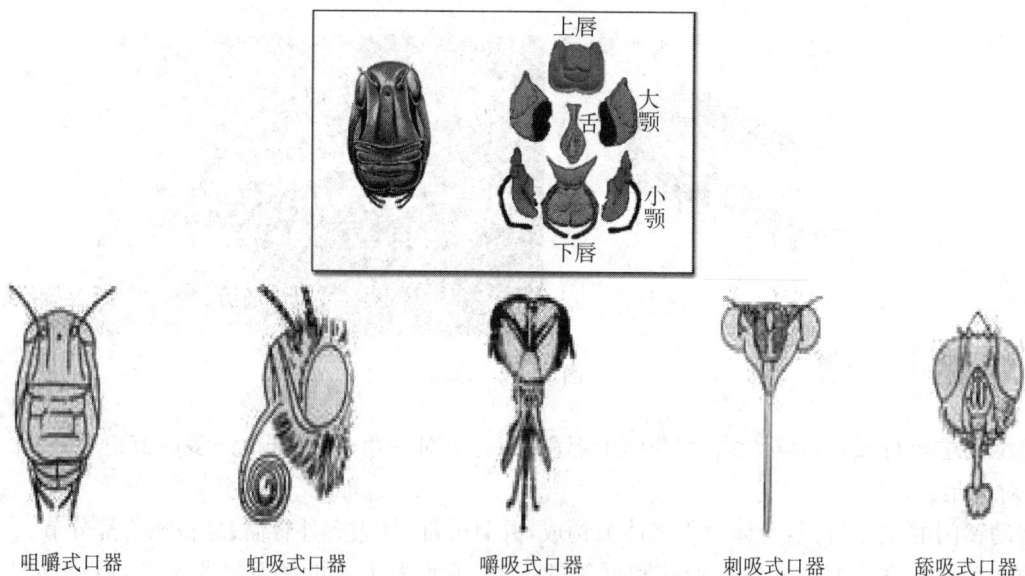

上唇　大颚　舌　小颚　下唇

咀嚼式口器　虹吸式口器　嚼吸式口器　刺吸式口器　舐吸式口器

图 2－34　昆虫的口器

大多数昆虫的胸部有翅，少数昆虫没有翅。不同种类昆虫的翅，在质地和硬度上有很大的变化。蝗虫的前翅革质，覆盖在后翅的上面，叫作革翅质。蜜蜂的翅透明、薄膜状，叫作膜翅。金龟子的前翅硬化成角质，坚硬而厚实，叫作鞘翅。蝶蛾类的翅为膜质，表面长满鳞片，叫作鳞翅。椿象的前翅基部为革质，端部为膜质，叫作半鞘翅（图 2－35）。

昆虫的胸部都有前足、中足、后足各 1 对。昆虫的足大多数是用来行走的，但不少昆虫由于生活环境和生活习性不同，足发生了相应的特化。按照昆虫足的功能不同，可以分成几种不同的类型。蝗虫、蟋蟀的后足适于跳跃,叫跳跃足。螳螂的前足适于捕捉食物,叫作捕捉足。蜜蜂的后足适于采集花粉,叫作携粉足。金龟子的足适于行走,叫作步行足(图2-36)。

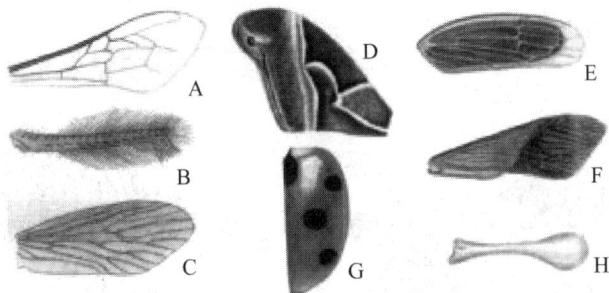

图 2-35　昆虫翅的类型

A. 膜翅;B. 缨翅;C. 毛翅;D. 鳞翅;E. 复翅;F. 半翅;G. 鞘翅;H. 平衡棒

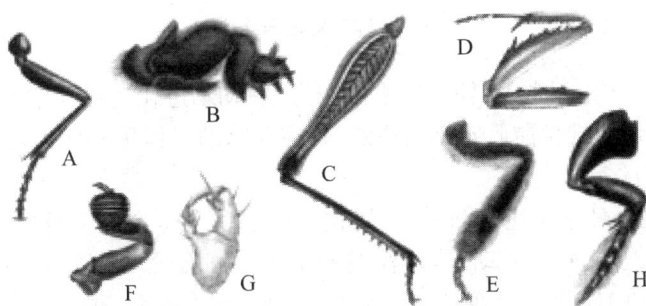

图 2-36　昆虫足的基本类型

A. 步行足;B. 开掘足;C. 跳跃足;D. 捕捉足;E. 携粉足;F. 抱握足;G. 攀缘足;H. 游泳足

3. 昆虫纲的分类　昆虫的种类繁多,与人类的关系非常密切,根据每种昆虫翅的有无及翅的特点、口器的结构、触角的类型、足的结构特点,以及发育过程中变态的方式,而将每种昆虫分属到有关的目中。昆虫纲内包括三十多个目。其中与农业、医学关系比较密切的和常见的昆虫,主要有直翅目、蜻蜓目、同翅目、鞘翅目、螳螂目、双翅目、鳞翅目、膜翅目等。

二、脊椎动物的主要类群及代表

问题和现象

> 　　鱼、青蛙、蛇、鸡和小狗与前面讲的无脊椎动物有什么区别?你知道它们的形态结构是怎样与它们的生活环境相适应的?

脊椎动物有鱼纲、两栖纲、爬行纲、鸟纲和哺乳纲。在这些动物类群中,鱼类的结构比较简单,在进化地位上也比较低等。

(一) 鱼纲

全世界已知的鱼类约有两万种,是脊椎动物中种数最多的类群,我国有两千多种。鱼类都生活在有水的环境中,它们的形态结构和生理特点都是与水中生活相适应的。下面以鲫鱼为例来介绍鱼纲的结构特点。

1. 鲫鱼　我国常见的淡水鱼。鲫鱼的分布很广,常栖息在江河、湖泊和池塘里,以水生植物和动物为食物。鲫鱼适于在温暖的水域中生活。

（1）鲫鱼的形态结构特点：关于鲫鱼的外部形态可以归结为以下内容：鲫鱼的身体由头、躯干、尾3个部分构成的(图2-37)。鲫鱼有许多与水中生活相适应的形态结构特点和生理特点，如身体呈梭形、体表有鳞、用鳃呼吸、有适于游泳的鳍等。

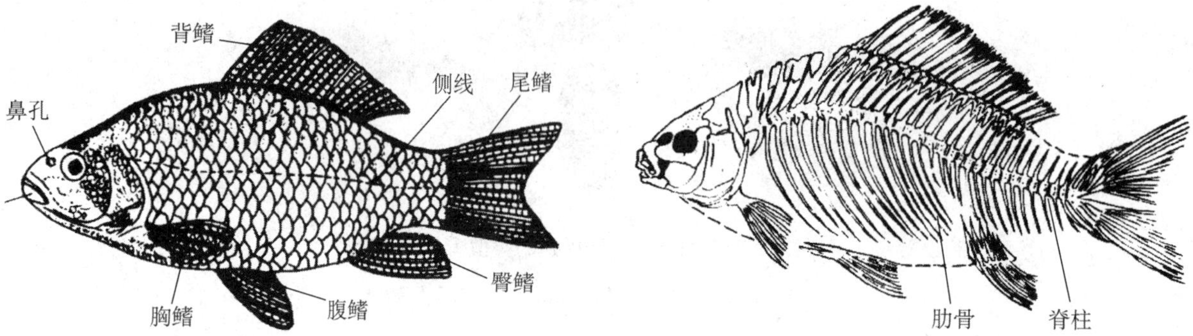

图2-37 鲫鱼的结构

（2）骨骼系统：从鱼类开始，动物身体中出现了脊柱。在动物进化的过程中，脊柱的出现具有重要的意义。鲫鱼的脊柱是由许多块脊椎骨前后连接而成的，它在动物的身体里好像房屋的大梁，有强大的支持作用，还有保护脊髓和内脏的作用。

（3）循环系统：鲫鱼的循环系统比较简单，心脏由1个心房和1个心室组成。血液循环路线也只有1条。这条循环路线是：血液从心室压入动脉，再流进鳃里的毛细血管，在鳃里完成气体交换。气体交换后的血液，氧气增多，颜色鲜红，叫作动脉血。动脉血汇合到背部大动脉，再分支流到各个器官的毛细血管里，通过毛细血管，血液把氧气和养料运输到体内各个器官；同时，各器官产生的二氧化碳和其他废物渗进血液里，这时血液里的氧气减少，颜色变得暗红，这种血液叫作静脉血。静脉血经静脉返回心房，再由心房进入心室。由此可见，鱼类的血液循环属于单循环(图2-38)。

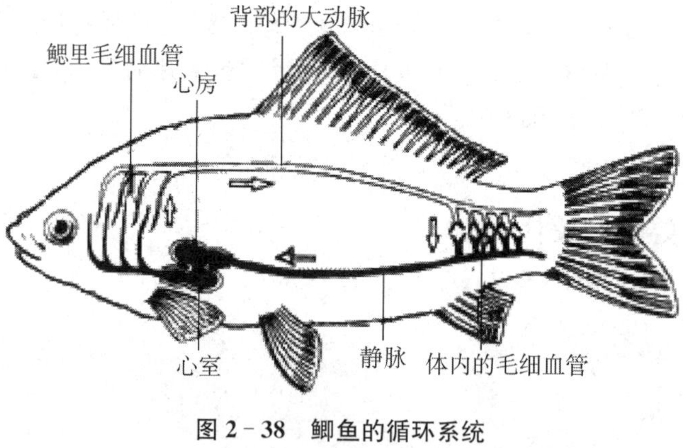

图2-38 鲫鱼的循环系统

由于鲫鱼的循环系统比较简单，心脏跳动得比较缓慢，血液运输氧气和有机物的能力都比较低，产生的热量也就比较少。同时，身体表面缺乏专门的保温结构。因此，鲫鱼的体温随着外界温度的改变而变化，鲫鱼属于变温动物。

（4）神经系统：鲫鱼的神经系统由脑、脊髓和由它们发出的神经组成。脑分为大脑、中脑、小脑等部分。鲫鱼脑的结构比较原始、低等，脑的体积也比较小。鲫鱼的大脑不发达，小脑相对发达。

2. 鱼纲的主要特征　终生在水中生活；体表一般有鳞；用鳃呼吸；用鳍游泳；心脏有一心房一心室。

（二）两栖纲

在脊椎动物中，两栖动物是由水生生活向陆生生活进化的中间过渡类群。两栖动物离不开潮湿的陆地和水域环境，因此，它们的分布范围不大，种类也不多。地球上现存的两栖动物约有2 800种，我国约有

220种。常见的种类有青蛙、蟾蜍和大鲵等(图2-39)。下面以青蛙为例来介绍两栖纲的结构特点。

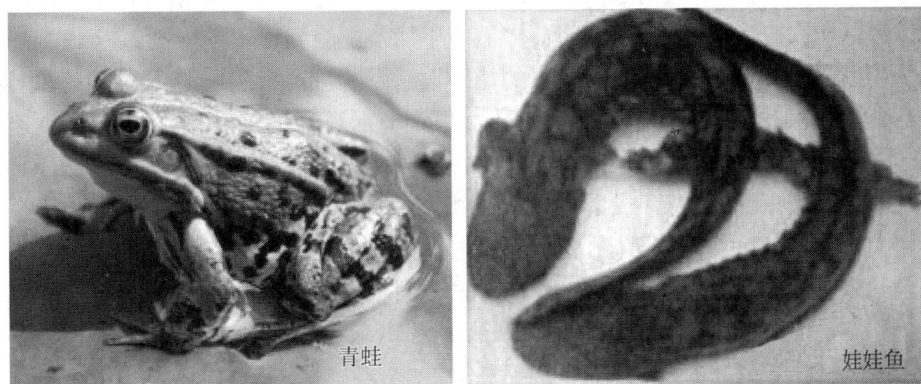

图2-39　两栖动物

1. 蛙

(1) 形态结构:青蛙的形态结构适于水陆两栖生活。头部呈三角形、趾间有蹼等,适于游泳;身体有四肢,用肺呼吸,用皮肤辅助呼吸等,适于在陆地上栖息和运动。

(2) 循环系统:青蛙的心脏有左心房、右心房和一个心室。当心室收缩时,心室中的血液被压入肺动脉和体动脉。同时,来自肺静脉的动脉血流入左心房,来自体静脉的静脉血流入右心房。青蛙体内有体循环和肺循环两条循环路线。由于青蛙的心脏只有一个心室,左心房里的动脉血和右心房里的静脉血都流入心室,因此心室中有一部分混合血,这样的血液循环是不完全的双循环,输送氧气的能力比较弱,身体里产生的热量也比较少。同时,青蛙身体表面缺少羽毛等专门的保温结构,因此,青蛙也是变温动物。入冬以后,青蛙就钻入水边的泥土中进行冬眠。

(3) 神经系统:青蛙的大脑比鱼类的发达。感觉器官也比较发达,例如,蛙眼对活动的物体非常敏锐,出现了感知声波的中耳等。因此,青蛙能够在比较复杂的陆地环境中捕食和逃避敌害。

(4) 生殖和发育:青蛙虽然能在陆地上栖息,但它的生殖和发育却没有摆脱水的束缚。每年春季气候转暖的时候,雄蛙会在水边高声鸣叫,雌蛙闻声赶来。雌、雄蛙经过抱对后,雌蛙将卵细胞排到水中,雄蛙也紧接着把精子排到水中,卵细胞和精子在水中相遇,完成受精作用。像蛙这样,受精作用发生在体外的受精方式,叫作体外受精。受精卵在胶质膜中进行细胞分裂,发育成胚胎。胚胎继续发育,形成幼体——蝌蚪(图2-40)。受精卵刚孵化出来的蝌蚪,外部形态和内部结构都非常像鱼:用鳃呼吸,用尾游泳,心脏只有一心房一心室。经过一段时间,形态像鱼的蝌蚪长出四肢,尾和鳃逐渐消失,肺逐渐形成,心脏有了二心房一心室,也有了两条血液循环路线。这时,蝌蚪变成幼蛙,幼蛙离开水登陆,逐渐发育为成蛙。蛙的发

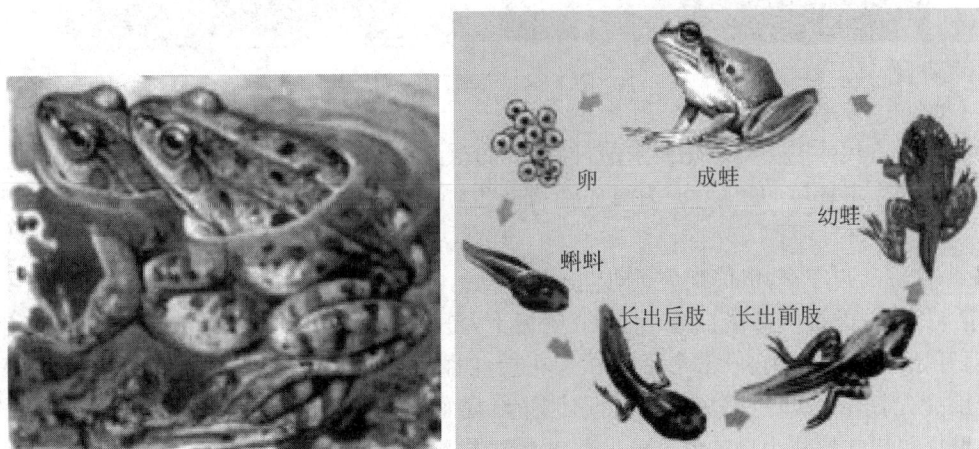

图2-40　青蛙的繁殖

育经历了受精卵、蝌蚪、幼蛙和成蛙 4 个时期,蝌蚪和成蛙在形态结构和生活习性等方面有显著的不同,这种发育称为变态发育。除青蛙外,蟾蜍、蝾螈、大鲵等两栖动物也是受精作用在水中进行,幼体生活在水中,生殖、发育过程不能完全摆脱水的束缚,因而它们的生活范围受到一定的限制。

青蛙是动物中的"跳远能手"也是"捕食害虫的能手"。无论是能飞的螟蛾,善跳的蝗虫,还是钻入棉桃里的棉铃虫,隐藏在洞穴中的蝼蛄,都是青蛙捕食的对象。根据观察统计,每只青蛙每天要吃掉约 60 多只害虫,春季到秋季的七八个月中,一只青蛙可以吃掉一万多只害虫。因此,青蛙又有"田园卫士"的美称。一些地方捕捞蛙卵进行人工育蛙,把育成的蛙放入稻田,这种"养蛙治虫"的生物防治试验,已经取得了良好的治虫效果。

蛙是人类消灭农业害虫的助手,我们应该保护好大自然中的青蛙。保护青蛙,一定要严禁人们捕杀,也要禁止随便捕捞蛙卵和蝌蚪;还应该保护好青蛙和蝌蚪生活的水域环境,防止农药、化肥等污染水域。

2. 两栖纲的主要特征　幼体生活在水中,用鳃呼吸;有的成体生活在陆地上,也能生活在水中,主要用肺呼吸;皮肤裸露,能够分泌黏液,有辅助呼吸的作用;心脏有二心房一心室。

（三）爬行纲

壁虎、蜥蜴、蛇、龟和鳖等都是常见的爬行动物(图 2 - 41)。现在地球上生存的爬行动物约有 6 000 种,我国约有 380 种。

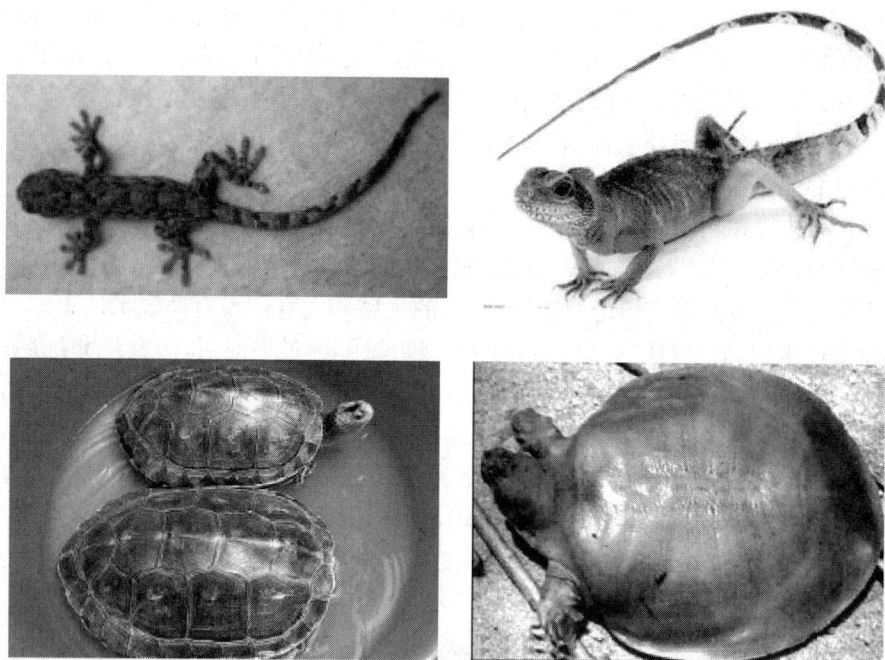

图 2 - 41　爬行动物

爬行动物是由古代两栖动物进化而来的,同它们的祖先——古代两栖类相比,爬行动物的生殖和发育已经完全摆脱了对水生环境的依赖,成为真正适应陆生环境的动物。下面以壁虎为例来介绍爬行纲的结构特点。

1. 壁虎　壁虎又叫守宫,俗称蝎虎子,体长约 10 cm,是我国常见的一类小型爬行动物。

(1) 生活习性:壁虎常栖息在石缝、墙洞或屋檐下,是昼伏夜出的动物,白天躲藏在阴暗、僻静的角落里,黄昏以后开始出来活动。它们常常攀缘在天花板、门窗的上面,捕食蚊、蝇、蛾等昆虫。壁虎捕食昆虫的动作十分敏捷,当小昆虫飞过时,它们就迅速地伸出宽而长的舌头,将小昆虫粘住,送入阔大的口中。一个晚上一只壁虎可以吃掉几十只昆虫。可见壁虎是对人类有益的动物。

(2) 外部形态:壁虎的体色通常呈灰白色或暗灰色,上面有暗色带形斑纹。壁虎的皮肤与青蛙不同,不仅表面干燥,上面还覆盖有颗粒状的细鳞,这样就减少了体内水分的蒸发,使壁虎适于在陆地上生活。

壁虎的身体分为头、颈、躯干、四肢和尾五部分。壁虎的身体虽然较小,头和眼占身体的比例却相当大,壁虎的颈部明显,因此,头部能较灵活地转动,适于在陆地上寻找食物和发现敌害。

壁虎背腹扁平,四肢短小,不能把身体从地面上完全支撑起来。因此,运动时腹部贴着地面,依靠四肢的活动和躯干部、尾部的弯曲摆动而向前爬行。

壁虎的前后肢各有5个指或趾。指或趾的底面粗糙,由16～21排覆瓦状排列的瓣构成,瓣上密布着许多细而硬的刚毛,这些刚毛又分支成更细小的刚毛,每个最细小的刚毛末端都膨大成浅盘状。壁虎就是靠这千百万个浅盘与物体表面形成的真空环境,使指或趾紧紧地贴在物体上的,因此,壁虎就是在直立的墙壁或天花板上爬行,也不会掉下来(图2-42)。

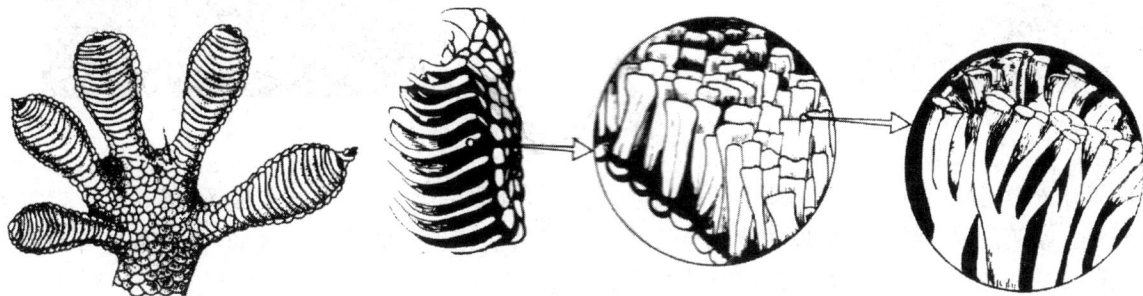

图2-42 壁虎的趾(指)和刚毛

壁虎的尾部细长,当它遇到敌害追击时,它的身体会剧烈的摆动而使尾部断落,刚断落的尾部能在地上屈曲活动,吸引敌害的注意,而壁虎却乘机逃脱。过一段时间之后,断尾的壁虎还能再生出新的尾。可见,壁虎自动断尾是一种防御行为。

(3)内部结构:壁虎的内部结构比青蛙的复杂,主要表现在肺和心脏的结构上。与青蛙相比,壁虎肺里的隔膜多,肺泡数目也多,气体交换的能力较强,只靠肺的呼吸作用就能够满足身体对氧气的需要。因此,壁虎完全适于在陆地上生活。

壁虎的心脏由左心房、右心房和一个心室组成。与青蛙比较,壁虎的心室里已经有了一个不完全的隔膜。这种不完全的隔膜减轻了动脉血和静脉血的混合程度,提高了血液输送氧气的能力。但是,动脉血和静脉血还不能完全分开,血液输送氧气的能力还较弱,身体里产生的热量还不够多,又没有保温的结构,因此,壁虎与青蛙一样,不能保持恒定的体温,仍然属于变温动物。

(4)生殖和发育:壁虎是雌雄异体的动物,它的生殖情况跟青蛙不同。生殖的时候,雌雄个体通过交配,在雌壁虎体内完成受精作用,雌壁虎每次可产受精卵3～4粒。卵外包有卵壳,对卵有保护作用,里面含有较多的养料供卵发育用。雌壁虎将受精卵产在墙壁缝隙或其他隐蔽的地方,靠外界温度继续发育,待幼体发育完全后,就从壳里爬出来,在墙壁或屋檐下活动。可见,壁虎的生殖和发育完全摆脱了对水生环境的依赖,从而成为真正的陆生脊椎动物。

2. 爬行纲的主要特征 体表覆盖着角质的鳞片或甲;用肺呼吸;心室里有不完全的隔膜;体内受精;卵表面有坚韧的卵壳;体温不恒定。

(四)鸟纲

鸟纲是脊椎动物中的第二个大类群,现在世界上已知的鸟类约有9 200种,它们广泛地分布在地球上。我国疆域辽阔,自然环境多样,对鸟类的栖居和繁殖极为有利。我国已知的鸟类约有1 200种,是世界上鸟类最多的国家之一。常见的鸟类有家鸽、麻雀和乌鸦等。下面就以家鸽为例来介绍鸟纲的特征。

1. 家鸽 家鸽善于飞翔,是群居性鸟类。家鸽之所以善于飞行,在于它的身体具有一系列适于飞行的形态结构和生理特点。

(1)外部形态:家鸽的身体分为头、颈、躯干、尾和四肢5个部分。家鸽的全身除喙和足以外,其他部分被覆着羽毛(图2-43)。

家鸽的头部略呈球形。头部前端生有角质的喙,口中没有牙齿。上喙的基部有2个鼻孔,头部两侧有1对眼,两眼的后下方各有2个耳孔。家鸽的嗅觉不发达,视觉和听觉都很发达。

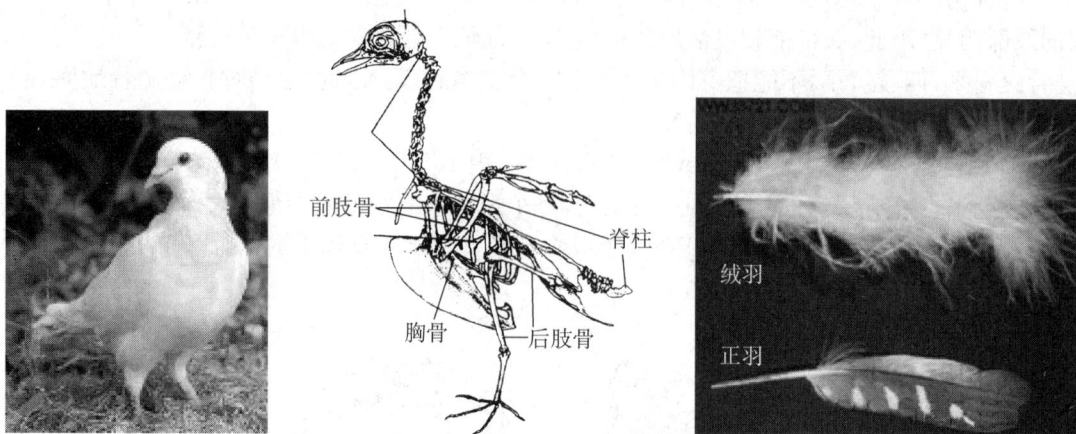

图 2－43　家鸽

家鸽在外形上具有许多适于飞翔生活的特点。例如,身体呈流线型;前肢变成翼,翼和尾上生有大型的正羽等。家鸽的内部结构和生理功能也有许多与飞翔生活相适应的特点。例如,大肠很短,没有膀胱,不能贮存粪便和尿液等。下面着重讲述家鸽的骨骼、肌肉、呼吸、循环和神经系统的特点。

(2) 骨骼和肌肉系统:家鸽的骨骼轻而坚固。有的愈合,如腰椎;有的中空并充满空气,如长骨。这样,既可以减轻身体的重量,又能加强坚固性。胸骨上有龙骨突,上面着生发达的胸肌,可以牵动两翼飞翔。

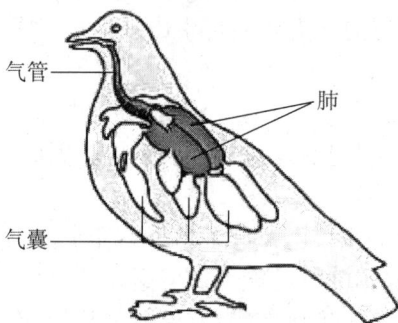

图 2－44　家鸽体内的气囊分布示意

(3) 呼吸系统:家鸽的肺部连通一些气囊(图 2－44)。气囊伸展到内脏器官间或骨腔内,出入气囊的空气都要经过肺,因此家鸽每呼吸一次,肺内可以进行两次气体交换(叫作双重呼吸),使体内的器官获得充足的氧气。此外,气囊还可以减少飞行时内脏器官之间的摩擦,并且能起到散热降温的作用。

(4) 循环系统:家鸽的心脏由 4 个腔组成:左心房、右心房、左心室和右心室。其中,左心室与右心室已经完全隔开,因此,家鸽的动脉血和静脉血是完全分开的。家鸽有体循环和肺循环两条循环路线,这样可以使身体的各个器官都能获得充足的氧,从而使家鸽保持旺盛的新陈代谢和恒定的体温(图 2－45)。

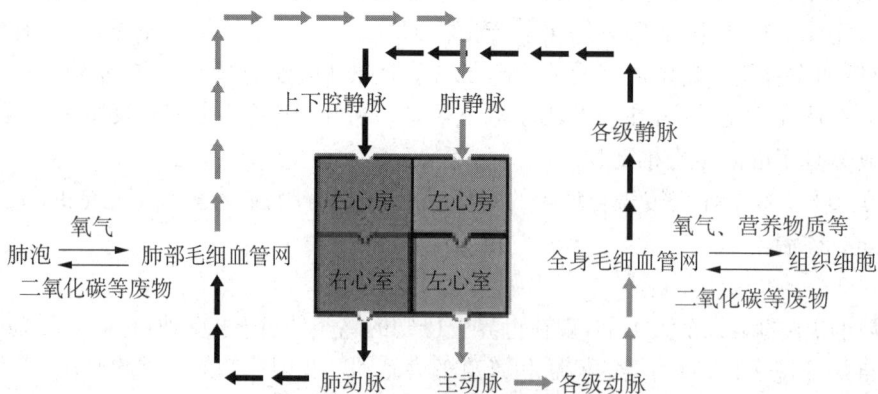

图 2－45　家鸽血液循环模式

(5) 神经系统:家鸽有发达的大脑和小脑。发达的小脑对控制和调节飞翔有重要作用。

由此可见,家鸽的骨骼、肌肉、呼吸、循环、神经等各个系统的形态结构和生理功能都适于飞翔生活。因此,家鸽具有很强的飞翔能力。

2. 鸟纲的主要特征　有喙无齿;被覆羽毛;前肢变成翼;骨中空,内充空气;心脏分四腔;用肺呼吸,并且有气囊辅助呼吸;体温恒定、卵生。

3. 鸟类的繁殖　鸟类的繁殖一般包括求偶、筑巢、孵卵和育雏等(图2-46)。

图2-46　鸟类的繁殖

(1)求偶:鸟类的繁殖一般是在一定的季节进行的。在温带地区,鸟类的繁殖季节是在春季和夏初,也有延长到夏末的。鸟类在繁殖期间,交配、筑巢和育雏大都有一定的活动区域,这个区域叫作巢区。雄鸟来到繁殖地点后,首先要占领巢区,然后开始求偶活动。雄鸟在求偶时,常常发出各种动听的鸣声,还用炫耀羽毛和特殊的动作,来吸引同种的雌鸟作配偶。大多数鸣禽只在繁殖期间结成配偶;也有些鸟类的配偶关系可以长期保持,如鹤类、天鹅等。

(2)筑巢:鸟类在占领巢区、选好配偶之后,就开始筑巢。鸟类筑巢的地点和方式是多种多样的,这与不同鸟类的生活环境和生活习性有关。很多鸟类在地面上筑巢,例如,三趾鹑在田埂边筑巢,褐马鸡在林中地面上筑巢。有些鸟类在水面上筑巢,例如,天鹅在水深一米左右的蒲草和芦苇丛中筑巢。有些鸟类利用天然的树洞或岩洞筑巢,如猫头鹰、啄木鸟和大山雀等。

有一些鸟巢,筑造得很巧妙,很精致:缝叶莺能够用纤维把大的树叶沿着叶片边缘巧妙地缝合起来,做成袋状的巢;织布鸟能够用细枝和草茎编织成兜状的巢。有些鸟巢结构很简单:三趾鹑等在地面上营巢,在选好较隐蔽的巢址后,在地面上铺上些杂草、羽毛即可。有些鸟类自己不筑巢,如杜鹃、王企鹅等。红隼有时也不筑巢,而是利用乌鸦等鸟类的旧巢孵卵和育雏。

(3)孵卵:鸟的孵卵通常由雌鸟担任,雄鸟只在附近守卫,有时还给正在孵卵的雌鸟送食。有不少鸟类,雌雄共同孵卵,如麻雀、鸠、鸽、啄木鸟、鸵鸟等。也有少数鸟类只由雄鸟孵卵等。鸟类孵卵的时间有长有短,小型鸟类需要12~13天,某些大型猛禽的孵卵期长达两个月。

(4)育雏:有些鸟的雏鸟,刚孵出来时,身上长满了绒羽,眼睛已经睁开,腿也硬挺,能够跟随亲鸟寻找食物,这样的鸟叫早成鸟,如鸡、鸭、野鸭、鸵鸟等。有些鸟的雏鸟,刚孵出来的时候,身上没有丰满的绒羽,甚至还光着身体,眼睛没有睁开,腿也软弱,不能行走,必须在巢内由亲鸟哺育一段时间才能够独立觅食,这样的鸟叫晚成鸟。如家鸽、啄木鸟、黄鹂、家燕等。晚成鸟比早成鸟产的卵要少些。

4. 鸟类的分类　根据鸟类的生活习性和形态结构特点,可以把它们分成以下的类群。

(1) 鸣禽类:主要的代表有家燕、画眉、黄鹂等,其主要的特征是:足短而细,三趾向前,一趾向后,大多善于鸣啭,巧于筑巢等(图2-47)。

图 2-47　鸣禽类

(2) 猛禽类:常见的种类有猫头鹰、鸢等。猛禽类的主要特征是:喙强大呈钩状;足强大有力;爪锐利而钩曲;翼大善飞;性情凶猛,捕食动物(图2-48)。

图 2-48　猛禽类

(3) 攀禽类:攀禽类善于在树上攀缘,常见的攀禽有啄木鸟、杜鹃、翠鸟、鹦鹉和金丝燕等。它们的共同特征是:足短而健壮,大多为二趾向前,二趾向后,善于攀缘树木(图2-49)。

(4) 涉禽类:涉禽类适于在浅水中涉行,常见的种类有丹顶鹤和白鹭等。其主要特征是:腿、喙、颈都很长,善于在浅水中行走和啄取食物(图2-50)。

图 2-49　攀禽类(啄木鸟)　　　图 2-50　涉禽类(丹顶鹤)

(5) 游禽类:豆雁、天鹅、鸬鹚、鸳鸯等都属于游禽类,它们的共同特征是:喙大多宽而扁平,足短,趾间有蹼,善于游泳(图2-51)。

（6）走禽类：现存的体型最大的鸟类类群，善于行走而不善于飞行。主要的代表有美洲鸵鸟等，其共同的特征是：翼退化，胸骨上没有龙骨突，足趾减少（图2-52）。

图2-51　游禽类（天鹅）

图2-52　走禽类（鸵鸟）

（7）鹑鸡类：属于鹑鸡类的鸟适于在地面上行走，不善于飞翔。常见的种类有鸡、鹌鹑、环颈雉、褐马鸡、孔雀等。其共同特征是：喙坚硬；后肢中型而强健，趾端有钩爪；翼短小；善走，不善飞，常以爪拨土觅食，多数雄鸟有显著的肉冠（图2-53）。

图2-53　鹑鸡类

（五）哺乳纲

哺乳动物是现今动物界中最高等的类群。它们大多生活在陆地上。世界上已知的哺乳动物约有4 000多种，我国大约有400种。哺乳动物的生活习性各不相同，形态结构也多种多样，家兔、猫、犬、牛和羊等是常见的哺乳动物。

1. 家兔　家兔是由野兔经过人们长期驯养而成的，是草食性的小家畜，常以菜叶、野草和萝卜等作为食物。

（1）外部形态：家兔的身体分为头、颈、躯干、四肢和尾5个部分。体表被有光滑柔软的体毛，对家兔有保温作用。

家兔的嗅觉灵敏，听觉发达，长而大的耳廓能够转向声源的方向，准确地收集声波。前肢短小，后肢强大，善于跳跃。家兔有灵敏发达的感官，迅速跳跃、奔跑的运动能力，使它能够随时觉察外界环境的情况，有利于逃避敌害和摄取食物。

（2）体腔：家兔的体腔被肌肉质的膈分隔成胸腔和腹腔两部分。膈是哺乳动物特有的结构，在动物的呼吸中起重要作用。膈的升降和肋骨位置的变化，能使胸腔的容积扩大或缩小，从而迫使肺扩张或收缩，进而完成呼吸过程（图2-54）。

（3）消化系统：家兔的消化系统发达，最显著的特点是牙齿有了分化，

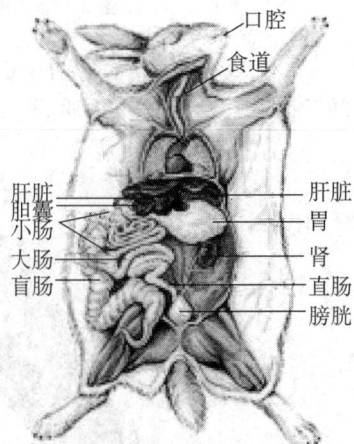

图2-54　家兔的结构

有适于切断食物的凿形门齿和适于研磨食物的方形臼齿。牙齿分化的意义很大，既大大地提高了哺乳动物摄取食物的能力，又提高了对营养物质的吸收效率。

（4）循环系统：家兔的心脏与家鸽的一样，也是由左心房、右心房、左心室和右心室组成的，有肺循环和体循环两条血液循环路线。因此，家兔的动脉血和静脉血是完全分开的，循环系统输送氧气的能力强，体内产生的热量多，同时又有保温和调节体温的结构，如随着季节换毛、皮肤排汗等，因此家兔的体温能够保持恒定。其他哺乳动物也都是恒温动物。

（5）神经系统：家兔的大脑和小脑都很发达。由于大脑发达，形成了高级神经活动中枢，因此家兔对外界的刺激能够做出准确而迅速的反应。

（6）生殖和发育：家兔的生殖发育特点是胎生和哺乳。胎生是指受精卵在母体子宫内发育成胚胎，胚胎通过胎盘从母体得到养料和氧气；同时，把新陈代谢所产生的废物和二氧化碳送进胎盘的血管里，由母体排出体外。胚胎逐渐发育成胎儿，胎儿从母体中生出。哺乳是指出生后的幼体依靠母体的乳汁而生活。胎生和哺乳为胚胎和幼体的发育提供了良好的条件，如充足的营养、恒温的环境、不容易受到伤害等，因而大大提高了后代的成活率。

2. 哺乳纲的主要特征　体表被毛；牙齿有门齿、臼齿和犬齿的分化；体腔内有膈；用肺呼吸；心脏分为四腔；体温恒定；大脑发达；胎生、哺乳。

3. 哺乳动物的分类　根据哺乳动物的形态结构及生活习性特点，可以将哺乳纲分为10多个目，如单孔目、有袋目、食虫目、翼手目、鲸目、食肉目、偶蹄目、奇蹄目、啮齿目、长鼻目、灵长目等。

（1）单孔目：单孔目动物现存种类不多，分布在澳大利亚和新几内亚，如鸭嘴兽和针鼹等。它们的共同特征是：身体的后端只有一个孔，叫泄殖腔孔，生殖细胞、粪、尿都由这个孔排出体外，卵生，用乳汁哺育幼兽（图2-55）。

（2）有袋目：有袋目动物的种类较多，主要分布在澳大利亚及新几内亚，其次是在南美洲和中美洲，如袋鼠和负鼠等。它们的共同特征是：母兽有育儿袋，生殖方式是胎生，但是没有胎盘，初生的幼兽发育很不完全，在育儿袋中哺育长大（图2-56）。

图2-55　单孔目动物

图2-56　有袋目动物

（3）翼手目：翼手目动物是能够飞翔的哺乳动物，常见的种类有蝙蝠、大耳蝠等。它们的共同特征是：前后肢和尾之间连以皮质膜、形成两翼，能够飞行；牙齿细小而尖锐（图2-57）。

图2-57　翼手目动物

(4)鲸目:鲸目动物都生活在水中,多数种类生活在海洋里,如鲸、海豚等,少数种类生活在江河中,如白鳍豚等。它们的共同特征是:终身生活在水里;胎生,哺乳;皮肤无毛;前肢和尾都变为鳍状,后肢退化(图2-58)。

图2-58 鲸目动物

(5)食虫目:食虫目动物主要以昆虫为食,常见的种类有刺猬和鼹鼠等。它们的共同特征是:吻尖锐突出;齿细小,门齿、犬齿和白齿区别不大,主要的食物是昆虫(图2-59)。

(6)啮齿目:啮齿目动物约有1 700多种,是哺乳动物中种类最多、分布最广的一目,它们的繁殖能力很强。常见的种类有家鼠、松鼠、鼯鼠等。它们的共同特征是:门齿发达,呈凿状,适于切断植物性食物,能够终身生长,有的常常啮咬硬物以磨牙齿,没有犬齿;白齿咀嚼面宽;主要吃植物性食物;生殖能力很强(图2-60)。

图2-59 食虫目动物

图2-60 啮齿目动物

(7)食肉目:食肉目动物大多是凶猛的肉食性兽类,主要种类有猫、虎、狮、狼、熊、紫貂和黄鼬等。它们的共同特征是:门齿不发达,犬齿长大,白齿的咀嚼面上有尖锐的突起,白齿中有强大的裂齿;性凶猛,以其他动物为食(图2-61)。

(8)偶蹄目:偶蹄目的动物的指、趾末端生有坚硬的蹄,适于长途奔跑或行走,主要的种类有梅花鹿、长颈鹿、牛、羊、猪、骆驼等。它们的共同特征是:每肢有两指(趾)发达,着地;其余各指(趾)退化,指(趾)末端有蹄(图2-62)。

(9)奇蹄目:奇蹄目的动物和偶蹄目都有相似的蹄,适于长途奔跑或行走,同偶蹄目统称为有蹄类,主要的代

图2-61 食肉目动物

图 2-62　偶蹄目动物

表有斑马、马和犀等。它们的共同特征是：每肢有一指（趾）或三指（趾）特别发达，末端有发达的蹄，其余各指（趾）都已经退化（图 2-63）。

　　（10）长鼻目：长鼻目动物是现存最大的陆生动物，它们生活在热带丛林地区，以植物为食，合群生活。现存的长鼻目动物只有亚洲象和非洲象两种。它们的共同特征是：体躯庞大，鼻呈圆筒形而且特别长，皮厚毛稀，四肢粗大如柱（图 2-64）。

图 2-63　奇蹄目动物

图 2-64　长鼻目动物

　　（11）灵长目：灵长目动物是最高等的动物，它们的大脑发达，行为也比较复杂，其中有的种类是重要的供科学研究的实验动物，有的种类是著名的观赏动物，有的种类与人类有较近的亲缘关系，主要的种类有猕猴、金丝猴、黑猩猩和黑长臂猿等。它们的共同特征是：手和足能握物，两眼生在前方；大脑发达；行为复杂（图 2-65）。

图 2-65　灵长目动物

哺乳动物跟人类的关系非常密切。许多哺乳动物对人有益,如马、牛、羊、猪等家畜,可供人们役使、食用等;紫貂、水獭等毛皮兽,可以为人们提供珍贵的毛皮;鹿、麝等药用兽,可以为人们提供鹿茸、麝香等名贵药材;大熊猫、金丝猴等珍稀动物,可以供人们观赏和进行科学研究。但是,也有一些哺乳动物对人是有害的,如鼠类能危害农作物,盗食人们的口粮,并且能传播疾病等。我们应该更多地了解各种哺乳动物的形态结构和生活习性,以便更好地保护有益的哺乳动物,控制和防除有害的哺乳动物。

【思考与练习】

1. 根据所给的这些无脊椎动物的具体特征,判断它具体为哪一类。
(1) 草履虫和变形虫一样,一个细胞就构成了一个生物体。
(2) 专吃农作物茎叶的蝗虫的身体是分节的,体表有外骨骼。
(3) 寄生在我们人及其他一些动物体内的蛔虫,有着长而薄的体型,身体线形。
(4) 生活在土壤中的蚯蚓,它也有着长而薄的体型,身体是由许多体节组成的。
(5) 前不久在浙江海宁一个池塘中被发现的桃花水母,身体辐射对称。
(6) 能培育出美丽珍珠的河蚌,身体有柔软,体外有贝壳。
(7) 寄生在人体内的血吸虫,其身体背腹扁平。
2. 说出脊椎动物和无脊椎动物的特征。
3. 比较鱼纲、两栖纲、爬行纲、鸟纲和哺乳纲的心脏结构特点和生殖发育特点。
4. 结合无脊椎动物和脊椎动物的特点,试归纳生物进化的特点。

第四节　细菌、真菌、病毒

问题和现象

为什么家里的肉要放在冰箱里?自然界的植物掉下的叶子和死亡小动物最后到哪里去了?这些现象要解释清楚,就必须学习下列对人类有巨大帮助的生物知识。

细菌的细胞内没有成形的细胞核。真菌的细胞虽然具有细胞核,但真菌不能制造有机物,一般营腐生或寄生生活。病毒则是一类没有细胞结构的极其微小的生物。可见,细菌、真菌和病毒各是一类生物。这三类生物在自然界中的分布都十分广泛,与人类的关系都十分密切。

一、细菌

细菌是一类微小的单细胞生物,有2 000多种。细菌分布非常广泛,无论是高山、深海里,还是土壤、大气、江河中,到处都可以找到它们。

1. 细菌的形态结构特点　细菌都是单细胞的个体。从形态上看,细菌可以分成球菌、杆菌和螺旋菌3类(图2-66)。

细菌的细胞里没有成形的细胞核,所以细菌属于原核生物。与此相反,植物、动物和真菌的细胞里,都具有真正的细胞核,所有这些生物都属于真核生物。

球菌一般没有鞭毛,多数的杆菌和螺旋菌具有鞭毛。不同的细菌,鞭毛的数目和着生的部位不相同。

细菌的荚膜不仅使细菌具有抵御干旱的作用,而且是储藏营养物质的"仓库"。养料不足时,荚膜中的营养物质可以被细菌利用。

通常情况下,细菌在100℃的开水中煮沸10分钟,就可以杀死菌体。但是芽胞只有在加压的热蒸汽中(气温约121℃),并且经过20～30分钟,才能杀灭。所以,判定医药器械、罐头食品等是否彻底灭菌了,应

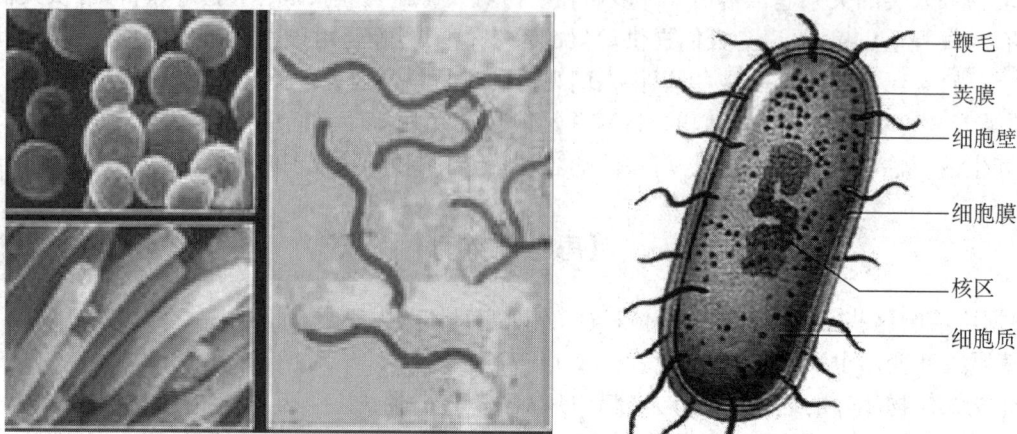

图 2 - 66　细菌的形态结构

该以是否杀灭了芽胞为准。

2. 细菌的生命活动特点　大多数细菌的营养方式是异养。异养的细菌,除了进行腐生和寄生以外,有的能够进行互利共生。

有些细菌,在生活的过程中需要氧气,进行有氧呼吸,这样的细菌叫作好氧性细菌,如醋酸菌。有些细菌,在生活的过程中不需要氧气,进行无氧呼吸,又叫作发酵,这样的细菌叫作厌氧性细菌,如制作泡菜和酸奶所需要的乳酸菌。无论是有氧呼吸还是发酵,都是细菌分解有机物,从中获取能量的方式。因此,两者的实质是相同的。

细菌主要通过二分裂的方式繁殖后代,其繁殖速度很快,单个的细菌不能用肉眼观察,但是,当细菌产生大量的后代就形成菌落,不同的细菌形成的菌落有不同的特点,人们可以根据菌落的颜色、形态等特点判断细菌的种类(图 2 - 67)。当然也可以通过控制各种外界条件的方法,来促进细菌的繁殖,或者防止有害细菌的蔓延。

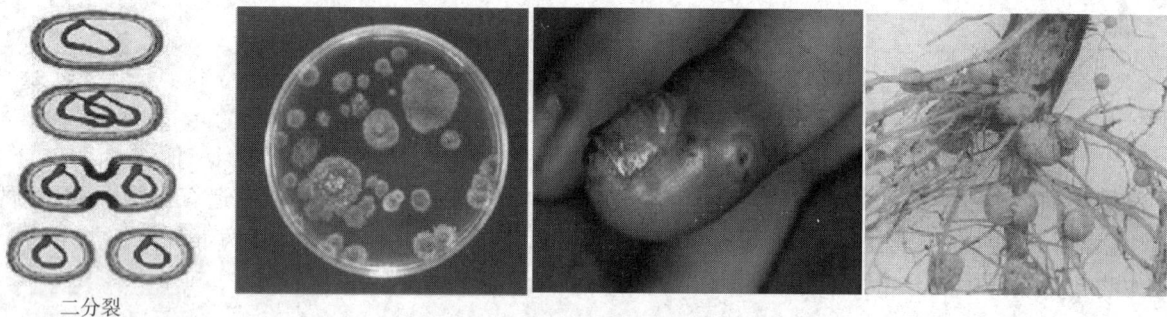

二分裂

图 2 - 67　菌落的形态

3. 细菌与人类的关系　少数种类的细菌能够使人类患传染病,这类细菌对人类是有害的,但是绝大多数种类的细菌对人类则是有益的。

除了酸菜、醋和味精等食品和调味品以外,工业上早已利用细菌来生产丁醇、丙酮、乳酸和维生素 C 等产品。细菌在工业上的应用十分广泛。

4. 细菌在农业上的应用　粪、尿等农家肥料里含有的复杂的有机物,农作物不能直接吸收利用。将粪肥进行堆沤的过程,就是利用细菌、真菌等微生物,将这些有机物分解成各种溶于水的无机盐的过程。经过堆沤的粪肥,可以较长时间地满足农作物对各种无机盐的需要。

除了根瘤菌以外,在土壤中独立生活的固氮菌也能将空气中的氮气转化成菌体内的含氮物质。钾细菌则能从一些岩石中分解出钾。它们在农业生产上都可以作为细菌肥料来利用。此外,苏云金杆菌能毒杀菜青虫、松毛虫等多种鳞翅目害虫,是一种十分有效的细菌杀虫剂。但是,使用苏云金杆菌杀虫剂时要注意避开家蚕和蓖麻蚕,以免对蚕造成伤害。

5. 利用病原菌预防疾病　伤寒是由伤寒杆菌引起的一种急性传染病。伤寒菌苗是人们利用死去的伤寒杆菌制成的一种生物制品。给人们接种伤寒菌苗,可以增强人体对伤寒的免疫力,从而对预防伤寒产生很好的效果。又如,破伤风杆菌的致病作用主要在于它能产生毒性很强的外毒素。当人的破损的皮肤,特别是深的伤口被感染时,就容易患破伤风,从而危害人的生命。人们将破伤风杆菌的外毒素进行处理,制成破伤风杆菌的类毒素。这种类毒素没有毒性,但能使人体对破伤风产生免疫力。受伤的人及时注射破伤风类毒素,就可以有效地防止破伤风的发生。

6. 利用细菌处理污水　无论是生活污水还是工业污水,如果直接排入河流,都会污染河水,并危害河水中的生物。因此,污水在排入河流或利用之前,一定要进行污水处理。污水处理的方法有许多种,其中,利用细菌等微生物的活动来处理的方法叫作生物处理法。这种方法是利用细菌等微生物的分解作用,转变污水中有毒物质的性质,使有毒物质转化成无毒的污泥。

二、真菌

自然界中的真菌至少有 70 000 多种,其中的酵母菌、霉菌和蘑菇,与人们的日常生活有十分密切的关系。

1. 真菌的形态结构　酵母菌、霉菌和蘑菇都属于真菌。通常,真菌中既有单细胞的个体(如酵母菌),又有多细胞的个体(如青霉),有些真菌的个体还很大(如蘑菇)。另外,真菌的细胞里都具有细胞核,所以,同细菌相比,真菌的形态更为多样,结构也更加复杂(图 2 - 68)。

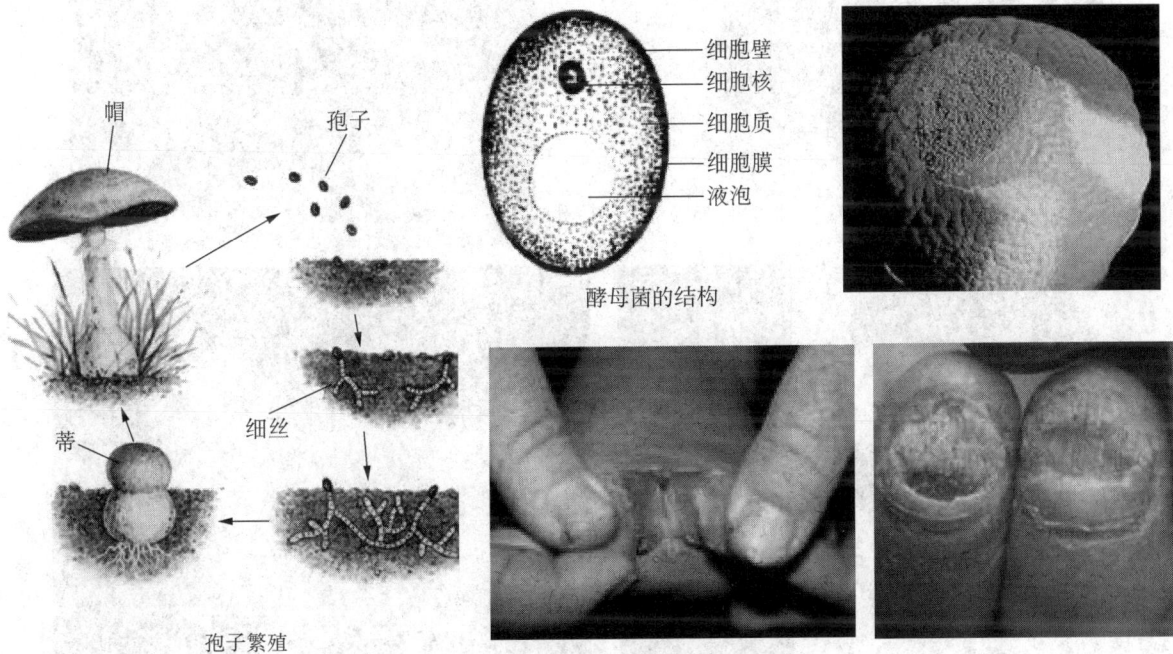

图 2 - 68　真菌的形态和危害

2. 真菌的生命活动特点　真菌的营养方式都属于异养型。其中,有些营腐生生活,如酵母菌、青霉等;有些营寄生生活,如使人患足癣(脚湿气)的足癣菌和使人患甲癣(灰指甲)的红色癣菌。

青霉、曲霉、蘑菇等许多真菌都进行有氧呼吸,酵母菌则既可以进行有氧呼吸,又可以进行发酵。酵母菌、青霉和蘑菇等真菌都能够依靠于孢子来繁殖后代。

3. 真菌与人类的关系　除了上述有些真菌能够使人患病以外,许多真菌对人类是有益的。

真菌在工业上有着广泛的用途。例如,柠檬酸在食品工业和医药化学工业中有着多种用途。柠檬酸除了从果实中提取和化学合成以外,也可以利用真菌发酵生产。从果实中提取常受到季节的限制,化学合成的成本则比较高。现在,世界各地利用真菌发酵生产的柠檬酸占总产量的一半以上。又如,蚕丝的表面有一层丝胶,只有脱除丝胶,蚕丝才具备良好的手感和色泽。过去使用化学药剂脱除丝胶,常常使蚕丝的质量下降。我国的科学家首创了用真菌的代谢产物来为蚕丝脱胶,从而解决了蚕丝脱胶上的一个难题。

再如，在石油工业中利用某些酵母菌进行柴油脱蜡，不仅能够生产出高质量的柴油，而且获得的酵母菌菌体蛋白还可以用来做动物的精饲料。现在，许多国家都采用这种方法对柴油进行脱蜡。

4. 在农业上的应用　有些真菌能够使一些昆虫患病，人们则利用它们来防治害虫。例如，白僵菌是一种对人畜无害，而对多种昆虫具有传染致病作用的真菌。白僵菌的致病力很强，它的孢子通过昆虫的消化道和体壁进行侵染，死去的虫体最终变得僵硬，而且体表长有一层白色的菌丝。利用白僵菌防治松毛虫等农业害虫，效果很好。

5. 医药上的应用　有些真菌在医药上的用处十分广泛。例如，从青霉菌中取出青霉素，青霉素是治疗肺炎、脑膜炎等疾病的特效药。又如，头孢霉中可以提取出头孢霉素（又叫先锋霉素），它既具有青霉素的主要优点，又不易使人产生过敏反应。再如，从展青霉和黑青霉中提取出来的灰黄霉素，可以治疗足癣、甲癣等多种癣症。此外，灵芝、冬虫夏草等都是中草药中名贵的真菌药材。

6. 食用真菌　口蘑、香菇、平菇、草菇以及木耳和银耳等，营养丰富，味道鲜美，是大型的、能够食用的真菌（图2-69）。但是，有些蘑菇如毒蝇伞等是有毒的蘑菇，误食了会中毒，甚至造成死亡。因此，采来的蘑菇一定要认真识别，不能轻易食用。

毒蝇伞

图 2-69　各种真菌

三、病毒

病毒是一类个体极其微小的生物。自然界中的病毒有1 000多种，人们只有通过电子显微镜才能观察到它们。

1. 病毒的形态结构　病毒的形态有多种，如多面体（近似球形）、杆形和蝌蚪形等，其中以多面体和杆形最为常见（图2-70）。病毒没有细胞结构，一般只有由蛋白质组成的外壳和由核酸组成的核心。核酸在病毒的遗传上起着重要的作用，而蛋白质外壳对核酸起保护作用，本身并没有遗传性。

病毒分为动物病毒、植物病毒和细菌病毒3类。所有的病毒只能生活在活细胞内，进行寄生生活。离开寄主的活细胞，病毒的新陈代谢过程就停止了。病毒与进行寄生生活的细菌和真菌不同，有些病毒的寄

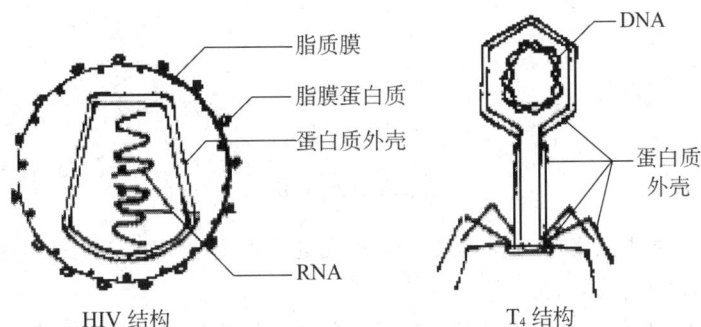

图 2-70　病毒的结构

主十分广泛。例如，烟草花叶病病毒，目前已经知道它能够侵染 36 个科的 236 种植物。

2. 病毒与人类的关系　有些病毒能够使人患病。例如，由甲型肝炎病毒引起甲型病毒性肝炎，由乙型肝炎病毒引起的乙型病毒性肝炎，由狂犬病病毒引起的狂犬病，由流行性感冒病毒引起的流行性感冒，由艾滋病病毒引起的艾滋病等。这些病毒危害人体健康，严重时甚至导致死亡。有些病毒能够使家畜和家禽患病。例如，口蹄疫病毒能够引起牛、羊、猪等动物患口蹄疫病，患病的家畜体温升高，口腔、舌面、乳房和蹄处发生水疱和烂斑，严重时造成死亡（图 2-71）。有些病毒能够使农作物患病，如矮缩病病毒能够使水稻患矮缩病，患病的水稻生长畸形，植株矮小。

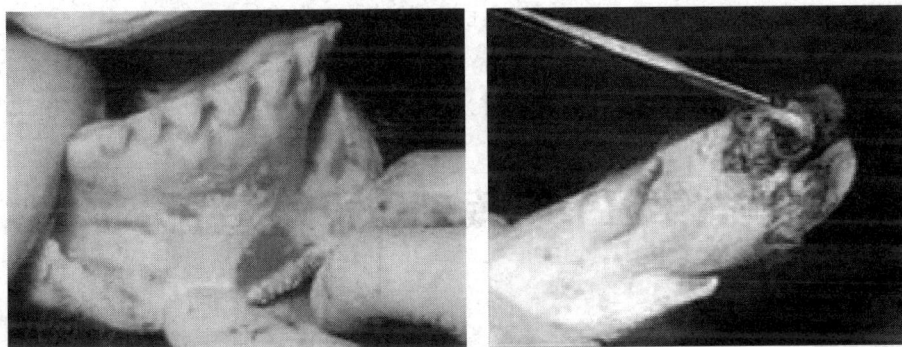

图 2-71　病毒引起的疾病

3. 利用病毒预防疾病　例如，流行性乙型脑炎（简称"乙脑"）是由流行性乙型脑炎病毒引起的一种急性传染病，蚊子是这种疾病的传播媒介，患者以儿童居多，患者起病急，有高热、头痛（或头昏）、呕吐、昏迷等症状，严重时发生呼吸衰竭。预防流行性乙型脑炎，除了灭蚊、防蚊以外，还可以注射流行性乙型脑炎疫苗。流行性乙型脑炎疫苗是利用流行性乙型脑炎病毒制成的一种生物制品。人们注射了流行性乙型脑炎疫苗，就增强了对这种疾病的免疫力，从而取得预防这种疾病的良好效果。

4. 利用噬菌体治疗疾病　噬菌体也叫细菌病毒，是专门寄生在细菌体内的一类病毒。人们可以利用噬菌体来杀灭一些病原菌，从而治疗一些细菌性疾病。例如，绿脓杆菌是一种能够产生蓝绿色素，使脓液呈现蓝绿色的病原菌。烧伤病人的患处很容易感染绿脓杆菌，而绿脓杆菌对许多种抗生素和化学药品的抵抗力很强，因而使病人容易继发败血症。人们利用了绿脓杆菌噬菌体专门寄生在绿脓杆菌上而对人体细胞没有危害的特点，用这种噬菌体来治疗烧伤病人的感染，效果很好。

5. 防治农作物害虫　有些动物病毒专门寄生在昆虫体内，这样的病毒叫作昆虫病毒。人们利用昆虫病毒专门寄生在昆虫体内而对人畜没有危害的特点，用昆虫病毒来防治一些农作物害虫。例如，有的昆虫病毒能够杀灭松毛虫，有的昆虫病毒能够杀灭棉铃虫，有的昆虫病毒能够杀灭菜青虫。现在，很多国家都在积极研究如何将这些昆虫病毒制成制剂，以便广泛地应用到农业生产当中。与苏云金杆菌和白僵菌相比，昆虫病毒对于棉铃虫等鳞翅目夜蛾科的农业害虫有更好的杀灭效果。近年来，我国研制成的棉铃虫病毒杀虫剂，已经在一些地区的棉花生产中得到应用。

【阅读与扩展】

高温灭菌法

高温灭菌法是利用高温使微生物的蛋白质及酶发生凝固或变性而死亡。这是应用最广泛而有效的灭菌方法,主要用于手术器械和物品的灭菌。

(1)高压蒸气灭菌法:用高温加高压灭菌,不仅可杀死一般的细菌,对细菌芽胞也有杀灭效果,是最可靠、应用最普遍的物理灭菌法。

(2)干热灭菌法:①烧灼灭菌法:在紧急需要时,可用于金属器械的灭菌。②干烤灭菌法:用干热灭菌箱(多采用机械对流型烤箱)进行灭菌。

(3)煮沸灭菌法:适用于应急需要的情况下,金属器械、玻璃及橡胶类物品的灭菌。在水中煮沸至100℃后,持续15～20分钟。此方法可杀灭一般细菌。

【思考与练习】

1. 常见的食物保存方法有哪些?
2. 为什么受伤后不及时对伤口处理,会导致伤口发炎、化脓?
3. 我们平常所食用的食物中,有哪些属于真菌? 写出2～3种来。
4. 病毒、细菌对人类生活有何影响? 举例说明。

第五节　传染病和免疫

问题和现象

人们对于外界环境的适应能力和对疾病的抵抗力有差异,往往因为生活、工作条件比较差而感染病原体,发生某些疾病。但是,生活条件相似的人或小孩子与成年人患传染病的概率不同。人们常见的疾病分为有传染性的和无传染性的,常见的传染病怎样预防呢?

一、传染病

外界环境中的病原体侵入人体,就有可能引起传染病。传染病对于人们的身体健康有很大的危害性,必须引起我们的重视。

(一)传染病的概念

传染病是由病原体引起的。那么,什么样的疾病是传染病? 能够引起人体传染病的病原体有哪些?

在显微镜下观察蛔虫病患者的粪便时,可以发现圆形或椭圆形的棕黄色小体,这就是蛔虫卵。蛔虫卵是引起消化道传染病——蛔虫病的病原体。

当人喝了不干净的水、吃了不干净的食物,或饭前便后没有洗手,就有可能因为感染了蛔虫卵而被传染上蛔虫病。由此可知,传染病是由病原体(如细菌、病毒、寄生虫等)引起,能够在人与人之间或人与动物之间传播的疾病。各种传染病都有它特异的病原体,例如引起流行性感冒的是流感病毒,引起细菌性痢疾的是痢疾杆菌,引起疟疾的是疟原虫等。传染病具有传染性和流行性等特点,它在儿童青少年聚集和接触频繁的中、小学校等场所很容易造成危害。因此,一定要做好传染病的预防工作。

(二) 预防传染病的一般措施

传染病在人群中的传播和流行,必须同时具备 3 个基本环节,就是在传染源、传播途径和易感人群,缺少其中任何一个环节,传染病就流行不起来(图 2-72)。也就是说,当传染病流行时,只要切断这 3 个基本环节中的任何一个环节,就可以终止传染病的流行。因此,预防传染病的措施,也是针对这 3 个基本环节,包括控制传染源、切断传播途径和保护易感人群 3 个方面,具体措施如下。

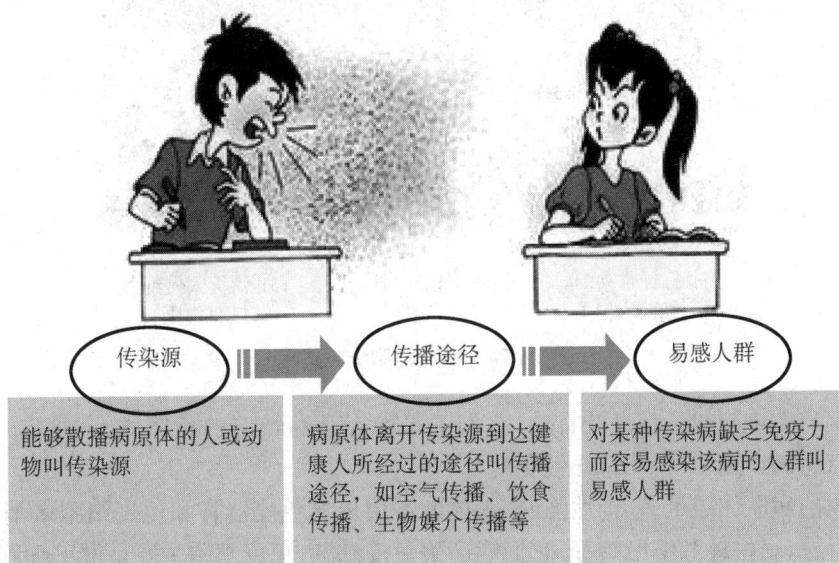

传染源	传播途径	易感人群
能够散播病原体的人或动物叫传染源	病原体离开传染源到达健康人所经过的途径叫传播途径,如空气传播、饮食传播、生物媒介传播等	对某种传染病缺乏免疫力而容易感染该病的人群叫易感人群

图 2-72 传染病传播的 3 个环节

1. 控制传染源 对于病人尽可能做到早发现、早诊断、早报告、早治疗、早隔离,防止传染病的蔓延。
2. 切断传播途径 讲究个人和环境卫生,消灭传播疾病的媒介生物等,使病原体丧失感染健康人的机会。
3. 保护易感人群 经常锻炼身体,提高儿童的非特异性免疫功能;进行预防接种,提高儿童对传染病的特异性免疫功能。预防接种是保护易感人群的一项重要措施,它是通过接种菌苗、疫苗或血清等生物制品,使个人和人群产生对传染病的特异性免疫,从而达到避免传染病发生的目的。儿童从出生到小学毕业,在这期间要进行各种预防接种,如卡介苗、脊髓灰质炎等。

二、免疫

人的生活环境中存在着许多病原体,但一般人都能健康地生活,这是因为人体具有多道免疫防线。

人体的表面覆盖着皮肤,人体与外界相通的腔道(如消化道、呼吸道和尿道等)的表面有黏膜、皮肤、鼻毛、呼吸道表面的纤毛等,都有阻挡病原体的作用。消化道和呼吸道表面的黏膜还能分泌杀菌物质。皮肤和黏膜等作为保护屏障,构成了人体的第一道免疫防线(图 2-73)。

图 2-73 皮肤、黏膜的保护屏障

人体内有许多具有吞噬病菌的细胞，如血液中的白细胞。当一部分病原体通过人体的皮肤和黏膜等保护屏障侵入人体后，这些细胞能吞噬侵入人体的各种病原体（图2－74）。正常人的体液中，还有一些特殊物质，如唾液中的溶菌酶等，具有抑菌、杀菌等作用。体液中的杀菌物质和人体内的具有吞噬作用的细胞是保护人体的又一道免疫防线。

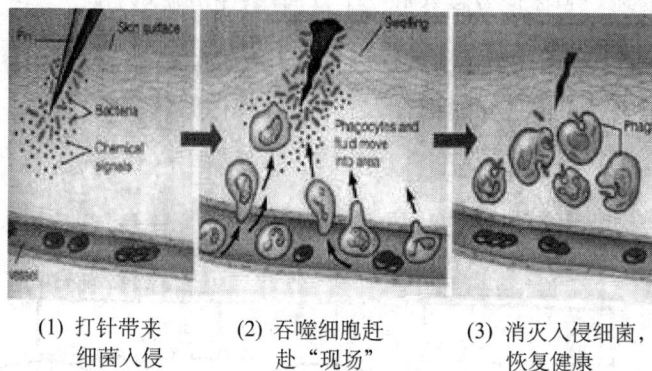

(1) 打针带来　　(2) 吞噬细胞赶　　(3) 消灭入侵细菌，
　　细菌入侵　　　　赴"现场"　　　　　恢复健康

图2－74　吞噬细胞免疫过程

人体的上述两道免疫防线是生来就有的，它们不是针对某种特定的病原体，不具有选择性或特异性，对多种病原体都有防御作用，叫作非特异性免疫。

当侵入人体内的病原体数量多、毒性强时，人体就需要依靠免疫器官和免疫细胞来消灭病原体。人体的免疫器官主要有脾、扁桃体和淋巴结等，它们能产生免疫细胞，免疫细胞主要是淋巴细胞。

某种病原体侵入人体，受到刺激的淋巴细胞产生抵抗这种病原体的特殊蛋白质，叫作抗体。引起人体产生抗体的物质叫作抗原。不同的病菌和病毒对应的抗体不同。有些抗体消灭对应的抗原后仍然会留在体内，当同样的病原体再次侵入时，存在于人体内的这些抗体会迅速发生作用并消灭它们。例如，抵抗麻疹病毒的抗体可以终身留存在人体内，因此，患过麻疹的病人就不会再患麻疹。

通过免疫细胞产生抗体预防传染病也是人体的一道免疫防线。这种免疫功能是后天获得的，通常只对某种特定病原体或异物起作用，因此称为特异性免疫。人体为了获得更多的特异性免疫，因而进行有针对性的计划免疫，如我国卫生部规定，对1岁以内的儿童接种卡介苗、脊髓灰质炎疫苗、百白破三联疫苗和麻疹疫苗（称为"四苗免疫"）进行计划免疫，增强和保护儿童的健康。

人体通过非特异性免疫防线和特异性免疫防线抵御病原体的入侵，维持机体的稳定。

【阅读与扩展】

艾 滋 病

艾滋病，即获得性免疫缺陷综合征（acquired immune deficiency syndrome，AIDS），是人类因为感染人类免疫缺陷病毒（human immunodeficiency virus，HIV）后导致免疫缺陷，并引发一系列机会性感染及肿瘤，严重者可导致死亡的综合征。目前，艾滋病已成为严重威胁世界人民健康的公共卫生问题。1983年，人类首次发现HIV到现在，艾滋病已经从一种致死性疾病变为一种可控的慢性病。

1. 艾滋病的传播途径　艾滋病病毒感染者虽然外表和正常人一样，但他们的血液、精液、阴道分泌物、皮肤黏膜破损或炎症溃疡的渗出液里都含有大量艾滋病病毒，具有很强的传染性；乳汁也含病毒，有传染性。唾液、泪水、汗液和尿液中也能发现病毒，但含病毒很少，传染性不大。

已经证实的艾滋病传染途径主要有性传播、血液传播和母婴传播，一般的接触并不能传染艾滋病，所以艾滋病患者在生活当中不应受到歧视，如共同进餐、握手等都不会传染艾滋病。

2. 预防HIV感染　传染源的管理，高危人群应定期检测HIV抗体，医疗卫生部门发现感染者应及时上报，并应对感染者进行HIV相关知识的普及，以避免传染给其他人。感染者的血液、体液及分泌物应进行消毒。切断传播途径,避免不安全的性行为,禁止性乱交,取缔娼妓;严格筛选供血人员,严格检查血液制品,推广一次性注射器的使用。严禁注射毒品,尤其是共用针具注射毒品;不共用牙具或剃须刀。不到非正规医院进行检查及治疗;保护易感人群,提倡婚前、孕前体检。对 HIV 阳性的孕妇应进行母婴阻断。

【思考与练习】

1. 为什么要对儿童进行预防接种? 常见的预防接种疫苗有哪些?

2. 下列 4 类常见传染病,指出它们的预防措施。

(1) 呼吸道传染病:肺结核、流行性感冒等。

(2) 消化道传染病:病毒性肝炎的甲肝、细菌性痢疾等。

(3) 血液传染病:疟疾、艾滋病等。

(4) 体表传染病:沙眼、疥疮、脚癣等。

3. 决定传染结局的 3 个因素是什么? 简述三者的相互关系。

4. 什么是特异性免疫和非特异性免疫? 二者有何区别和联系?

第三章
生物的遗传与变异

中国有两句古话,一句是"种瓜得瓜,种豆得豆",另一句是"一娘生九子,九子各不同"。从生命科学的角度来看,这两句话描述了遗传学中两个最重要的现象:前者讲的是遗传,后者则说的是变异。遗传是相对的,各种后代与祖先之间保持一定的连续性,因而各个物种可以延续下去;而变异是绝对的,不可能后代永远与祖先一个样,在自然或人工因素的作用下,性状总会发生某些明显或细微的变异,其中一些变异会遗传下去,于是会产生更多的新物种,使生物不断地进化。

第一节　产生遗传的原因

问题和现象

很多分析家认为21世纪是生物技术主宰世界的世纪,现代生物技术的重点是转基因技术,转基因技术能将基因从一个物种转接到另一个物种中,可用于提高农作物的品质和产量,因而得到了迅速的推广,目前已经培育出了玉米、大豆、水稻等产品。转基因作物从一出世就引起了激烈的争论。反对者从食品安全、基因扩散、生态失衡等角度提出了反对意见。关于转基因食品利弊的争论还在持续,由于此项技术发展的时间较短,目前还没有确切的证据来证明其利弊,所以尚无最终结论。那么,基因是什么,位于哪里,有什么作用呢?

一、基因是遗传物质的功能单位

人们对遗传的原因由来已久,科学家们经过探索发现遗传现象的产生与遗传物质的传递有关。

1928年格里菲斯进行了肺炎球菌转化实验。在实验中,光滑型(S)的肺炎球菌对小鼠有致死性,而粗糙型(R)的肺炎球菌无致死性。单独存在的R与加热致死的S肺炎球菌均不能杀死小鼠,但当两者混合在一起却是致死性的。利用R型细菌和S抽提液的混合物进行实验也能观察到致死的结果,表明在抽提液中含有一种能将R型转化为S型的转化因子(图3-1)。

1944年艾弗里等从S型球菌抽提液中部分纯化了转化因子,证明它是DNA。利用此DNA样品加入R型细菌的培养物中,得到的菌落中含有了S型球菌。而将S型球菌的蛋白质和多糖加入R型细菌的培养物中则不能得到S型球菌,这个实验证明了使肺炎球菌的遗传性发生改变的转化因子是DNA,而不是蛋白质(图3-2)。

1956年格勒和施拉姆研究了不含DNA但含RNA的烟草花叶病毒,把该病毒的RNA与蛋白质外壳分开来,分别接种于烟草上进行感染试验。结果发现,单是病毒的蛋白质不能使烟草致病,不能形成新的烟草花叶病毒;而把病毒的RNA接种到烟草上,则使烟草发生感染致病而出现病斑。这说明不含DNA的烟草花叶病毒中,RNA就是遗传物质。

通过以上研究发现,人们对遗传物质有了比较清楚的认识,即DNA是主要的遗传物质,有些病毒的遗传物质是RNA。

1953年沃森和克里克根据碱基互补配对规律以及对DNA分子的X射线衍射研究结果,提出了DNA的双螺旋结构模型,该结构对于阐明DNA分子空间结构、DNA的自我复制、DNA结构的稳定性与可变性及DNA分子储存和传递遗传信息都给予了很好的解释。

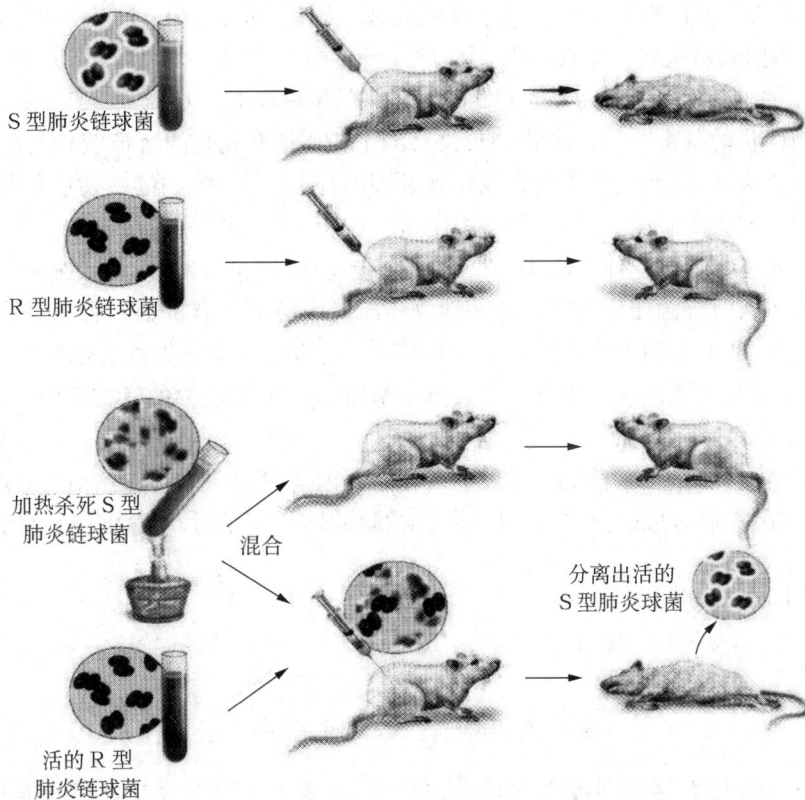

图 3-1 肺炎球菌转化实验

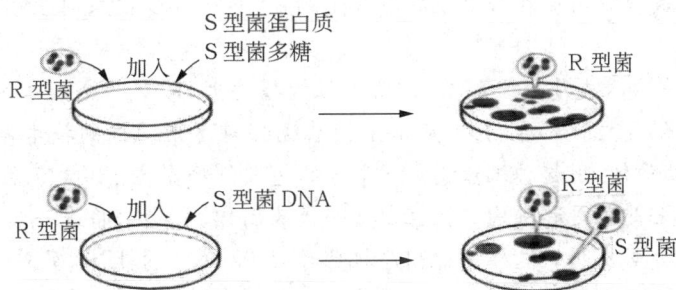

图 3-2 艾弗里实验

脱氧核苷酸是组成 DNA 的基本单位,每个脱氧核苷酸由 1 个脱氧核糖、1 个磷酸和 1 个含氮碱基构成。DNA 分子由两条相互平行但方向相反的脱氧核苷酸长链形成,其结构为双螺旋结构。DNA 的碱基有 4 种:胸腺嘧啶(T)、胞嘧啶(C)、腺嘌呤(A)和鸟嘌呤(G)。每条单链以脱氧核糖和磷酸交替连接构成骨架,两条链间以成对碱基相连,靠氢键的引力把两条链连在一起(图 3-3)。

DNA 双螺旋结构中碱基配对的原则是:腺嘌呤(A)与胸腺嘧啶(T)相配对;鸟嘌呤(G)与胞嘧啶(C)相配对,即 A—T,G—C。两条链上的碱基对是互补的,当一条链上的核苷酸碱基顺序固定下来时,按碱基互补原则,即可决定另一条链上的碱基排列顺序。DNA 分子是大分子,一个 DNA 分子所包含的碱基数量是相当多的,而且碱基排列顺序的变化也是多种多样的。以一个 DNA 分子含有 1 000 对碱基为例,这 4 种碱基的排列结合就可以有 $4^{1\,000}$ 种形式,可以表达丰富的信息。

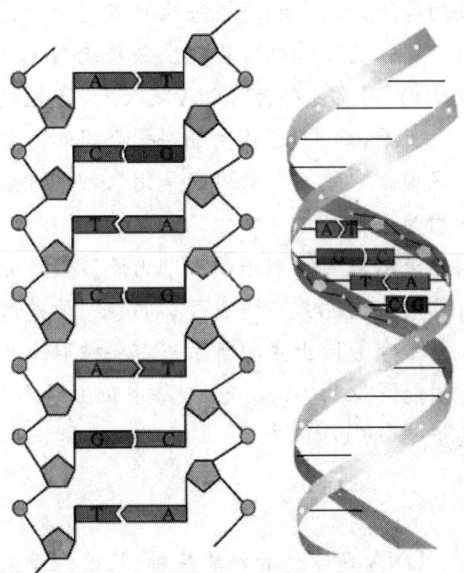

图 3-3 DNA 的平面结构和立体结构

DNA分子是由不同的核苷酸按一定的顺序排列而成，遗传信息就存在于核苷酸序列中。但是，并非一个DNA分子的遗传信息就决定一个性状，一个DNA分子被分为很多个片段，其中一些片段具有遗传效应，能决定或参与决定生物的某一性状，具有遗传效应的DNA片段称为基因。

基因是决定生物性状的基本单位。生物的形态、结构和生理等方面的特征统称为生物的性状。生物的一切性状都由蛋白质来体现，而蛋白质的合成受到基因的控制，所以生物的一切性状都是由基因来控制的。基因控制性状的方式主要有两种：第一种是控制蛋白质分子的结构来直接控制生物的性状。例如：抗药性细菌细胞膜上的转运蛋白的立体结构像一个"V"字，能将药物排出细胞从而让细菌产生抗药性。研究人员将氨基酸连接成环状时细菌便无法排出抗药性物质。基因控制性状的另一种方式是通过控制酶的合成来控制新陈代谢过程，从而控制生物的性状。例如：正常人的皮肤毛发等处的细胞有一种酶，叫作酪氨酸酶，它能够将酪氨酸转变为黑色素。如果一个人由于基因不正常而缺少酪氨酸酶的话，那么这个人就不能合成黑色素，而表现出白化症状。

遗传是伴随着生殖过程发生的，在生殖过程中亲代的基因经过复制后传递给后代，使后代获得与亲代相同的基因，相同的基因控制合成的蛋白质相同，最终控制的性状也相同，从而出现了遗传现象。

【阅读与扩展】

未来婴儿将带"基因说明书"

基因决定了一个人的相貌、身高甚至某些疾病，但对人类基因组的测序现在还极其昂贵，非普通人所能企及。科学家正在研究新一代测序机，希望有朝一日能把破译个人"基因密码"的费用降低到1 000美元。如果能够实现，普通民众就有望在必要情况下接受测序，甚至可以把基因组测序变成每个婴儿降生后的一项常规检查项目。

2003年科学家宣布完成人类基因组草图，这项工程规模浩大，涉及6个国家的众多大学和研究机构，历时十多年，耗资超过5亿美元。此后，美国应用生物系统公司运用同样的技术制造出基因组测序机，大幅降低了测序费用。专家估计，用这种机器测定一个人的基因排序需要1 000万至1 500万美元。

而现在依靠新技术，一些公司和机构正在推出新一代基因组测序机，将进一步提高测序效率并降低成本。美国"454"生命科学公司发明的这样一种测序机已于2005年3月上市，另外一种由Solexa公司生产的测序机定于近期推出，应用生物系统公司也计划在随后推出其新一代测序机。这种机器看上去有点像洗衣机，又有点像超大号的iPod音乐播放器，每台售价50万美元，这不包括用于分析测序结果的计算机软件的费用。这台测序机每次可以同时分析数以千计的DNA片断，时间需要4～5小时。

科尔德斯普林实验室主任詹姆斯·沃森因在50多年前与弗朗西斯·克里克共同发现了DNA的双螺旋结构，因此被誉为"DNA之父"。沃森说，"454"生命科学公司正用新测序机测定他的基因。

目前，购买"454"生命科学公司测序机的主要是研究机构，但这种机器在公共医疗领域的作用也已开始显现。它的一个新用途是用来扫描肿瘤细胞，寻找其中是否有变异基因，因为这种基因的存在通常表明肿瘤为恶性。

虽然基因组测序在短期内还不太可能被普及应用，但Solexa公司首席科学家戴维·本特利认为，了解自己的基因也并非遥不可及的事。他建议，对个人基因信息的处理应当由两个人来掌握——患者和医生。

如今美国出生的新生儿都要被取血化验，以判断其是否缺乏某些重要的酶。如果未来基因组测序的费用能降低到1 000美元，每个新生婴儿出生时或许都会像一台新买的电脑一样，附带一张关于其"基因信息说明"的DVD光盘。

基 因 的 表 达

DNA是遗传的物质基础，基因位于染色体上实际上是位于染色体的DNA上。

生物的大部分遗传性状都是直接或间接通过蛋白质表现出来的。自然界中蛋白质种类繁多，单细胞大肠杆菌的蛋白质就有 2 000 多种,人的蛋白质有 10 万多种。蛋白质虽然种类繁多,但都以同样的 20 种氨基酸为单元前后联结而成。两个氨基酸联结起来成为一个二肽。按同样方式将一个个氨基酸前后联结起来,形成三肽、四肽。由多个氨基酸联结而成的肽链称为多肽链。多肽链经过折叠加工才形成具有空间结构的蛋白质。生物体中不同蛋白质的氨基酸数量、种类和排列顺序不同,并且都是由基因控制的,即蛋白质的合成要受到基因的指导(图 3-4)。

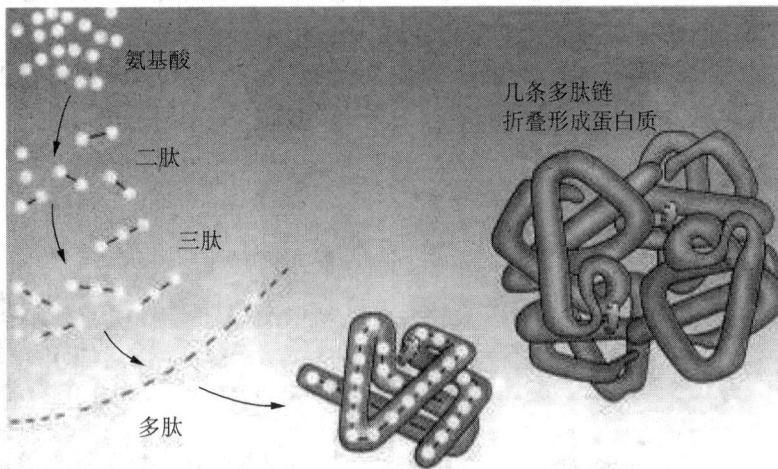

图 3-4　由氨基酸形成蛋白质的示意图

在基因的指导下合成蛋白质的过程叫作基因的表达,其中包括转录和翻译两个过程。

转录就是以 DNA 双链中的一个单链为模板遵循碱基互补配对的原则,把遗传信息转录到信使 RNA(mRNA)上的过程。真核细胞中的 DNA 主要存在于细胞核的染色体上,而蛋白质的合成中心却位于细胞质的核糖体上。通常 DNA 分子不能通过核膜进入细胞质内,因此它需要一种中介物质,才能把 DNA 上控制蛋白质合成的遗传信息传递给核糖体。这种中介物是一种特殊的 RNA,它起着传递信息的作用,因而称为信使 RNA(mRNA)。mRNA 的第一个功能是把 DNA 上的遗传信息精确无误地转录下来。这一过程如下:一个 DNA 的双链的局部解链,在解链的范围内游离的核糖核苷酸以其中一条链为模板,按照 C—G,A—U(这里 U 代替了 T)的配对规律产生一段与 DNA 互补的 mRNA 链。最后,新生的 mRNA 分子从 DNA 分子上脱离,DNA 的两个单链又重新恢复成双链(图 3-5)。

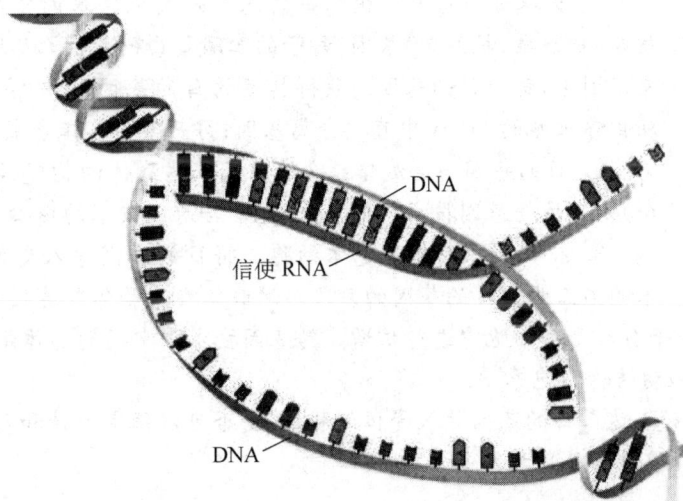

图 3-5　DNA 的转录

翻译就是 mRNA 携带着转录的遗传密码附着在核糖体上,再由转运 RNA(tRNA)运来各种氨基酸,按照 mRNA 上的碱基顺序相互连接起来成为多肽链,并进一步折叠起来成为立体结构的蛋白质分子。

转运 RNA(tRNA)是一种能将氨基酸转运到核糖体上的特殊 RNA。tRNA 的一端有 3 个碱基能与 mRNA 互补配对，另一端可与氨基酸连接，每一种氨基酸可与一种或一种以上的 tRNA 相结合，由于碱基互补配对的关系，当携带着氨基酸的 tRNA 与 mRNA 配对时，就建立了氨基酸与 mRNA 上碱基的对应关系，研究发现，mRNA 上的 3 个相邻碱基对应一种氨基酸，把 mRNA 上决定一个氨基酸的 3 个相邻碱基叫作一个"密码子"。

翻译的过程是相当复杂的，因为由 DNA 的遗传信息转录到 mRNA 上，许多 mRNA 包含不止一个基因，要分段合成几个多肽链，就必须沿着 mRNA 从每一个基因的开头处起始。现在已经知道，翻译是从一个特定的起始密码子 AUG(极少数为 GUG)开始的，直到遇上终止密码子 UAA、UAG 或 UGA 时结束，因为终止密码子不受任何 tRNA 的识别，对应的位置不能放置氨基酸，翻译便自然停止，一个完整的多肽链随即从核糖体上释放出来，经过加工形成蛋白质(图 3-6)。

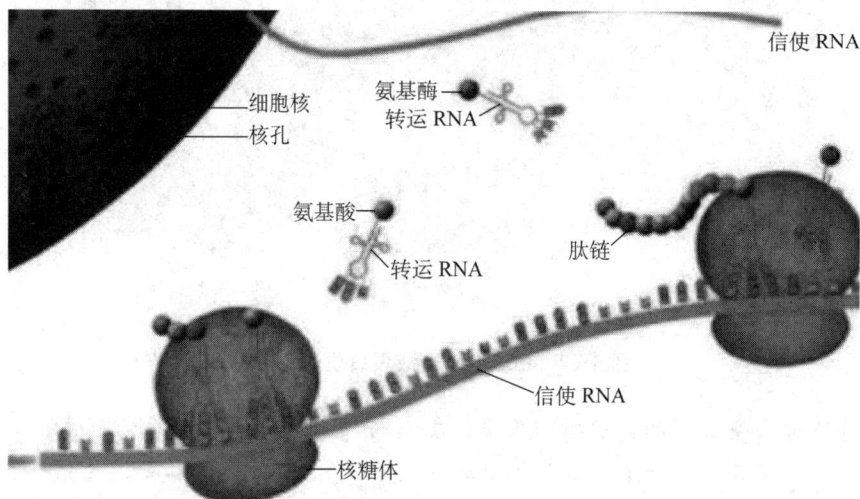

图 3-6　翻译

转基因技术

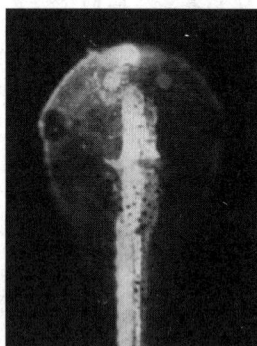

图 3-7　转基因荧光蝌蚪

转基因技术是将外源基因通过体外重组后导入受体细胞内，使这个基因能在受体细胞内复制、转录、翻译表达的操作(图 3-7)。

转基因技术的操作分为 4 个步骤：

1. 提取目的基因　获取目的基因是实施转基因技术的第一步。如植物的抗病(抗病毒、抗细菌)基因，种子的贮藏蛋白的基因，以及人的胰岛素基因、干扰素基因等，都是目的基因。获得特定的目的基因，其中主要有两条途径：一条是从供体细胞的 DNA 中直接分离基因；另一条是人工合成基因。

2. 目的基因与运载体结合　基因表达载体的构建(即目的基因与运载体结合)是实施转基因技术的第二步，也是转基因技术的核心。

3. 将目的基因导入受体细胞　将目的基因导入受体细胞是实施转基因技术的第三步。目的基因的片段与运载体在生物体外连接形成重组 DNA 分子后，下一步是将重组 DNA 分子引入受体细胞中进行扩增。转基因技术中常用的受体细胞有大肠杆菌、枯草杆菌、土壤农杆菌、酵母菌和动植物细胞等。

4. 目的基因的检测和表达　目的基因导入受体细胞后，是否可以稳定维持和表达其遗传特性，只有通过检测与鉴定才能知道。这是转基因技术的第四步工作。

基 因 疗 法

基因是"生命的设计图"，所以当基因因为突变、缺失、转移或是不正常的扩增而"出错"时，细胞制造出来的蛋白质数量或是形态就会出现问题，人体也就生病了。所以要治疗这种疾病最根本的方法，就是找出基因发生"错误"的地方和原因，把它矫正回来，疾病自然就会痊愈了。

所谓基因疗法,即是通过基因水平的操作来治疗疾病的方法。

美国医学家 W·F·安德森等人对腺苷脱氨酶缺乏症(ADA 缺乏症)的基因治疗,是世界上第一个基因治疗成功的范例。安德森对一例患 ADA 缺乏症的 4 岁女孩进行基因治疗。这个 4 岁女孩由于遗传基因有缺陷,自身不能生产 ADA,先天性免疫功能不全,只能生活在无菌的隔离帐里。他们将含有这个女孩自己的白细胞的溶液输入她左臂的一条静脉血管中,这种白细胞都已经过改造,有缺陷的基因已经被健康的基因所替代。在以后的 10 个月内她又接受了 7 次这样的治疗,同时也接受酶治疗。另一名患同样病的女孩也接受了同样的治疗。两患儿经治疗后,免疫功能日趋健全,能够走出隔离帐,过上了正常人的生活,并进入普通小学上学。

尽管目前只有极少数的基因疗法开始在临床试用,大多数还处于研究阶段,但它的潜力极大、发展前景广阔。

【思考与练习】

1. 什么是基因?
2. DNA 基本单位是_____,结构是_____。
3. 碱基互补配对的原则是_____。
4. 简述遗传产生的原因。

第二节 遗传的基本规律

问题和现象

传说英国有位美貌异常的女演员,曾写信向大文豪萧伯纳求婚。信的意思是说,她不嫌萧伯纳年迈丑陋,因为他是个天才,"假如能使美貌的女郎和超人的天才结合起来,那该是多么谐调啊,咱们的后代有你的智慧和我的外貌,那一定是十全十美的了"。萧伯纳给她回了一封信说,她的想象很是美妙,但是此事的风险也颇高,"假如生下的孩子,外貌像我,而智慧又像你,那该如何是好呢"。

生物的性状由基因控制,在生殖过程中基因由亲代传递给子代并控制子代的性状。上面故事中的美貌和智慧虽然与遗传有关,但后天因素也比较重要,究竟会出现貌美又聪明的孩子还是丑陋又愚笨的孩子不能随意下结论,因为影响因素太多,但对于一些简单的性状,今天却可以通过父母的性状来预测孩子的性状。例如,一对夫妇一个是双眼皮,一个是单眼皮,那么他们所生的孩子是单眼皮还是双眼皮呢?要解决这个问题,就要先了解遗传的基本规律。

一、基因分离定律

同一种生物的同一个性状常有不同的表现类型,如人的头发有卷发和直发、鼻梁有高鼻梁和矮鼻梁、有人脸上有酒窝有的无酒窝等,生物学上把同一种生物的同一性状的不同表现类型称为相对性状。

遗传学奠基人孟德尔从 1857～1864 年,连续作了 8 年豌豆杂交试验。首先,他选择严格自花授粉的豌豆作为试验材料,并从复杂的性状中选择简单的、区别明显的一对性状着手,分别对 7 对性状作了系统的遗传杂交试验;对杂合体后代逐代统计性状表现不同的植株数目,分析它们的比例关系。他根据自己的试验结果揭示出了一对性状的遗传规律,即后来遗传学中所称的"基因分离定律"。

孟德尔先选用了高茎和矮茎这对相对性状作为亲本进行杂交,豌豆在自然条件下是自花传粉、闭花传粉的植物,在开花以前受精作用就已经完成,因此,要让豌豆杂交就要进行人工异花授粉(图 3-8)。孟德尔在一组实验中用高茎豌豆作为母本,将高茎豌豆的花在授粉前去掉雄蕊,待开花后人工采集矮茎豌豆的花粉并涂抹在高茎豌豆的雌蕊上,然后用纸袋罩住防止昆虫带来其他花粉。在另一组实验中用矮茎豌豆作为母本,高茎豌豆作父本,也用同样的方法进行了去雄、授粉、套袋。将两组实验的种子种下去,得到的第一代杂交豌豆全为高茎,孟德尔又将第一代杂交豌豆的种子种下去,得到的第二代杂交豌豆既有高茎也有矮茎,高茎和矮茎的比例接近3∶1。

在遗传学上用 P 表示亲本,♀表示母本,♂表示父本,×表示杂交,⊗表示自交,即指同一花朵内或同株花朵间的相互授粉。F 表示后代,F_1 表示子一代,是指双亲杂交当代所结种子及由它所长成的植株。F_2 表示子二代,是指 F_1 自交所结种子及由它所长成的植株,同理 F_3、F_4 分别表示子三代、子四代,分别是 F_2、F_3 自交结的种子及由它们所长成的植株等。另外要说明,约定俗成,写杂交组合时,母本写在"×"之前,父本写在"×"之后,以后如不标明,"×"之前都代表母本,"×"之后都代表父本。上述实验的结果可表示为图 3-9。

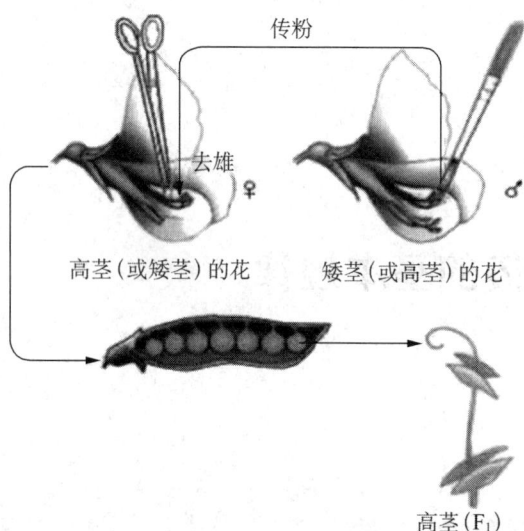

图 3-8　豌豆杂交试验

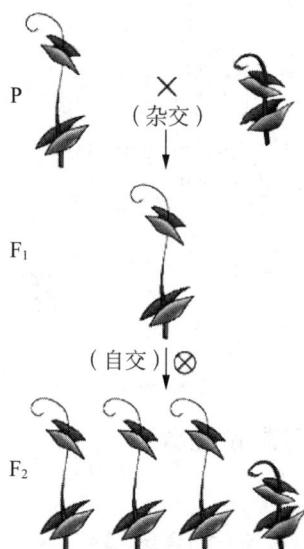

图 3-9　豌豆杂交试验结果

孟德尔用另一对相对性状红花和白花做实验,结果显示红花×白花所产生的 F_1 植株,全部开红花,F_2 出现了红花、白花两种类型,两者比例接近3∶1。用白花(♀)×红花(♂)杂交,所得结果与前一组合完全一致,即 F_1 全部开红花,F_2 群体中既有红花也有白花,两者比例也接近3∶1。如将前一组合称作正交,后一组合则称作反交。正交和反交的结果一致,说明 F_1 和 F_2 的性状表现不受亲本组合方式的影响,即父本和母本对杂合体的影响是对等的。孟德尔在豌豆的其他几对相对性状的杂交试验中,都获得相似的试验结果,即在 F_1 中只表现出一种性状,F_2 中表现出两种性状,说明 F_1 中没有表现出来的性状并没有消失,而是隐藏起来。他将一对相对性状在 F_1 中表现出来的性状叫作显性性状,在 F_1 没有表现出来的性状叫作隐性性状,在 F_2 中不同个体分别表现出显性和隐性的现象叫作分离现象。

豌豆的 7 对相对性状的杂交试验都得到了相同的结果,说明遗传具有某种规律。他作了如下假设:生物的性状由遗传因子所控制(后人把这种遗传因子称为基因)。相对性状由相对基因控制。相对基因也称为等位基因,即位于同源染色体相同位点上的基因,等位基因有显性和隐性两种,显性基因控制显性性状,隐性基因控制隐形性状。体细胞中基因成对存在,形成配子时等位基因分别进入不同的配子,每个配子只能得到等位基因中的一个,因而配子中基因成单存在。来自母本和来自父本的配子结合后形成的受精卵中等位基因又恢复成对。

根据上述假设,孟德尔圆满地解释了他的实验结果。以豌豆茎高杂交试验为例,用英文大写字母 D 表示显性的高茎基因,小写字母 d 表示隐性的矮茎基因。高茎亲本体细胞内应有一对高茎基因 DD,矮茎亲本体细胞则有一对矮茎基因 dd。配子中基因成单存在,只能得到等位基因中的一个,则高茎亲本产生 D 配子,矮茎亲本产生 d 配子。双亲配子结合,F_1 体细胞内的一对基因应为 Dd,因为 D 对 d 为显性,故 F_1

植株全部为高茎,F₁产生配子时,Dd分离分别进入不同配子,产生两种配子,一种带基因D,另一种带基因d,两种配子数目相等;雌雄配子都如此。当F₁自交时,含有两种遗传物质的雌雄配子随机结合就产生了DD、Dd、dd三种基因型的F₂,其比例为1:2:1,基因型为DD、Dd的F₂表现为高茎,基因型为dd的F₂表现为矮茎,高茎与矮茎的比例为3:1,遗传图解如图3-10所示。

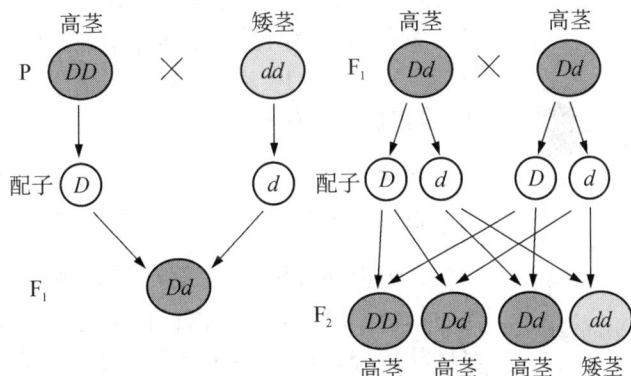

图3-10 豌豆茎高杂交试验遗传图解

生物体内的基因组成如DD、Dd、dd等叫作基因型。生物个体具体表现出来的性状称作表现型。两个等位基因相同时,遗传学上称作纯合基因型,具有纯合基因型的个体称作纯合子。两个等位基因不同的基因型称作杂合基因型,具有杂合基因型的个体称作杂合子。纯合子只产生一种配子,自交后代无分离,表现了遗传的稳定性;杂合子产生多种类型的配子,经自交受精后出现性状分离,表现了遗传的不稳定性。基因型是性状表现的内在因素,故可根据表现型分析推断基因型。基因型与表现型是不同的概念。如基因型DD和Dd是有所区别的,但其表现型都是高茎,而矮茎豌豆则可以确定其基因型为dd。此外,表现型是基因型与环境作用的结果,如一对同卵双胞胎,一个长期在野外,一个长期在室内,长期在野外的一个人的肤色比在室内的一个人黑,两人的基因型相同,但表现型不同。

为了验证上面的解释是否正确,孟德尔进行了一个测交实验。测交法是孟德尔最早提出的测定某个体基因型的方法,即把被测验的个体与隐性纯合亲本杂交。按照分离规律,一对相对性状差异的两个亲本杂交,F₁是杂合基因型,产生两类数目相等的配子。只要证明F₁确实产生了两类数目相等的配子,就表明分离规律是正确的。孟德尔用F₁的高茎豌豆与隐性的矮茎豌豆测交,结果如图3-11所示。

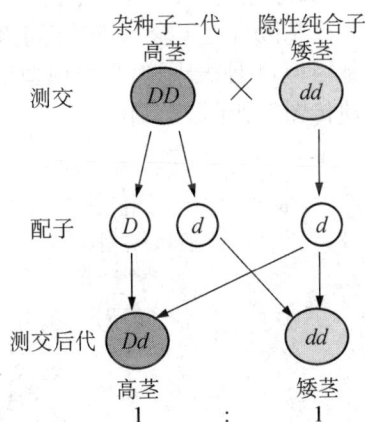

图3-11 豌豆测交试验遗传图解

实验中矮茎亲本和测交子代的矮茎豌豆的表现型是隐形性状,其基因型必然是隐性纯合的dd,矮茎亲本只能产生一种d配子,测交子代中矮茎豌豆的另一个d基因应该来自于被测F₁,说明被测高茎F₁产生了一种d配子;测交子代中的高茎豌豆,其基因型只能是Dd,D基因也只能是来自于被测的高茎F₁;由此可知,被测高茎F₁确实产生了D和d两类配子。测交子代高茎85株,矮茎81株,高茎和矮茎的比例约为1:1,与推测中的结果相同。证明了孟德尔的解释是可行的。

随着细胞生物学的发展,科学家发现了基因分离定律的实质:控制生物性状的等位基因位于一对同源染色体上,每个基因都能独立地发挥遗传效应,在减数分裂形成配子时等位基因随着同源染色体分别进入不同配子,受精时雌雄配子随机结合,在合子中重新形成等位基因。

二、基因自由组合定律

在研究了一对相对性状的遗传规律后,孟德尔仍以豌豆为材料,选取具有两对相对性状差异的品种作为亲本进行杂交。以圆粒种子、黄色子叶植株作母本,皱粒种子、绿色子叶植株为父本杂交。F₁都是圆粒种子、黄色子叶,表明种子圆粒和子叶黄色是显性,与分别单独研究这两对性状的结果是一致的。由F₁种

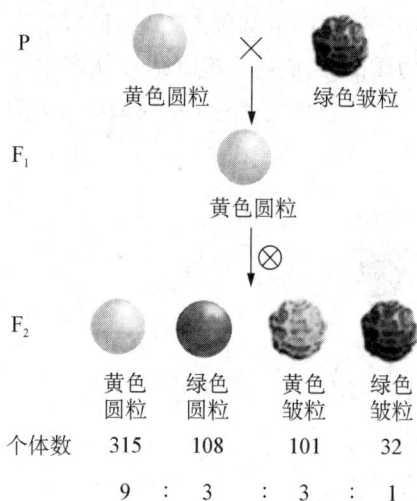

图 3－12　两对相对性状差异品种的杂交

子长成的植株自交，得到 F_2 种子有 4 种表现型，而且存在着一定的比例关系，实验结果如图 3－12。

从图 3－12 可见，F_2 中子叶黄色、圆粒种子和子叶绿色、皱粒种子分别与两种亲本相同，称为亲本类型；黄色子叶、皱粒种子和绿色子叶、圆粒种子两种类型是亲本之间性状的重新组合，称为重组类型。黄色圆粒、绿色圆粒、黄色皱粒、绿色皱粒四种表现型之间的比例为 9：3：3：1。若把 F_2 种子的表现型按一对相对性状归纳分析，可得如下比例：

黄色：绿色 ＝（315＋101）：（108＋32）＝ 416：140 ＝ 3：1

圆粒：皱粒 ＝（315＋108）：（101＋32）＝ 423：133 ＝ 3：1

根据上述分析，具有两对相对性状差异的亲本杂交时，杂交后代中每对相对性状的分离比例都是 3：1，符合分离规律，说明各相对性状的分离是独立的，互不干扰。综合起来看这两对性状的遗传行为，F_2 出现了重组类型，说明控制这两对性状的两对等位基因各自分离之后是自由组合的。于是，孟德尔做出了如下假设：两对相对性状由两对非等位基因控制，形成配子时，各对等位基因的分离互不干扰，独立进行，等位基因分离进入不同的配子，非等位基因自由组合进入同一配子，这一定律称为基因自由组合定律。按照基因自由组合定律，上述杂交试验中，用 Y 和 y 分别代表黄色子叶和绿色子叶的一对等位基因，R 和 r 分别代表圆粒种子和皱粒种子的一对基因。黄色子叶、圆粒种子亲本的基因型为 YYRR，绿色子叶、皱粒种子亲本的基因型为 yyrr。黄、圆亲本是纯合基因型 YYRR，只形成一种配子 YR，同理，绿、皱亲本 yyrr 也只能形成一种配子 yr，受精结合 F_1 基因型为 YyRr。F_1 形成配子时，Yy 等位基因分离进入不同的配子，每个配子要么得到 y，要么得到 Y。同样的，Rr 等位基因也如此分离。Y、y 和 R、r 之间自由组合，共形成 4 种配子，YR、yr、yR、Yr，数目相等。雌配子和雄配子皆如此。受精时雌雄配子随机结合，共有 16 种组合方式，共有 9 种基因型，4 种表现型。其中黄色子叶、圆粒种子占 9/16；黄色子叶、皱粒种子占 3/16；绿色子叶、圆粒种子占 3/16；绿色子叶、皱粒种子 1/16。其基因传递行为可见图 3－13。

基因自由组合定律是否正确仍可用测交法来验证。两对性状的遗传，F_2 要实现 16 种配子组合，9 种基因型，4 种表现型，且表现型比例为 9：3：3：1，关键是杂合体 F_1 要产生 4 种数目相等的配子。其测交遗传图解如图 3－14。

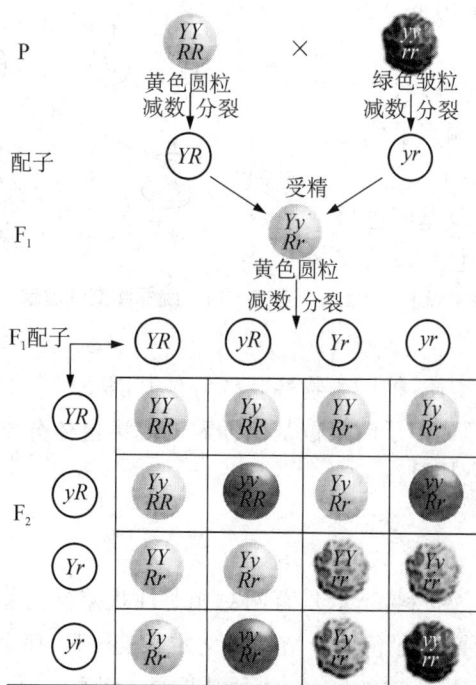

图 3－13　基因自由组合定律

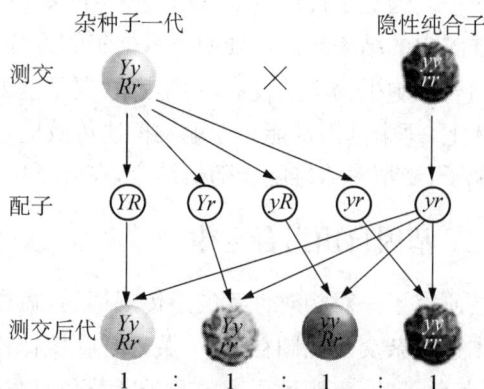

图 3－14　自由组合定律的验证

如图3-14所示,按基因自由组合定律推测,测交后代应有黄色圆粒、黄色皱粒、绿色圆粒、绿色皱粒4种表现型,且比例为1∶1∶1∶1。在孟德尔的测交实验中,测交后代4种表现型数目相等,表明基因自由组合定律是正确的。

基因分离定律的实质是:控制不同性状的非等位基因,位于非同源染色体上,在减数分裂形成配子时,同源染色体上的等位基因发生分离,而位于非同源染色体上的非等位基因之间自由组合。

利用以上两个定律,做出遗传图解,便可预测一些简单性状的遗传结果。

【阅读与扩展】

生男生女的概率

在封建社会,重男轻女的思想很严重,人们又不清楚生男生女的原因,错误地认为生男生女由女性决定,许多女性在生了女孩后常常受不到家人的尊重,甚至招来埋怨。

性别也是人的一种性状,同样由基因控制。染色体是基因的载体。人类的细胞中有23对染色体,相比较后发现男女有22对染色体是相同的,这些相同的染色体被称之为常染色体,但是还有1对染色体不同,它被叫作性染色体,正是它决定了人类的性别。人的性别实际上是由Y染色体上的SRY基因来决定的。女性的两条都是X染色体(即XX),没有SRY基因,性腺发育为卵巢。而男性则X和Y各一条(即XY),性腺发育为睾丸。婴儿从父母两边各承袭一条染色体,由于来自母亲卵子的一定是X,因此婴儿性别全看精子携带的是X还是Y。

由于男性可产生数量相等的X精子(携带X染色体的精子)与Y精子(携带Y染色体的精子),加之它们与卵子结合的机会相等,所以生男生女的概率是相等的。理论上,在整个人群中男女性别之比大致1∶1。因此,生男生女的概率是均等的,且不受父母的主观控制,总体情况来看男女性别是平衡的(图3-15,表3-1)。

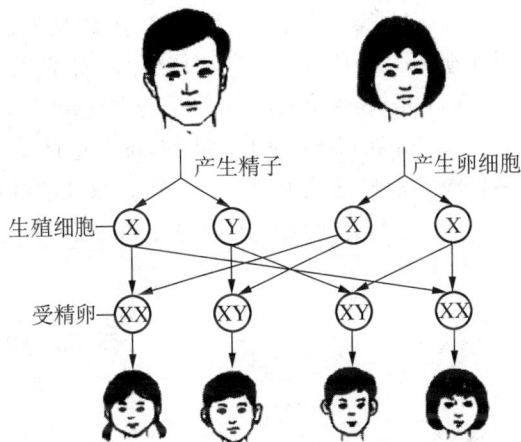

图3-15 生男生女图解

表3-1 人类常见性状的显隐性

显性性状	隐性性状	显性性状	隐性性状
皮肤毛发眼睛正常颜色	白化现象	正常视力	近视
黑色毛发	浅色毛发	辨色能力正常	色盲
非棕黄色毛发	棕黄色毛发	下悬的耳垂	长合的耳垂
卷发	直发	正常听觉	先天性耳聋
头发中有一绺白发	同种颜色的头发	厚嘴唇	薄嘴唇
汗毛多	汗毛少	舌头有卷成槽型的能力	舌头无卷成槽型的能力
男人秃顶蓝色或黑色眼睛	头发正常褐色眼睛	血型 A、B、AB	血型 O
大眼睛	小眼睛	血液凝集正常	血友病
长睫毛	短睫毛		

【思考与练习】

1. 下列各组生物性状中属于相对性状的是（　　　）。

A．番茄的红果和圆果　　　　　　　　　　B．水稻的早熟和晚熟

C．绵羊的长毛和细毛　　　　　　　　　　D．棉花的短绒和粗绒

2. 下面是关于基因型和表现型的叙述，其中错误的是（　　　）。

A．表现型相同，基因型不一定相同

B．基因型相同，表现型一般相同

C．在相同环境中，基因型相同，表现型一定相同

D．在相同环境中，表现型相同，基因型一定相同

3. 基因为 $DdTt$ 和 $ddTT$ 的亲本杂交，子代中不可能出现的基因型是（　　　）。

A．$DDTT$　　　　　B．$ddTT$　　　　　C．$DdTt$　　　　　D．$ddTt$

4. 人类的多指是一种显性遗传病，白化病是一种隐性遗传病，已知控制这两种疾病的等位基因都在常染色体上，而且都是独立遗传的。在一个家庭中，父亲是多指，母亲正常，他们有一个患白化病但手指正常的孩子，则下一个孩子正常和同时患有两种疾病的概率分别是（　　　）。

A．3/4，1/4　　　　B．3/8，1/8　　　　C．1/4，1/4　　　　D．1/4，1/8

5. 向日葵种籽粒大（B）对粒小（b）是显性，含油少（S）对含油多（s）是显性，这两对等位基因按自由组合规律遗传。今有粒大油少和粒小油多的两纯合体杂交，试回答下列问题：

（1）F_2 表现型有哪几种？其比例如何？

（2）如获得 F_2 种子 544 粒，按理论计算，双显性纯种有多少粒？双隐性纯种有多少粒？粒大油多的有多少粒？双显性纯种_____粒。双隐性纯种_____粒。性状为粒大油多的_____粒。

（3）怎样才能培育出粒大油多，又能稳定遗传的新品种？

第三节　生物的变异

问题和现象

　　2011 年 3 月 11 日，日本福岛发生 8.9 级地震，数万人在灾难中丧生，福岛第一核电站发生核泄漏。核辐射污染阴霾久久不能散去。网络流传的一系列"基因突变蔬菜"。基因突变是如何产生的呢？生物的变异都是由基因突变引起的吗？

　　生物的子代与亲代之间，子代与子代之间存在的差别称为变异。在丰富多彩的生物界中，蕴含着形形色色的变异现象。在这些变异现象中，有的仅仅是由于环境因素的影响造成的，并没有引起生物体内的遗传物质的变化，因而不能够遗传下去，属于不遗传的变异。有的变异现象是由于生殖细胞内的遗传物质的改变引起的，因而能够遗传给后代，属于可遗传的变异。可遗传的变异有 3 种来源：基因突变，基因重组，染色体变异。基因重组在前面已经进行了介绍，下面将只介绍基因突变和染色体变异。

一、基因突变

　　基因突变是指染色体上发生碱基对的增添、缺失或改变，从而导致基因的结构发生改变。由于基因中碱基序列的改变，它所包含的遗传信息也发生相应的改变，经过表达后产生结构异常的蛋白质或酶，形成异常的性状。血红蛋白异常就是基因突变引起的疾病。

　　血红蛋白由珠蛋白和血红素组成，每个珠蛋白由两条 α 链和两条 β 链构成。α 链包括 141 个氨基酸，β 链包括 146 个氨基酸，它们分别受 α 链基因和 β 链基因控制。无论 α 链基因或 β 链基因都可能突变为致病

基因,导致血红蛋白的结构异常,出现一些临床症状。已发现的近400种异常血红蛋白中,绝大多数都是α链或β链上单个氨基酸的改变,现举例如下(图3-16):

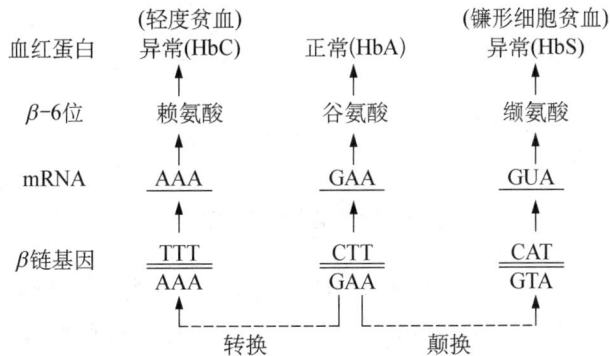

图3-16 轻度贫血和镰形细胞贫血

上述实例看出,镰形细胞贫血(HbS)和轻度贫血(HbC)都是由β链基因中某个碱基置换造成的。但是,前者(HbS)由于血红蛋白分子结构的改变,使其在静脉血中氧分压低的情况下发生凝胶化,引起红细胞发生镰变。镰形细胞膜易受损伤而被网状内皮细胞破坏,出现溶血性贫血症状;后者(HbC)的临床症状轻,为轻度贫血。

基因突变是生物变异的根本来源,虽然大多数突变是不利的,但从生物发展的历程来看,基因突变是生物进化发展的根本源泉,也是育种资源的重要源泉。因为基因发生突变后,由原来基因控制的性状就会发生改变(变异),而且这种改变是能够遗传的,因而基因突变可以大大丰富新的生物类型。在自然界里,基因突变是普遍存在的。人类通过选择,曾育成了不少品种,如有名的矮脚安康羊就是利用基因突变选育出来的(图3-17)。

我国在20世纪60年代利用基因突变育成了矮秆水稻良种矮脚南特,对我国水稻矮秆育种起了很大的促进作用。其他如玉米的糯性、棉花的鸡脚叶和短果枝、蓖麻的无棘

图3-17 安康羊(左)与正常羊

果、家兔的白化、牛的无角、狐的银白色、貂的蓝色皮毛、鸡的丝羽、家蚕的透明皮肤等,都是自然界中基因突变的结果。今后,人们仍将继续利用基因突变来为人类服务。

基因突变可以在自然情况下发生,这称为自发突变,也可以人为地利用某些理化因素诱发基因突变,这称为诱发突变。由于诱发突变出现的频率较高,因此诱发突变已成为创造育种材料的一种重要手段。

二、染色体变异

染色体变异是指生物体内的染色体发生改变,基因跟着发生改变,导致生物的性状也发生改变。染色体变异包括染色体的结构变异和数目变异两种。

(一) 结构变异

基因是以一定的次序排列在染色体上,这种结构和次序在一般的情况下有相对的稳定性,这是遗传学基本规律成立的前提。然而,染色体结构的稳定是相对的,变化是绝对的。在复杂的自然条件下,甚至在营养、温度、生理等因素有变化时,有些染色体会发生折断。例如,人为施加某些物理因素(如紫外线、X射线、射线、中子等)或化学药剂处理细胞,染色体折断的频率会大大地增加。折断的染色体可能按原来的直线顺序再次接合起来;也可能在再次接合时改变了原来的顺序;或者同其他染色体的断片接合。后两种情况都会造成染色体结构的变异。染色体结构变异主要有缺失、重复、倒位、易位4类(图3-18)。

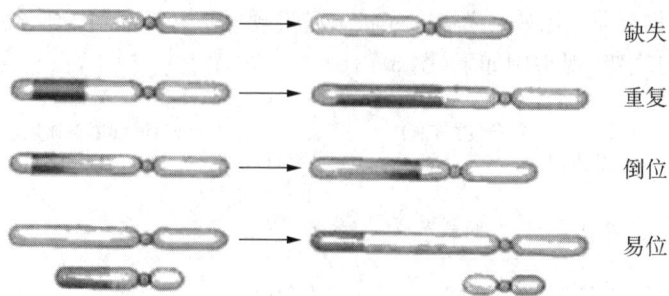

图 3－18　染色体结构变异

1. **缺失**　染色体中某一片段的缺失。例如,猫叫综合征是人的第 5 号染色体部分缺失引起的遗传病,因为患病儿童哭声轻,音调高,很像猫叫而得名。猫叫综合征患者的两眼距离较远,耳位低下,生长发育迟缓,而且存在严重的智力障碍;果蝇的缺刻翅的形成也是由于一段染色体缺失造成的。

2. **重复**　染色体增加了某一片段。果蝇的棒眼现象就是 X 染色体上的部分重复引起的。

3. **倒位**　染色体某一片段的位置颠倒了 180°,造成染色体内的重新排列。如女性习惯性流产(第 9 号染色体长臂倒置)。

4. **易位**　染色体的某一片段移接到另一条非同源染色体上或同一条染色体上的不同区域。如惯性粒白血病(第 14 号与第 22 号染色体部分易位)。

（二）数目变异

各种生物染色体的数目一般是恒定的,但是在进化过程中由于多种因素影响,染色体的数目也可能发生变异。染色体数目变异也是生物进化的一种重要方式。染色体数目变异有时以染色体为单位发生,有时以染色体组为单位发生。

在生物配子细胞中的一套非同源染色体,载有细胞或生物生长发育所必需的一套基因,这些染色体称作一个染色体组。染色体组是一个遗传的基本单位。同一染色体组各条染色体形态、结构、基因各不相同,但它们构成一个完整而协调的体系,保证了正常的生命活动,缺少其中一条都会导致性状的变化。若某生物体细胞中仅含有一个染色体组就叫作一倍体,如雄性蜜蜂。在自然界中,多数物种的体细胞内含有两个完整的染色体组,即二倍体,如人类。生物体细胞内多于两个染色体组的整倍体,如 3 倍体、4 倍体、5 倍体等统称为多倍体,如香蕉是三倍体、马铃薯是四倍体、有的草莓是五倍体、普通小麦是六倍体。体细胞中含有本物种配子染色体数目的个体叫作单倍体。单倍体植物虽然高度不育、植株弱小,但由于单倍体中染色体是成单的,基因也是成单的,因而它是人们进行遗传操作的理想材料,人们在单倍体水平上所进行的遗传操作,通过加倍后就能在双倍体上及时表现,同时单倍体也用于培育优良品种的极好材料。

染色体数目除整倍性变异外,还存在一种非整倍性变化,即在正常合子数 2n 的基础上,多出一个或一个以上若干个染色体。由这种变化所产生的个体,体细胞的染色体数均不是基数的完整倍数,即体细胞内均含有不完整的染色体组,遗传学上称这样的个体为非整倍体。如特纳综合征患者的体内只有一条 X 染色体。21 三体综合征患者的体内就有 3 条 21 号染色体。

【阅读与扩展】

人类遗传病与优生

一、遗传病的概念

人类遗传病通常是指由于遗传物质改变而引起的人类疾病,主要可以分为单基因遗传病、多基因遗传病和染色体异常遗传病三大类。

（一）单基因遗传病

单基因遗传病(简称单基因病)是指受一对等位基因控制的遗传病。目前世界上已经发现的这类遗传病约有 6 500 多种。据估计,每年新发现的这类遗传病,还在以 10~50 种的速度递增。可见,单基因遗传病已经对人类健康构成了较大的威胁。

单基因遗传病大体有两类情况:一类是由显性致病基因引起的,如并指、软骨发育不全、抗维生素 D 佝偻病等;另一类是由隐性致病基因引起的,如白化病、先天性聋哑、苯丙酮尿症等。

软骨发育不全是一种由常染色体上的显性致病基因引发的显性遗传病。这种病的患者表现出异常的体态:四肢短小畸形,上臂和大腿表现得尤为明显;腰椎过度前凸,腹部明显隆起;臀部后凸。患者身材短小。据研究,软骨发育不全是由致病基因 A 导致长骨端部软骨细胞的形成出现障碍而引起的一种侏儒症。这种病的纯合子患者的病情严重,大多数死于胎儿期或新生儿期。

抗维生素 D 佝偻病是由位于 X 染色体上的显性致病基因控制的一种遗传性疾病。患者由于对磷、钙吸收不良而导致骨发育障碍。患者常常表现为 X 型(或 O 型)腿、骨骼发育畸形(如鸡胸)、生长缓慢等症状。

苯丙酮尿症是新生儿中发病率较高的一种隐性遗传病。决定这种病的基因位于常染色体上。患者由于缺少了正常基因 P(基因型是 pp),导致体细胞中缺少了一种酶,从而使体内的苯丙氨酸不能按正常的代谢途径转变成酪氨酸,只能按另一条代谢途径转变成苯丙酮酸。苯丙酮酸在体内积累过多,就会对婴儿的神经系统造成不同程度的损害。患儿在 3~4 个月后出现智力低下的症状(如面部表情呆滞),并且头发色黄,尿中也会因为含过多的苯丙酮酸而有异味。这种病主要通过尿液化验来诊断。

进行性肌营养不良(假肥大型)是一种由位于 X 染色体上隐性致病基因控制的一种遗传病。患儿由于肌肉萎缩、无力而导致行走困难,患病后期双侧腓肠肌呈假性肥大(肌组织被结缔组织替代)。患儿多于 4~5 岁发病,20 岁以前死亡。临床上常用针灸和按摩的方法来改善肌肉的萎缩状况。

(二)多基因遗传病

多基因遗传病是指由多对基因控制的人类遗传病。多基因遗传病不仅表现出家族聚集现象,还比较容易受环境因素的影响。目前已发现的多基因遗传病有一百多种,主要包括一些先天性发育异常和一些常见病,如唇裂、无脑儿、原发性高血压和青少年型糖尿病等都属于多基因遗传病。多基因遗传病在群体中的发病率比较高。

(三)染色体异常遗传病

如果人的染色体发生异常,也可以引起许多种遗传病,这些病在遗传学上叫作染色体异常遗传病(简称染色体病)。目前已经发现的人类染色体异常遗传病已有 100 多种,这些病几乎涉及每一对染色体。由于染色体变异可以引起遗传物质较大的改变,因此染色体异常遗传病往往造成较严重的后果,甚至在胚胎期就引起自然流产。染色体异常遗传病可以分为常染色体病和性染色体病。

常染色体病是指由于常染色体变异而引起的遗传病,如 21 三体综合征。性染色体疾病由性染色体异常引起,如特纳综合征。

二、遗传病对人类的危害

遗传病的发生率,我国有 20％~25％ 的人患有各种遗传病。有关资料表明:我国每年新出生的儿童中,约有 1.3％ 有先天缺陷,据估计,其中 70％~80％ 是由于遗传因素所致;在 15 岁以下死亡的儿童中,约 40％ 是由于各种遗传病或其他先天性疾病所致;在自然流产儿中,约 50％ 是染色体异常引起的。仅以 21 三体综合征来看,我国每年出生的这种患儿就高达 2 万人。我国人口中患 21 三体综合征的患者总数,估计不少于 100 万人,这种病不仅危害着数百万人的身体健康,而且贻害子孙后代,给患者的家庭带来沉重的经济负担和精神负担,也给社会增加了负担。

此外,随着人类社会环境污染等问题的出现,也使遗传病和其他先天性疾病的发病率不断增加,尤其是江、河、湖泊等水源污染严重的地区,上述疾病的发病率增高的趋势更为明显。面对这种现状,除了必须重视对人类生存环境和医疗卫生条件的改善外,一个最为有效的方法就是提倡和实行优生。

三、优生的概念

优生,就是让每一个家庭生育出健康的孩子。这个问题早在 100 年以前就引起了人们的注意。英国学者高尔顿在 1883 年首先提出了"优生学"一词。优生学就是应用遗传学原理改善人类遗传素质的科学。

优生学可划分为预防性优生学和进取性优生学。预防性优生学也叫负优生学,主要是研究如何降低人群中不利表现型的基因频率,减少或消除有严重遗传病和先天性疾病的个体出生。预防性优生学的具体内容包括遗传咨询、产前诊断、宫内治疗等。进取性优生学也叫正优生学,主要是研究如何增加有利表现型的基因频率。近些年来兴起的人工授精、人体胚胎移植、DNA重组等技术,为进取性优生学开辟了广阔的前景。

目前,在我国实行的计划生育政策,无疑对控制我国人口的增长、提高人民的健康水平和生活水平具有十分重要的意义。我们在控制人口数量增长的同时,还应该进一步提高人口的质量。我国是一个人口大国,我国人口的身体素质与一些发达国家相比,在婴儿死亡率、平均寿命等项指标方面还存在着差距,同社会主义现代化建设的需要还不相适应,因此,提倡优生,开展优生学的研究,已成为我国人口政策中的一项重要内容。

四、优生的措施

为了达到优生的目的,应该采取哪些措施呢?目前,我国开展优生工作的主要措施有以下4点。

(一)禁止近亲结婚

我国的婚姻法规定"直系血亲和三代以内的旁系血亲禁止结婚"。所谓直系血亲就是指从自己算起,向上推数三代和向下推数三代,如父母、祖父母(外祖父母)、子女、孙子女(外孙子女)等。所谓三代以内旁系血亲,是指与祖父母(外祖父母)同源而生的、除直系亲属以外的其他亲属,如同胞兄妹、堂兄妹、表兄妹、叔(姑)侄、姨(舅)甥等(图3-19)。为什么要禁止近亲结婚呢?科学家推算出,每个人都携带有5~6个不同的隐性致病基因。在随机结婚的情况下,夫妇双方携带相同致病基因的机会很少,但是,在近亲结婚的情况下双方从共同祖先那里继承同一种致病基因的机会就会大大增加,双方很可能都是同一种致病基因的携带者。这样,他们所生的子女患隐性遗传病的机会也就会大大增加,往往要比非近亲结婚者高出几倍、几十倍、甚至上百倍。研究资料表明:表兄妹结婚,他们的后代患苯丙酮尿症的风险高于非近亲结婚者8.5倍,而患白化病的风险则要高13.5倍。因此,禁止近亲结婚是预防遗传性疾病发生的最简单有效的方法。

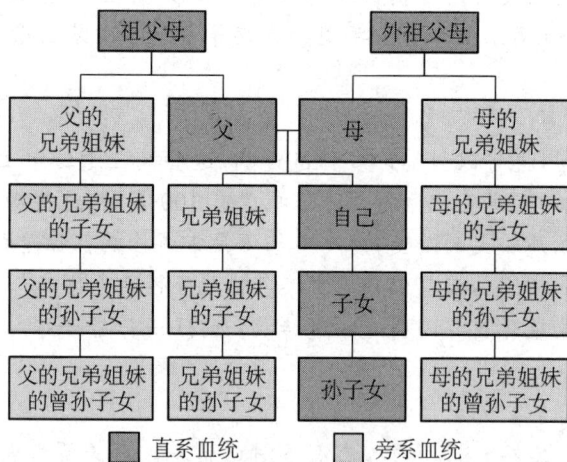

图3-19 血亲关系

禁止近亲结婚在我国婚姻法中虽然已有明确规定,但是在我国的一些偏远地区,"亲上加亲,亲缘不断"的旧习俗还没有彻底摈弃,近亲结婚的现象还时有发生,其中表兄妹结婚就占有一定的比例。因此,用遗传学知识宣传婚姻法,促使人们自觉地执行国家的人口政策,是每一个公民应尽的责任。

(二)进行遗传咨询

遗传咨询主要包括以下内容和步骤:①医生对咨询对象和有关的家庭成员进行身体检查,并且详细了解家庭病史,在此基础上做出诊断,如咨询对象或家庭是否患某种遗传病。②分析遗传病的传递方式,也就是判断出是什么类型的遗传病。③推算出后代的再发风险率。④向咨询对象提出防治这种遗传病的对策、方法和建议,如终止妊娠、进行产前诊断等,并且解答咨询对象提出的各种问题。由于通过遗传咨询可以让咨询者预先了解如何避免遗传病和先天性疾病患儿的出生,因此,它是预防遗传病发生的最主要手段之一。

（三）提倡"适龄生育"

女子最适于生育的年龄一般是24～29岁。由于女子的自身发育要到24～25岁才能完成，因此过早生育对母子健康都不利。统计数字表明，20岁以下的妇女所生的子女中，各种先天性疾病的发病率要比24～34岁妇女所生子女的发病率高出50%。但是，妇女过晚生育也不利于优生。例如，40岁以上妇女所生的子女中，21三体综合征患儿的发病率要比24～34岁的妇女所生子女的发病率高出10倍。由此可见，适龄生育对于预防遗传病和防止先天性疾病患儿的产出具有重要的意义。

（四）产前诊断

产前诊断又叫出生前诊断，这是指医生在胎儿出生前，用专门的检测手段，如羊水检查、B超检查、孕妇血细胞检查和绒毛细胞检查以及基因诊断等手段对孕妇进行检查，以便确定胎儿是否患有某种遗传病或先天性疾病。产前诊断方法的优点是在妊娠早期就可以将有严重遗传病和严重畸形的胎儿及时检查出来，避免这种胎儿的出生，因此，这种方法已经成为优生的重要措施之一。

人类说话源于意外基因突变

在600万～700万年前，人类与猩猩拥有共同的祖先。然而，人类最终进化成为万物之灵。

在这个星球上，人类是唯一可以用语言交流的生物。人类会说话使知识的传播成为可能，对人类文明的形成和发展具有重要而深远的影响。绝大多数研究人类起源的专家都这么认为：进行口语交流，是人类区别于其他动物的最显著的特征。

一些科学家曾成功地训练黑猩猩使用复杂的手势或辅助工具交流信息，但无论怎样训练，这些人类的远亲始终只能发出少数单词的音，"口语能力"实在是糟糕透顶。

那么，人类是从什么时候开始把噪音变成了动听的语言？科学家们已经证明，人类这种最重要的功能是在约20万年前开始的。

（一）人类拥有独特的语言基因

从20世纪60年代起，科学家们开始猜测人类拥有与语言能力有关的独特基因，理由是语言如此复杂，普通儿童都能在年幼时自然地学会说话。最新科研成果终于揭示：语言与基因之间的确存在千丝万缕的联系。

20世纪90年代，遗传科学家曾对英国一个患有罕见遗传病的家族中的3代人进行研究，这个家族被研究者称作"KE家族"。"KE家族"的24名成员中，约半数无法自主控制嘴唇和舌头的运动，在阅读上也都存在障碍，而且难以组织好句子、拼写词汇、理解和运用语法。在该家族3代人当中存在的语言缺陷使科学家们断定：他们身体中的某个基因出了问题。最初，他们把这个基因叫作"语法基因"，即"KE基因"。

为找到"KE基因"的栖身之处，牛津大学遗传学家在1998年把这个范围缩小到7号染色体区域，而这个区域存在约70个基因。该研究小组终于有了历史性的飞跃，一个被称作"CS"的英国男孩儿出现了，他虽然和"KE家族"没有任何的亲缘关系，却患类似疾病。研究者们对比两者之间的基因最终发现，一个被称为"FOXP2"的基因在这个男孩儿和"KE家族"的身上同样遭到了破坏，这也是他们患病的症结所在。

于是，这个有点拗口的"FOXP2"基因有了一个名副其实的称呼——语言基因。

研究者发现，"FOXP2"基因属于一组基因当中的一个，该组基因可以通过制造一种可以粘贴到DNA其他区域的蛋白质控制其他基因的活动。而"CS儿童"和"KE家族"的"FOXP2"基因突变，破坏了DNA的蛋白质黏合区。

具体地说，构成"FOXP2"基因的2 500个DNA单位中的一个产生了变异，致使它无法形成大脑发育早期所需的正常基因顺序。科学家们对"KE家族"的大脑图像进行研究后，发现其中患有遗传病成员的基础神经中枢出现了异常。人类口舌的正常活动正是由大脑的这个区域控制的，患者的脑皮质中与语言相关的区域也显然不能正常工作。

（二）人类会说话源于基因突变

"FOXP2"基因的发现，为基因学家们提供了一个继续寻找其他与发音相关的基因的机会，尤其是那些由它直接控制的基因。

之后，部分科学家以老鼠、猴子及人类为实验对象，研究"FOXP2"基因在不同物种中是否有不同的表现,并进一步论证语言与人类文明发展的关联。结果令人惊讶:语言源于"FOXP2"基因的变异,人类会说话是个"意外"。

遗传学家着手追溯"FOXP2"基因的进化历史。他们测定了一些灵长类诸如黑猩猩、大猩猩、猩猩和猕猴及小鼠的"FOXP2"基因,并与人类"FOXP2"基因序列进行比较。他们发现,人类与小鼠最近的共同祖先生活在约7 000万年以前,从那时到现在,"FOXP2"基因蛋白质的氨基酸序列上只产生了3处变化。其中2处变化发生在约600万年前人类支系与黑猩猩分离以后。

基因掌握着蛋白质形成的"密码",而蛋白质是生物体中一切运动的杠杆和传动装置。"FOXP2"基因上的变异明显改变了相关蛋白质的形态,因此某种程度上使得变异基因赋予人类祖先更高水平的控制嘴和喉咙肌肉的能力,从而使他们能够发出更丰富、更多变的声音,为语言的产生打下了良好的基础。

"FOXP2"的基因存在于所有哺乳动物,而该基因的变异使人类能够区别于黑猩猩,黑猩猩这个人类的远亲就只能掌握较少的语言了。

科学家发现,"FOXP2"基因关键片段上共有715个分子。其中,老鼠只有3个分子,黑猩猩只有2个。别小看这极其微小的差别,它却产生了深远的影响。

科学家们指出,这种变异正好发生在20万年前解剖学意义上的现代人出现的时候,此后,现代人就取代了原始祖先,并排挤掉其他原始的竞争对手,主宰了地球。

【思考与练习】

1. 什么是变异?
2. 什么样的变异可遗传?
3. 可遗传变异有哪些来源?

第四章

生物与环境

第一节　生态系统

问题与现象

"两个黄鹂鸣翠柳,一行白鹭上青天",这是唐朝诗人杜甫赞美大自然的名句。可是现在一些地方由于环境污染的危害,已经见不到这样的美景了。人类一直以为地球上的水和空气是无穷无尽的,所以不担心把千万吨废气送到天空去,又把数以亿吨计的垃圾倒进江河湖海。大家都认为世界这么大,这一点点废物算什么? 我们错了,其实地球虽大(半径6 371 km),但生物只能在海拔8~11 km的范围内生活。生物与环境之间存在着什么关系?

在一定的区域内,同种生物的个体组成种群,各种生物的种群组成群落。那么,生物群落与无机环境之间的关系是怎样的呢?

生物群落与它的无机环境相互作用的自然系统,叫作生态系统。生物的生存、活动、繁殖需要一定的空间、物质与能量。生物在长期进化过程中,逐渐形成对周围环境某些物理条件和化学成分,如空气、光照、水分、热量和无机盐类等的特殊需要。地球上的所有生物及其所处的无机环境构成了生物圈。生物圈是地球上最大的生态系统。

一、生态系统的结构

生态系统具有一定的结构。生态系统的结构包括两个方面的内容:生态系统的成分;食物链和食物网。

1. 生态系统的成分　生态系统一般都包括以下4种成分:非生物的物质和能量,生产者,消费者,分解者(图4-1)。

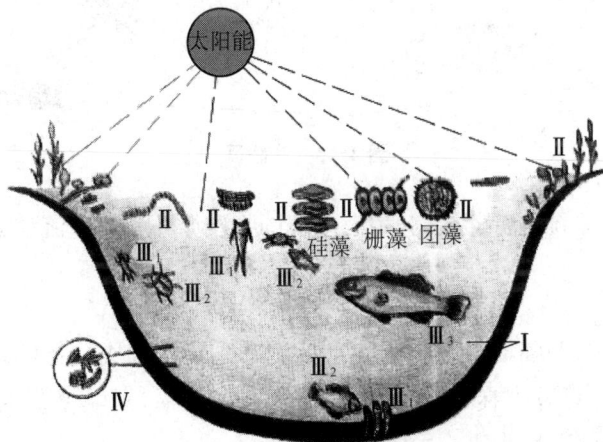

图4-1　生态系统的成分

Ⅰ.非生物的物质　Ⅱ.生产者　Ⅲ.消费者　Ⅳ.分解者

85

（1）非生物的物质和能量：非生物的物质和能量包括阳光、热能、空气、水分和无机盐等。太阳能是来自地球以外的能源。

（2）生产者：生产者是能利用简单的无机物合成有机物的自养生物。能够通过光合作用把太阳能转化为化学能，把无机物转化为有机物，不仅供给自身的发育生长，也为其他生物提供物质和能量，在生态系统中居于最重要地位。自养型生物在生态系统中都是生产者，是生态系统的主要成分。应注意的是，除了绿色植物外，能进行化能合成作用的细菌（硝化细菌等）也都是生产者。生产者能够制造有机物，为消费者提供食物和栖息场所。

（3）消费者：所谓消费者是针对生产者而言，即它们不能从无机物质制造有机物质，而是直接或间接依赖于生产者所制造的有机物质，因此属于异养生物。消费者对于植物的传粉、受精、种子传播等方面有重要作用。

（4）分解者能够将动植物的遗体分解成无机物。

生产者、消费者和分解者是紧密联系、缺一不可的。

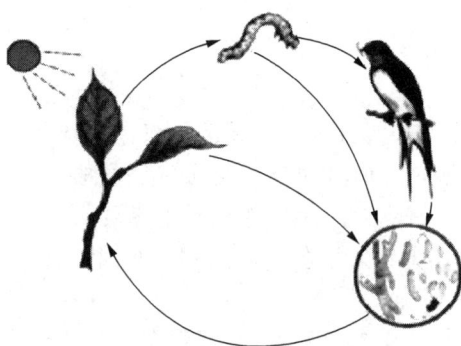

图 4-2　食物链

2. 食物链和食物网　在生态系统中，各种生物之间由于食物关系而形成的一种联系，叫作食物链（图4-2）。例如，"螳螂捕蝉，黄雀在后"，这句话的食物链应写为：草──→蝉──→螳螂──→黄雀。草为生产者，第一营养级；蝉为初级消费者，第二营养级；螳螂为次级消费者，第三营养级；黄雀为三级消费者，第四营养级。

在生态系统中，生物的种类越复杂，个体数量越庞大，其中的食物链就越多，彼此间的联系也就越复杂。因为一种绿色植物可能是多种草食动物的食物，而一种草食动物既可能吃多种植物，也可能成为多种肉食动物的捕食对象，等等，从而使各条食物链彼此交错，形成网状。在一个生态系统中，许多食物链彼此相互交错连接的复杂的营养关系，叫作食物网（图4-3）。

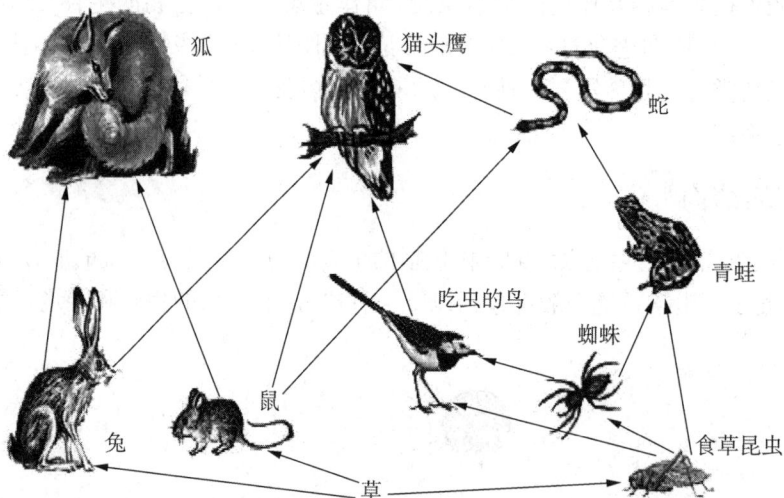

图 4-3　食物网

食物链和食物网是生态系统的营养结构，生态系统的物质循环和能量流动就是沿着这种渠道进行的。

二、生态系统的类型

地球上的生态系统可以分为陆地生态系统和水域生态系统两大类。在陆地生态系统中，根据各生态系统的植被分布情况，又可以区分为森林生态系统、草原生态系统、农田生态系统等类型。在水域生态系统中，又可以分为海洋生态系统、淡水生态系统等类型。

1. 森林生态系统　森林生态系统分布在湿润或较湿润的地区，其主要特点是动植物种类繁多，群落的结构复杂，种群的密度和群落的结构能够长期处于较稳定的状态，尤其是热带雨林生态系统。

森林中的植物以乔木为主,也有灌木和草本植物。森林中的动物由于在树上容易找到丰富的食物和栖息场所,因而营树栖和攀援生活的种类特别多,如犀鸟、长臂猿、蜂猴等(图4-4)。

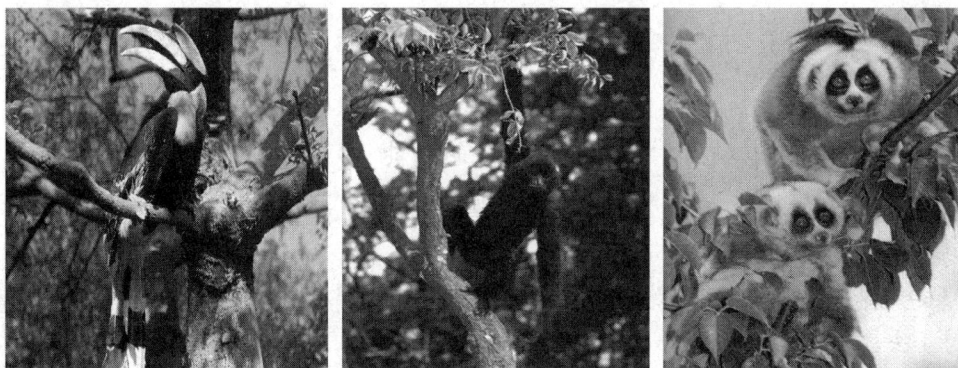

图4-4 森林中的动物

2. 草原生态系统 草原生态系统分布在干旱地区,这里年降雨量很少。与森林生态系统相比,草原生态系统的动植物种类要少得多,群落的结构也不如前者复杂。在不同的季节或年份,降雨量很不均匀,因此种群和群落的结构也常常发生剧烈变化。

草原上的植物以草本植物为主,有的草原上有少量的灌木丛。由于降雨稀少,乔木非常少见。那里的动物与草原上的生活相适应,大多数具有挖洞或快速奔跑的行为特点(图4-5)。草原上啮齿目动物特别多,它们几乎都过着地下穴居的生活。瞪羚、黄羊、高鼻羚羊、跳鼠、狐等善于奔跑的动物,都生活在草原上。

3. 农田生态系统 农田生态系统是人工建立的生态系统,其主要特点是人的作用非常关键,人们种植的各种农作物是这一生态系统的主要成员。农田中的动植物种类较少,群落的结构单一。优势群落往往只有一种或数种作物;农田生态系统的稳定有赖于一系列耕作栽培措施的人工养地,在相似的自然条件下,土地生产力远高于自然生态系统。例如,蔬菜大棚是一种具有出色的保温性能的框架覆膜结构,它的出现使人们可以吃到反季节蔬菜(图4-6)。

图4-5 草原

图4-6 蔬菜大棚

4. 海洋生态系统 海洋占地球表面积的70%,海洋是地球上综合生产力最大的一个生态系统。对于海洋生态系统来说,生物群落如相互联系的动物、植物、微生物等是其中的生物成分,而非生物成分即是海洋环境,如阳光、空气、海水、无机盐等。

5. 淡水生态系统 淡水生态系统包括河流生态系统、湖泊生态系统和池塘生态系统等类型,其中的生物都是适于在淡水中生活的(图4-7)。淡水养殖是指利用池塘、水库、湖泊、江河以及其他内陆水域,饲养和繁殖水产经济动物(鱼、虾、蟹、贝等)及水生经济植物的生产,一般面积较小而分布广泛,有利于人工管理和

图4-7 池塘

控制,以鱼类养殖为主。按养殖场所分为池塘养殖、湖泊养殖、江河养殖、水库养殖、稻田养殖、网箱养殖、微流水养殖等。

【阅读与扩展】

生态系统的功能

生态系统作为一个统一的整体,不仅具有一定的结构,而且具有一定的功能。生态系统的主要功能是进行能量流动和物质循环。

1. 生态系统的能量流动 一切生物的生命活动都需要能量。也就是说,如果没有能量的供给,生态系统就无法维持下去。

生态系统内能量的最终来源是太阳能。生产者通过光合作用将光能转变为化学能,并且将化学能贮存在有机物中。生产者所固定的能量并不能全部被初级消费者所利用:原因之一是其中一部分能量用于生产者自身的新陈代谢等生命活动,也就是通过呼吸作用被消耗掉了;原因之二是总有一部分植物未被动物采食。同样,初级消费者所获得的能量也不会全部被次级消费者所利用。以此类推,能量在沿食物链逐级流动的过程中会越来越少。经过广泛深入的研究和大量的统计分析,已经发现,在输入到一个营养级的能量中,大概只有10%～20%能量能够流动到下一个营养级。生产者和消费者的遗体和粪便等,则被分解者所利用,并且通过分解者的呼吸作用,将其中的能量释放到环境中去(图4-8)。

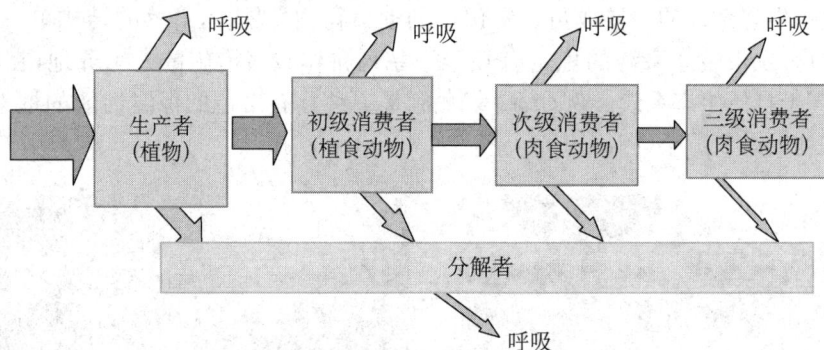

图4-8 能量流动

2. 生态系统的物质循环 在生态系统中,组成生物体的C、H、O、N等基本化学元素,不断进行着从无机环境到生物群落,又从生物群落回到无机环境的循环过程,这就是生态系统的物质循环。下面以碳的循环为例来说明生态系统的物质循环过程。

生物体中的碳元素的质量约占生物体干重的49%。碳在无机环境中是以二氧化碳或碳酸盐(石灰岩、珊瑚礁等)的形式存在的。碳在无机环境和生物群落之间是以二氧化碳的形式进行循环的。

绿色植物通过光合作用,把大气中的二氧化碳和水合成为糖类等有机物。生产者合成的含碳有机物被各级消费者所利用。生产者和消费者在生命活动过程中,通过呼吸作用,又把二氧化碳放回到大气中。生产者和消费者死后的尸体被分解者所利用,分解后产生的二氧化碳也返回到大气中。另外,由古代动植物遗体变成的煤和石油等被人类开采出来,通过燃烧大量的二氧化碳排放到大气中,加入到生态系统的碳循环中去(图4-9)。

通过上面的分析可以看出,生态系统中的物质循环和能量流动,两者具有不同的特点。在物质循环的过程中,无机环境中物质可以被生物群落反复利用;能量流动则不同,能量在流经系统各个营养级时,是逐级递减的,并且运动是单向的,不是循环的。

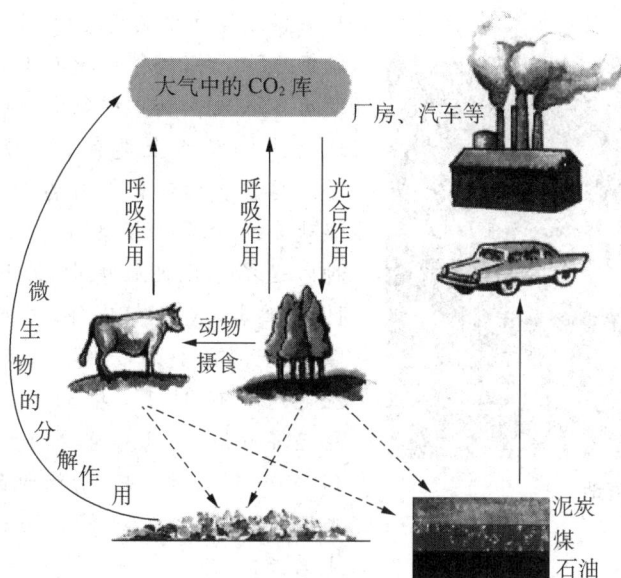

图 4-9 碳循环

3. 能量流动和物质循环的关系 生态系统中的能量流动和物质循环是同时进行的,两者相互依存,不可分割。能量的固定、转移和释放,离不开物质的合成与分解等过程。物质作为能量的载体,使能量沿着食物链(网)而流动;能量作为动力,使物质能够不断地在生物群落和无机环境之间循环往返。生态系统中的各种组成部分——非生物的物质和能量、生产者、消费者和分解者,正是通过能量流动和物质循环,才能够紧密地联系在一起,形成一个统一的整体。

热 带 雨 林

热带雨林是地球上一种常见于约北纬10°、南纬10°之间热带地区的生物群系,主要分布于东南亚、澳大利亚、南美洲亚马逊河流域、非洲刚果河流域、中美洲、墨西哥和众多太平洋岛屿。热带雨林地区长年气候炎热,雨水充足,正常年雨量为1 750～2 000 mm,全年每月平均气温超过18℃,季节差异极不明显,生物群落演替速度极快,是地球上过半数动物、植物物种的栖息居所(图4-10)。由于现时有超过四分之一的现代药物是由热带雨林植物所提炼,所以热带雨林也被称为"世界上最大的药房"。

图 4-10 热带雨林

中国的热带雨林主要分布在台湾省南部、海南岛、云南南部河口和西双版纳地区。此外,在西藏自治区墨脱县境内也有热带雨林的分布,这是世界热带雨林分布的最北边界,位于北纬29°附近,但以云南省西双版纳和海南岛的热带雨林最为典型。中国热带雨林中占优势的乔木树种是:桑科的见血封喉、大青树、马椰果、菠萝蜜,无患子科的番龙眼以及番荔枝科、肉豆蔻科、橄榄科和棕榈科的一些植物等。但是,由于中国雨林是世界雨林分布的最北边缘,因此林中附生植物较少,龙脑香科的种类和个体数量不如东南亚典型雨林多,小型叶的比例较大,一年中有一个短暂而集中的换叶期,表现出一定程度的季节变化,这是由于纬度偏高所致。

热带雨林是我们地球上最繁茂的森林植被,它具有最丰富的物种组成,最为复杂的层次结构,最为多样的群落外貌,最为奇特的生命现象,因而也就成为我们这个星球上最为宝贵的生态系统。

中 国 湿 地

中国拥有湿地面积6 600多万公顷,约占世界湿地面积的10%,居亚洲第一位,世界第四位。我国湿地分布于高原、平川、丘陵、海涂多种地域,跨越寒、温、热多种气候带,生态类型多样,生物资源十分丰富(图

图 4-11 湿地

4-11）。据初步调查统计,全国内陆湿地已知的高等植物有 1 548 种,高等动物有 1 500 种;海岸湿地生物物种约有 8 200 种,其中植物 5 000 种、动物 3 200 种。在湿地物种中,淡水鱼类有 770 多种,鸟类 300 余种。特别是鸟类在我国和世界都占有重要地位。据资料反映,湿地鸟的种类约占全国的三分之一,其中有不少珍稀种。世界 166 种雁鸭中,我国有 50 种,占 30%;世界 15 种鹤类,我国有 9 种,占 60%,在鄱阳湖越冬的白鹤,占世界总数的 95%。亚洲 57 种濒危鸟类中,我国湿地内就有 31 种,占 54%。这些物种不仅具有重要的经济价值,还具有重要的生态价值和科学研究价值。到 2005 年 2 月 2 日,青海湖的鸟岛、湖南洞庭湖、香港米埔、黑龙江兴凯湖等 30 处湿地已被列入国际重要湿地名录。

【思考与练习】

1. 下列属于生产者的是(　　)。

A. 蘑菇　　　　　　B. 食虫鸟　　　　　　C. 细菌　　　　　　D. 草

2. 人们干预自然生态系统,如围湖造田,开垦草原,其后果是(　　)。

A. 生物种类减少　　　　　　　　　B. 生物种类增多

C. 生物种类保持不变　　　　　　　D. 仍能保持生态平衡

3. 下列食物链中正确的是(　　)。

A. 阳光→植物→兔→狼　　　　　　B. 草→蛙→虫→蛇

C. 草→鼠→鹰　　　　　　　　　　D. 草→狼→虎

4. 碳元素在生态系统中是怎样循环的?

5. 生态系统的能量流动和物质循环有什么不同的特点? 两者的关系怎样?

6. 地球上的生态系统有哪些类型?

7. 在生物的种类和群落的结构等方面,不同类型的生态系统具有不同的特点,同时也有共同之处。请举例说明每种生态系统的特点。

第二节　生物与环境的关系

问题和现象

　　生物的生存环境是多种多样的。从高山之巅到海洋深处,从热带到北极,从茫茫荒漠到茂密的森林,从城市到农村,到处都生存着生物。生活着生物的环境有哪些? 能不能按照某个标准,将生物生存的环境进行归类?

一、环境对生物的影响

　　生物无论生活在什么样的环境中,都受到环境中各种因素的影响。拿马铃薯来说,它的生长发育不仅受到光、温度、水等非生物因素的影响,还受到病菌、杂草、二十八星瓢虫、蝼蛄和老鼠等生物因素的影响。

环境中影响生物的形态、生理和分布等因素,叫作生态因素。

1. **非生物因素** 非生物因素有很多种,下面只讲光、温度和水这3种非生物因素对生物的影响。

(1) 光:没有光照,植物就不能进行光合作用,也就不能生存下去。因此,光对植物的生理和分布起着决定性的作用。在陆地上,有些植物只有在强光下才能生长得好,如松、衫、柳、槐、小麦、玉米等。在小麦灌浆时期,如遇阴雨连绵的天气,就会造成小麦的减产。有些植物只有在密林下层的阴暗处才能生长得好,如药用植物人参、三七等。

光对动物的影响也很明显。例如,日照时间的长短能够影响动物的繁殖活动。有的动物需要在长日照的条件下进行繁殖,如貂;有的动物需要在短日照的条件下进行繁殖,如鹿和山羊等。根据这个原理,人们可以利用灯光和黑幕,人为地延长或缩短光照时间,从而更有效地控制动物的生殖。例如,家禽对光照的反应很敏感,光照对鸡的许多重要经济性状都有一定的影响,如公鸡的繁殖力、母鸡的性成熟、产蛋量、受精率、孵化率等。在养鸡场人们就是利用增加光照时间来增加产蛋量的。

(2) 温度:生物体的新陈代谢需要在适宜的温度范围内进行,因此温度是一种重要的生态因素。

温度对植物的分布有着重要影响。例如,在寒冷地带的森林中,针叶林较多;在温暖地带的森林中,阔叶林较多。苹果、梨等果树不宜在热带地区栽种,香蕉、凤梨(也叫菠萝)不宜在寒冷地区栽种,这些都是由于受到温度的限制。

温度能够影响动物的形态。有人发现,同一个种类的哺乳动物,在寒冷地区生活的个体,其尾、耳郭、鼻端等都比较短小,这样可以减少身体的表面积,从而尽量减少热量的散失。例如,生活在北极的极地狐与生活在非洲沙漠的沙漠狐相比,耳郭要小得多。

温度对动物的生活习性有明显的影响。在炎热的夏季,鸟类主要在晨昏较凉爽的时刻活动,中午就隐伏不动了。有些动物在夏季蛰伏在洞穴里休眠,如蜗牛等。温度降低到24℃以下时,蝉(俗称知了)就停止了鸣叫。冬天到来时,很多动物就要进入冬眠,如蛇、青蛙等。

(3) 水:一切生物的生活都离不开水。生物体内大部分是水。因此,水也是一种重要生态因素。

对植物来说,水是进行光合作用的重要原料。水在植物体内起着运输的作用,它能把有机物、无机盐和氧等物质运输到植物体的各个部位,还能够用来调节植物体的温度。对动物来说,缺水比缺少食物的后果更严重。

在一定地区,一年中的降水总量和雨季分布是决定陆生生物分布的重要因素。例如,在干旱的沙漠地区,只有少数耐干旱的动植物能够生存;而在雨量充沛的热带雨林地区,却是森林茂密,动植物种类繁多。

2. **生物因素** 自然界中的每一个生物,都受到周围很多其他生物的影响。在这些生物中,既有同种的,也有不同种的。因此,生物因素可以分为两种:种内关系和种间关系。

(1) 种内关系:生物在种内关系上,既有种内互助,也有种内斗争。

种内互助的现象是常见的。例如,蚂蚁、蜜蜂等营群体生活的昆虫,它们往往是千百只个体生活在一起,在群体内部分工合作,有的负责采食,有的负责防卫,有的专门生育后代。人们常常能够见到,许多蚂蚁一起向一只大型的昆虫进攻,并且把它搬到巢穴中去。

同种生物个体之间,由于争夺食物、空间或配偶等,有时也会发生争斗。例如,在某些水体中,如果除了鲈鱼外,没有其他鱼类,那么鲈鱼的成鱼就会以本种的幼鱼作为食物。雄鸟在占领巢区后,如果发现同种的其他雄鸟进入自己的巢区,就会奋力攻击,将来者赶走。羚羊、海豹等动物在繁殖期间,常常为争夺配偶而与同种的雄性个体进行争斗(图 4-12)。

(2) 种间关系:种间关系是指不同生物之间的关系,包括互利共生、寄生、竞争、捕食等。

图 4-12 羚羊争斗

1）互利共生：两种生物共同生活在一起，相互依赖，彼此有利，这种关系叫作互利共生。例如，豆科植物与根瘤菌之间有着密切的互利共生关系。植物体供给根瘤菌有机养料，而根瘤菌起固氮作用供植物利用。

2）寄生：生物界中寄生的现象非常普遍。例如，蛔虫、绦虫和血吸虫等寄生在其他动物体内，虱和蚤寄生在其他动物的体表，菟丝子寄生在豆科类植物上，噬菌体寄生在细菌内部，等等。

3）竞争：两种生物生活在一起，相互争夺资源和空间等，这种现象叫作竞争。例如，农田中的小麦与杂草争夺阳光、水分和养料，小家鼠与褐家鼠争夺食物，等等。

4）捕食：捕食关系指的是一种生物以另一种生物作为食物的现象。例如，草食动物中的兔以某些植物为食物，肉食动物中的狼又以兔为食物，等等。

总之，生物的生存受到很多生态因素的影响，这些生态因素共同构成了生物的生存环境。

二、生物对环境的适应

生物的生存受到许多生态因素的影响，生物只有适应环境才能生存。生物在长期的进化过程中形成了对环境的适应性。生物在适应环境的同时，对环境也有一定的影响。

1. 适应的普遍性　生物对环境的适应是普遍存在的。现在生存的每一种生物，都具有与环境相适应的形态结构、生理特征或行为。

动物在形态、结构、生理和行为等方面也有许多适应性特征。鱼的身体呈流线型，用鳃呼吸，用鳍游泳，这些都是与水生环境相适应的。家兔等陆生动物用肺呼吸，用四肢行走，体内受精，这些都是与陆生环境相适应的。猛兽和猛禽（如虎、豹、鹰等）都具有锐利的牙齿（或喙）和尖锐的爪，有利于捕食其他动物。被捕食的动物又能够以各种适应方式来防御敌害：鹿、兔、羚羊等动物奔跑速度很快；豪猪、刺猬身上长满尖刺；黄鼬在遇到敌害时能分泌臭液，等等。很多生物在外形上都具有明显的适应环境的特征，在这方面有很多生动有趣的现象，如保护色、警戒色、拟态等。

（1）保护色：动物适应栖息环境而具有的与环境色彩相似的体色，叫作保护色。具有保护色的动物不容易被其他动物发现，这对它躲避敌害或捕猎动物都是有利的。昆虫的体色往往与它们所处环境中的枯叶、绿叶、树皮、土壤等物体的色彩非常相似。生活在北极地区的北极狐和白熊，毛是纯白色的，与冰天雪地的环境色彩协调一致，这有利于它们捕猎动物。有些动物在不同的季节具有不同的保护色。例如，生活在寒带的雷鸟，在白雪皑皑的冬天，体表的羽毛是纯白色的，一到夏天就换上棕褐色的羽毛，与夏季苔原的斑驳色彩很相近（图4-13）。

（2）警戒色：某些有恶臭或毒刺的动物所具有的鲜艳色彩和斑纹，叫作警戒色。例如，黄蜂腹部黑黄相间的条纹就是一种警戒色。据有人研究，鸟类被黄蜂螫一次，会记忆几个月，当它们再见到黄蜂时就会很快地避开（图4-14）。有些蛾类幼虫具有鲜艳的色彩和斑纹，身上长着毒毛，如果被鸟类吞食，这些毒毛就会刺伤鸟的口腔黏膜，吃过这种苦头的鸟再见到这些幼虫就不敢吃了。比如，蝮蛇体表的斑纹、瓢虫体表的斑点等，都是警戒色。警戒色的特点是色彩鲜艳，容易被识别，能够对敌害起到预先示警的作用，因而有利于动物的自我保护。

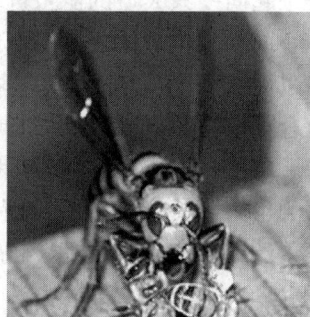

图4-13　雷鸟　　　　　　　　　　　　　　　　　　　图4-14　黄蜂

（3）拟态：某些生物在进化过程中形成的外表形状或色泽斑，与其他生物或非生物异常相似的状态，叫作拟态。例如,尺蠖的形状像树枝,枯叶蝶停息在树枝上的模样像枯叶(翅的背面颜色鲜艳。在停息的时候,两翅合拢起来,翅的腹面向外,现出枯叶的模样,图 4－15)。蜂兰的唇形花瓣常常与雌黄蜂的外表相近,可以吸引雄黄蜂前来"交尾"。雄黄蜂从一朵蜂兰花飞向另一朵蜂兰花,就会帮助蜂兰传粉。

图 4－15 尺蠖和枯叶蝶

保护色、警戒色和拟态等,都是生物在进化过程中,通过长期的自然选择而逐渐形成的适应性特征。

2. **生物与环境的相互关系** 维持生物的生命活动所需要的物质和能量,都要从环境中取得。环境对生物有着多方面的影响。生物只有适应环境才能够生存下去。生物在适应环境的同时,也能够影响环境。例如,森林的蒸腾作用,可以增加空气的湿度,进而影响降雨量;柳杉等植物可以吸收有毒气体,从而能够净化空气;鼠对农作物、森林和草原都有破坏作用;蚯蚓在土壤中活动,可以使土壤疏松,提高土壤的通气和吸水能力,它的排出物可以增加土壤的肥力。由此可见,生物与环境之间是相互影响的,它们是一个不可分割的统一整体。

【阅读与扩展】

植物对环境的影响

雨露滋润禾苗长,万物生存靠太阳。优美环境哪里来,植物绿叶立奇功。这些说的就是植物对人类赖以生存的地球环境,尤其是对城市环境的重要影响。

一、防风固沙,加速降尘

在风害区营造防护林带,风速可降低 30％左右;有防护林带的农田比没有的要增产 20％左右。森林的叶面积总和可达它占地面积的 75 倍,一棵成形的白皮松大约拥有针叶 660 万个,一棵成年椴树的叶总面积在 30 000 平方米以上。大的叶面积和叶片上的毛状结构,对尘埃有很大吸附作用。据测算,在绿化的街道上,空气中的含尘量要比没有绿化的地区低 56.7％;草地上空的粉尘量只有裸露地的 1/6～1/3。

二、保持水土,涵养水源

在林木茂盛的地区,地表径流只占总雨量的 10％以下;平时一次降雨,树冠可截留 15％～40％的降雨量;枯枝落叶持水量可达自身干重 2～4 倍;每公顷森林土壤能蓄水 640～680 吨;5 万亩森林相当于 100 万立方米贮量的水库。观测发现森林覆盖率 30％的林地,水土流失比无林地减少 60％。

三、调节气候,增加降水

森林上空的空气湿度比无林区高达 10％～25％,比农田高 5％～10％。夏天绿地中地温要比广场中白地低 10～17℃,比柏油路低 12～22℃;冬季草坪地表平均气温要高 3～4℃。森林能使降水量平均增加 2％～5％。林地的降雨量比无林地平均高 16％～17％,最低多 3％～4％。

四、吸收毒物,杀灭病菌

每公顷柳杉林每月约可吸收 60 kg 的二氧化硫,每公顷刺槐林和银桦林每年可吸收 42 kg 氯气和 12 kg 的氟化物。通常在污水暂存池放养小球藻 48 小时,被净化的污水可用于农田灌溉;1 公顷凤眼莲一昼夜能从水中吸收锰 4 kg,钠 34 kg,汞 89 g、铅 104 g 等。现已发现有 300 多种植物能分泌出挥发性的杀菌物质:

1 亩松柏林每天可分泌 2 kg 杀菌素,新鲜的桃树叶可驱杀臭虫,黄瓜的气味可使蟑螂逃之夭夭,洋葱和番茄植株可赶走苍蝇,木本夜来香或罗勒能驱蚊。

五、指示植物,监测环境

利用敏感度高的植物,可监测大气污染及污染物质。空气中 SO_2 浓度达到 1～5 ppm 时,人才能闻到气味,而紫花苜蓿在 0.3 ppm 时就会出现症状。唐菖蒲对氟化物特别敏感,用它可监测磷肥厂周围大气的氟污染。

六、减弱噪音,利人健康

实验证明,1.5 kg TNT 炸药的爆炸声,在空气中能传播 4 km,而在森林中只能传播 40 m。10 m 宽的林带可降低 30％噪音;250 m^2 草坪可使声音衰减 10 dB;据测定,城市公园的成片树林可减低噪音 26～43 dB,绿化的街道比没有绿化的减少 10～20 dB;沿街房屋与街道之间,留有 5～7 m 宽的地带种树绿化,可以减低车辆噪声 15～25 dB。

七、五颜六色,美化生活

植物是绿化美化城乡的最佳材料。五颜六色的植物花朵、许多植物散发的芳香,给人以赏心悦目、心旷神怡的感觉。例如,菊花的香味对头痛、头晕和感冒均有疗效。绿地和森林里的新鲜空气中含有丰富的负氧离子,负氧离子能给人以清新的感觉,对肺病有一定治疗作用。此外,凡是环境绿化美好的地方,事故发生率减少 40％,工作效率可提高 15％～35％。优美的环境还能极大地激发人的创造创作灵感。

1. 植物对家居环境的影响　随着双文明进程推进,人们的生态意识不断增强,生态型居室可能是目前人们最关心的话题了。在居室内摆放一些抗污染的花草,能起到空气净化器的作用。例如,常青藤能"吃"苯,吊兰能"吞食"室内的一氧化碳、甲醛,天南星的苞叶能吸收苯、三氯乙烯。芦荟、吊兰、虎尾兰、一叶兰、龟背竹是天然的清道夫,可以清除空气中的有害物质。有研究表明,虎尾兰和吊兰可吸收室内 80％以上的有害气体,吸收甲醛的能力超强。

2. 能杀病菌的植物　研究表明,玫瑰、桂花、紫罗兰、茉莉、柠檬、蔷薇、石竹、铃兰、紫薇等芳香花卉产生的挥发性油类具有显著的杀菌作用。其中,紫薇、茉莉、柠檬等植物,5 分钟内就可以杀死漂浮在空气中的白喉菌、痢疾菌等原生菌;而蔷薇、石竹、铃兰、紫罗兰、玫瑰、桂花等植物散发的香味对结核杆菌、肺炎球菌、葡萄球菌的生长繁殖具有明显的抑制作用。

仙人掌等原产于热带干旱地区的多肉植物,其肉质茎上的气孔白天关闭,夜间打开,在吸收二氧化碳的同时,制造氧气,使室内空气中的负离子浓度增加。虎皮兰、虎尾兰、龙舌兰以及褐毛掌、伽蓝菜、景天、落地生根、栽培凤梨等植物也能在夜间净化空气。

3. 不宜在室内养的花　在室内养花可改善和美化室内环境,但如果选择不当,反而会造成室内污染。丁香、夜来香等能在夜间散发刺激嗅觉的微粒,对高血压和心脏病患者有不利影响;夹竹桃的花香能使人昏睡、智力降低;洋绣球散发的微粒会使人皮肤过敏发生瘙痒;郁金香的花朵有毒碱,过多接触易使人毛发脱落;松柏类花木散发出的油香,会影响人的食欲。

【思考与练习】

1. 什么叫生态因素？生态因素可以分为哪几类？

2. 生物的种间关系有哪几种？下列不同生物之间的关系属于哪一种？

(1) 狮和鹿的关系。

(2) 树皮中的天牛幼虫和它所寄居的树种之间的关系。

(3) 麦田中的小麦和杂草之间的关系。

3. 下列生物的适应现象,哪一种是保护色？哪一种是拟态？哪一种是警戒色？

(1) 变色龙的体色能够随着环境色彩的变化而改变。

(2) 生活在亚马孙河流的南美鲈鱼形如败叶,浮在水面上。

(3) 瓢虫体表具有色彩鲜艳的斑点。

第三节　生物多样性及其保护

问题与现象

　　人类生存的地球,绚丽多彩,生机勃勃。地球 40 亿年生物进化所留下的最宝贵财富——生物多样性,是人类赖以生存和发展的前提和基础,是人类及其子孙后代共有的宝贵财富。如何保护生物多样性,保护生态环境,这是我们义不容辞的责任,因为我们的地球只有一个。

一、生物多样性的含义

　　地球上所有的植物、动物和微生物,它们所拥有的全部基因以及各种各样的生态系统,共同构成了生物的多样性。生物多样性包括遗传多样性(基因多样性)、物种多样性和生态系统多样性。

　　基因的多样性——物体的个体数量多,个体之间的差异大,构成基因库的基因种类多。基因的多样性是物种在环境变动时能够继续生存下去而不灭绝的保障。

　　生态系统的多样性——不同物种需要不同的生态环境。生态系统的多样性是物种多样性的重要条件。

二、生物多样性的特点

　　我国幅员辽阔,自然条件复杂,从而孕育了极为丰富的物种和多种多样的生态系统。我国生物多样性具有以下特点。

　　1. 物种丰富　　我国是世界上少数几个野生生物物种最丰富的国家之一,被国际社会誉为"巨大多样性国家"。据统计,有高等植物 3 万多种,居世界第三;我国还是世界上裸子植物物种最多的国家。有脊椎动物 6 000 多种,占世界脊椎动物总数的 14%。我国还是世界上鸟类最多的国家之一,共有鸟类 1 200 多种。

　　2. 特有的和古老的物种多　　我国地貌、土壤、气候多样,为野生生物提供了复杂多样的生存条件,加之受地质史上第四纪冰川的影响不大,许多地区都不同程度地保留下来一些珍贵的孑遗种。因此,野生生物不但有许多特有种,如大熊猫、白鳍豚、银杏等都是我国闻名的特有物种;而且还保留了许多珍贵的孑遗种,如松杉类植物目前世界现存 7 个科中,我国有 6 个科。

三、生物多样性破坏的原因

　　1. 过度掠取　　掠取速度超过了一个种群繁殖更新的速度。当该物种受到法律保护时,这种掠取就成了偷猎,历史上不少大型动物就是因此而绝灭的。现在仍有不少生物因此而濒危,如虎、象、犀牛等。

　　2. 栖息地丧失　　这通常是指多样性极其丰富的自然生态系统向多样性极其单调的农业生态系统转变。一个地区自然植被面积的陡然下降,常导致生物栖息地被隔离开来,形成一个孤立的生态环境,限制了种内基因的交流,遗传多样性因此丧失一部分,该种群对疾病、猎捕以及偶发灾变的抵抗力随之下降,这样该种群就有可能走下坡路。

　　3. 污染　　人类直接或间接地向环境排放超过其自净能力的物质或能量,从而使环境的质量降低,对人类的生存与发展、生态系统和财产造成不利影响的现象。具体包括水污染、大气污染、噪声污染、放射性污染等。随着科学技术水平的发展和人民生活水平的提高,环境污染也在增加,它对生物则更是广泛而严重的威胁。

（1）酸雨对生物的危害。酸雨造成的危害正在日益严重，已经成为全球性环境污染的重要问题之一。二氧化硫是形成酸雨的主要污染物之一。随着经济的发展，人类将燃烧更多的煤、石油和天然气，产生更多的二氧化硫等污染物，因此，今后酸雨造成的危害有可能更加严重。我国是世界上大量排放二氧化硫的国家之一，一些地区已经出现了酸雨。例如，我国西南某地区，1982 年的 3 个月内就降了 4 次酸雨，雨水的 pH 为 3.6～4.6，致使大面积的农作物受害。

（2）有害化学药品对生物的危害。农药是一类常见的有害化学药品，人们在利用农药杀灭病菌和害虫时，也会造成环境污染，对包括人类在内的多种生物造成危害。许多农药是不易分解的化合物，被生物体吸收以后，会在生物体内不断积累，致使这类有害物质在生物体内的含量远远超过在外界环境中的含量，这种现象称为生物富集作用。生物富集作用随着食物链的延长而加强。

（3）重金属对生物的危害。有些重金属如锰、铜、锌等是生物体生命活动必需的微量元素，但是大部分重金属如汞、铅等对生物体的生命活动有毒害作用。生态环境中的汞、铅等重金属，同样可以通过生物富集作用在生物体内大量浓缩，从而产生严重的危害。科学家们发现，自然界中的汞在水体中经过微生物的作用，能够转化成毒性更大的甲基汞。在被甲基汞污染了的海水中，藻类植物改变了颜色，海鱼也大量死亡。铅是一种可使人产生全身性危害的毒物，可对人体神经系统、消化系统、血液系统等产生影响。可见，汞、铅等重金属对于生物的正常生命活动是十分有害的。

4. 气候变化　这是又一个威胁生物生存的因素，它常与区域性植被格局的改变有关。涉及全球的二氧化碳浓度的升高、区域性厄尔尼诺效应和季风规律以及地方性火灾，对北方森林、珊瑚礁、红树林、湿地等会有强烈影响。

5. 引进物种　这是不容忽视的一个问题。在许多海岛上，引进植物已取代了当地土生土长的植物，这种现象称为生态入侵。引进植物已被认为是美国国家公园所面临的最大的威胁，引进鱼种使具有极高特有种的非洲裂谷一些湖泊里的土生鱼种濒临绝灭的边缘。

四、保护生物多样性及其环境

亿万年来，地球生物在演变的过程中，形成了勃勃生机的生物世界。但是，如今这个充满生机的生物世界中的有些家族成员却从地球上消失了，恐龙便是其中最著名的一种。近 50 年来，兽类灭绝了近 40 种，联合国环境计划署预测，在今后二三十年内，地球上将有 1/4 的生物陷于绝境。人类失去的朋友越来越多，将会越来越孤独。

为了保护自然环境和自然资源，对具有代表性或典型性的自然生态系统、珍稀动物栖息地、重要的湿地、自然景观、自然历史遗迹、水源涵养地及有特殊意义的地址遗迹和古老生物以及产地等区域、由各级政府明文划定范围，严格加以保护，即建立自然保护区。

1956 年，我国建立了第一个自然保护区——鼎湖山自然保护区，至 2002 年共建立自然保护区 1 551 个，总面积达 1.447 2 亿平方千米，占陆地国土面积的 14.4%。根据保护对象不同，自然保护区可分为 3 个类别：自然生态系统类、野生生物类、自然遗迹类。

建立自然保护区是世界各国保护珍稀濒危动植物及生态系统，保护生物多样性的一种重要手段。在严格的管理和良好的保护下，许多珍稀濒危物种，如扬子鳄、大熊猫、黑颈鹤、金丝猴等珍稀动植物种群有较大增长。但是，野生动物中的白鳍豚、华南虎，野生植物中的人参、杜仲等种群还在继续下降。同时，无节制地开发生态旅游、偷猎野生动物、盗伐珍稀树木的事件仍时有发生，从而加速了野生珍稀动植物的灭绝。

为切实做好保护工作，1994 年 12 月我国颁布了《中华人民共和国自然保护区条例》，依法管理，严厉打击各种违法行为。1994 年 12 月，联合国大会通过决议，将每年的 12 月 29 日定为"国际生物多样性日"，以提高人们对保护生物多样性重要性的认识。2001 年将其每年 12 月 29 日改定为 5 月 22 日。

我们是 21 世纪的主人，环保意识是现代人的重要标志。我们应当切实地树立起时代责任感，心系全球，着眼身边，立足地球。多弯弯腰捡捡果皮纸屑，多走几步，不要穿越绿化带，践踏绿地。"勿以善小而不为，勿以恶小而为之。"从我做起，从小做起，从身边做起，从现在做起。

【阅读与扩展】

生物多样性与健康

生物多样性同样关系到我们的健康和这个星球的健康。实际上,你的健康和这个星球的健康之间的关系是密不可分的。

当我们生病的时候,我们依赖自然环境去帮助我们恢复健康。多少年以来,人们从自然世界中寻找对于伤病的治疗方法。植物为现代医药提供了有效的成分,比如制作阿司匹林的成分。顺势疗法的医药也是大量利用植物成分的。从金钱的角度看,入药的植物的价值是无法算清的。世界上这些以植物作为基础的药物的总价值大约是6千亿。

生物多样性的经济价值是多数人并不了解的,但在医药公司的科学家们正在忙着从植物中寻找治疗一些特定疾病的特定药物成分。就在不久以前,专家们在太平洋紫杉树和马达加斯加长春花中发现了用于治疗癌症的植物成分。也许,某一天我们能够从一株植物上发现杀死艾滋病病毒的植物成分。传统医学的医生依赖植物和药草治疗疾病已经有很长时间了。在现代,人们也十分欣赏传统医学的疗效。例如,东部非洲的Maasai人以他们的传统方式做肉、牛奶或血制品时,他们会加入一些树皮,这样的方法做出来可以减少胆固醇。然而,对入药植物和动物的收获也并不都是好事。实际上,对这些植物、动物的需求导致这些物种濒危。传统药物用乌龟入药导致这个物种的极度衰落。

我们反复地从地球的药柜中搜寻药物。我们需要保护生物多样性,以便大自然的药柜能够储有现存医药的成分,和未来我们需要抵制新的疾病时制造新药的所需成分。

环境污染与"三致作用"

环境污染往往具有使人或哺乳动物致癌、致突变和致畸的作用,统称"三致作用"。"三致作用"的危害,一般需要经过比较长的时间才显露出来,有些危害甚至影响到后代。

1. 致癌作用 这是指导致人或哺乳动物患癌症的作用。早在1775年,英国医生波特就发现清扫烟囱的工人易患阴囊癌,他认为患阴囊癌与经常接触煤烟灰有关。1915年,日本科学家通过实验证实,煤焦油可以诱发皮肤癌。污染物中能够诱发人或哺乳动物患癌症的物质叫作致癌物。致癌物可以分为化学性致癌物(如亚硝酸盐、石棉和生产蚊香用的双氯甲醚)、物理性致癌物(如镭的核聚变物)和生物性致癌物(如黄曲霉毒素)3类。

2. 致突变作用 这是指导致人或哺乳动物发生基因突变、染色体结构变异或染色体数目变异的作用。人或哺乳动物的生殖细胞如果发生突变,可以影响妊娠过程,导致不孕或胚胎早期死亡等。人或哺乳动物的体细胞如果发生突变,可以导致癌症的发生。常见的致突变物有亚硝胺类、甲醛、苯和敌敌畏等。

3. 致畸作用 这是指作用于妊娠母体,干扰胚胎的正常发育,导致新生儿或幼小哺乳动物先天性畸形的作用。20世纪60年代初,西欧和日本出现了一些畸形新生儿。科学家们经过研究发现,原来孕妇在怀孕后的30~50天内,服用了一种叫作"反应停"的镇静药,这种药具有致畸作用。目前已经确认的致畸物有甲基汞和某些病毒等。

中国著名的自然保护区

1. 我国第一个内陆荒漠自然保护区——博格达自然保护区。
2. 我国最大高寒草原及湿地保护区——三江源保护区。
3. 大熊猫自然保护区——四川卧龙自然保护区。
4. 有"童话世界"之誉的自然保护区——四川九寨沟自然保护区。
5. 我国唯一的冰川森林公园——贡嘎山东坡的海螺沟。
6. 我国面积最大的自然保护区——阿尔金山自然保护区。

7. 我国建立的第一个草地类自然保护区——锡林郭勒草原。

8. 珍奇动植物的故乡——长白山自然保护区。

9. 我国最大的蛇类自然保护区——蛇岛。

10. 我国最年轻的湿地生态自然保护区——黄河三角洲自然保护区。

【思考与练习】

1. 生物多样性包括（　　）。

A. 森林多样性、草原多样性、湿地多样性

B. 生态系统多样性、物种多样性、遗传多样性

C. 地球圈、大气圈、生物圈

D. 动物多样性、植物多样性、微生物多样性

2. "国际生物多样性日"从 2001 年起定为每年的（　　）。

A. 12 月 29 日　　　B. 4 月 22 日　　　C. 6 月 5 日　　　D. 5 月 22 日

3. 结合实际，谈谈我们该怎样保护生物的多样性。

第五章

生物标本美工制作

一个国家或一个地区的动植物是随着时间的变化而发生相应的变化,漫长的生物进化过程,使得不同的环境产生了不同的进化方向,为了对原有的动植物真实的了解以及对不同地区动植物的对比,通过制成生物标本是其中的一种方式,下面就植物标本的采集和制作以及昆虫标本的采集和制作进行简单的介绍。

第一节　植物标本的采集和制作

植物标本(蜡叶标本)是进行教学和科研工作的重要材料,"没有蜡叶标本,也就没有植物分类学"。由此可见,掌握植物标本的采集、制作和保存的一整套工作方法,对学习植物知识是极为有帮助的辅助手段。请认真观察下列植物标本(图5-1),学习植物标本的制作方法。

图 5 - 1　植物标本

一、准备工具

1. 标本夹　用板条钉成长约43 cm,宽约30 cm 的两块夹板。

2. 吸水纸　易于吸水的草纸或旧报纸。

3. 采集袋(采集箱)　过去是用铁皮制成的采集箱,但由于使用不便,且易压坏,现在多采用70 cm×50 cm 的塑料袋,采用塑料背包则更为理想。

4. 丁字小镐　用来挖掘草本植物的根,以保证能采到带根的完整标本。

5. 枝剪和高枝剪　用以剪枝条,高枝剪是用于剪高大乔木的枝条。

6. 手锯　采集木材标本时需用锯,刀锯和弯把锯携带起来方便。

7. 号签、野外记录签和定名签　①号签是用较硬的纸,剪成4×2厘米,一端穿孔,以便穿线用,作用是在采集标本时,编好采集号后,系在标本上,具体式样如图5-2。②野外记录签的大小约为7 cm×10 cm,是用以在野外采集时记录植物的产地、生态环境和特征的,具体式样如表5-1。③定名签的大小约为10 cm×7 cm,是经过正式鉴定后,用来定名的标签。具体式样如表5-2。

采集人： 0 正　面 第　号	采集日期： 0 背　面 地点：

图 5-2　号签

表 5-1　野外记录签

（　　省　　县)植物

采集人及号数		年　月　日
产地：		
环境：(如森林、草地、山坡等)		
海拔：　　　　　性状：　　　　　体高：		
胸高直径：　　　　　树皮		
叶：(正反面的颜色或有毛否)		
花：(花序、颜色等)		
果实：(颜色、性状)		
土名：　　　　　科名：		
学名：		
附记：(特殊性状等)		

表 5-2　定名签

××标本室

| 中　名 _____ |
| 学　名 _____ |
| 科　名 _____　产　地 _____ |
| 采集人 _____　号　数 _____ |
| 鉴定人 _____　日　期 _____ |

8. 放大镜　观察植物的特征。

9. 空盒气压计(测高表)　测量山的海拔高度。

10. 方位盘　观测方向和坡向。

11. 钢卷尺　量植物的高度和胸径。

12. 照相机和望远镜　拍照植物的全形,生态等照片,以弥补野外记录的不足,观察远处的植物或高大树木顶端的特征。

13. 小纸袋　保存标本上落下来的花、果和叶。

14. 其他　如塑料的广口瓶、乙醇、甲醛(福尔马林)、地图等。

二、植物标本的采集

1. 采集的时间和地点　各种植物生长发育的时期有长有短,在不同的季节和不同的时间进行采集,才可能得到各类不同时期的标本,如有些早春开花植物在北方冰雪开始融化的时候就开花了,如百合科的顶冰花。因此,必须根据要采的植物,决定外出采集的时间,否则过了季节,有些种类就无法采集到了。

采集的地点也很重要,因为在不同的环境里,生长着不同的植物,在向阳山坡见到的植物,阴坡上一般是见不到的。生长在林下的植物是不会在空旷的原野上见到。水里则生长着独特适应水生环境的植物。在低山和平原、由于环境比较简单,因此植物的种类也比较简单。但随着海拔高度的增加,地形变化的复杂,植物的种类也就比平原要丰富得多,因此,我们在采集植物标本时,必须根据采集的目的和要求,确定采集的时间和地点,这样才可能采到需要的和不同类群的植物标本。

2. 采集标本注意事项

(1) 必须采集完整的标本,除采集植物的营养器官外,还必须具有花或果,因为花、果是鉴别植物的重要依据,如伞形科、十字花科等。

(2) 对一些具有地下茎(如鳞茎、块茎、根状茎等)的科属,如百合科,石蒜科,天南星科等,在没有采到地下茎的情况下是难以鉴定的,因此应特别注意采集这些植物的地下部分。

(3) 雌、雄异株的植物,应分别采集雌株和雄株,以便研究时便于鉴定。

(4) 采集草本植物,应采带根的全草。如发现基生叶和茎生叶不同时,要注意采基生叶,高大的草本植物,采下后可折成"V"或"N"字形后再压入标本夹内,也可选其形态上有代表性的剪成上、中、下3段,分别压在标本夹内,但要注意编同一的采集号,以备鉴定时查对。

(5) 乔木、灌木或特别高大的木本植物,只能采取其植物体的一部分。但必须注意采集的标本应尽量能代表该植物的一般情况,如可能最好拍一张该植物的全形照片,以补标本的不足。

(6) 水生草本植物,采集时提出水面后,很容易组成一团,不易分开,如金鱼藻、水毛茛、狸藻等。遇此情况,可用硬纸板从水中将其托出,连同纸板一起压入标本夹内,这样就保持形态特征的完整性。

(7) 有些植物,二年生新枝上的叶形和老枝上的叶形不同,或者新生的叶有毛茸或叶背具白粉,而老叶则无毛,如毛白杨的幼叶和老叶。因此,幼叶和老叶都要采,对一些先开花的植物,采花枝后,待出叶时应在同株上采其带叶和结果的标本,如山桃。由于很多木本植物的树皮颜色和剥裂情况是鉴别植物种类的依据,因此应剥取一块树皮附在标本上。

(8) 对寄生植物的采集,应注意连同寄主一起采下,并要分别注明寄生或附生植物及寄主植物,如桑寄生、列当等标本的采集。

(9) 采集标本的份数,一般要采2~3份,给以同一编号,每个标本上都要系上号签。标本除自己保存外,对一些疑难的种类,可将其中同号的一份送研究机关,请代为鉴定,他们可根据号签送给你一个鉴定名单,告诉你这些植物的学名,若遇稀少或奇异的或有重要经济价值的植物,还须多采。

3. 必须认真做好野外记录　关于植物的产地、生长环境、性状、花的颜色和采集日期等,对于标本的鉴定和研究有很大的帮助,一张标本价值的大小,常以野外记录详细与否为标准。因此,在野外采集标本时,应尽可能地随采、随记录和编号,以免过后忘记或错记等。野外记录的编号和号签上的编号要一致,回来应根据野外记录签上的记录,如实地抄在固定的记录本上,作为长期的保存和备用。在野外编的号应一贯连续,决不应改变地点或年月,就另起号头。

此外,在野外工作中,对有关人员的调查访问工作也是很重要的,如对当地植物的土名、利用情况和有毒植物的情况的调查访问,对这些实际资料应认真记录和整理。

三、植物标本的压制和整理方法

在标本采来后,当天晚上就应以干纸更换一次,借此要对标本进行整理。第一次整理最为重要,由于植物在标本夹内压了一段时间,植物基本被压软了,这时你想如何整理都行,如果等标本快干时再去整理就容易被折断。整理时要注意不使多数叶片重叠,叶子要正面和反面的都有,以便观察叶的正、反面上的特征,落下来的花果和叶要用纸袋装起来和标本放在一起,标本之间间隔的纸多一些,就压得平整,而且干得也快,头三天每天应换2次干纸,后两天每天换一次即可,直至标本完全干为止(图5-3)。

在换纸或压标本时,植物的根部或粗大的部分要经常掉换位置,不可集中在一端,致使高低不均,同时要注意尽量把标本向四周放,绝不能都集中在中央,否则也会形成边空而中央突起很高,致使标本压不好。在压标本或换纸时,各标本要力争按编号顺序排列,换完一夹,应在夹上注明由几号到几号的标本,采集的日期和地点,这样做既有利于将来查找,又可以及时发现在换纸过程中丢失的标本。

图 5-3　植物标本采集制作

换纸时还应注意，一定要换干燥而无皱褶的纸，纸不干吸水力就差，有皱褶会影响标本的平整，对体积较小的标本可以数份压在一起（同一号的），但不能把不同种类（不同号）放在一张纸上，以免混乱，对一些肉质植物，如景天科的一些植物，在压制时，须把它们先放入沸水中煮 3～5 分钟，然后再照一般方法压制，这样处理可以防止落叶，换纸时最好把含水多的植物分开压，并增加换纸的次数。

四、植物标本（蜡叶标本）的制作和保存

植物标本在上台纸前，还应进行消毒，消毒的方法就是把标本放进消毒室和消毒箱内，将敌敌畏或四氯化碳、二硫化碳混合液置于玻璃皿内，利用气熏杀标本上的虫子或虫卵，约 3 天后即可取出上台纸。

上台纸：就是用白色台纸（白板纸或卡片纸 8 开，约 39 cm×27 cm），平整地放在桌面上，然后把消毒好的标本放在台纸上，摆好位置，右下角和左上角都要留出贴定名签和野外记录签的位置。这时，便可用小刀沿标本的各部的适当位置上切出数个小纵口，再用具有韧性的白纸条，由纵口穿入，从背面拉紧，并用胶水在背面贴牢。这种上台纸的方法，既美观又牢固，比在正面贴的方法要好得多。上台纸时最好不用浆糊，因为浆糊容易生虫，损坏标本。对体积过小的标本，如浮萍，不使用纸条固定时，可将标本放在一个折叠的纸袋内，再把纸袋贴在台纸的中央，这样在观察时可随时打开纸袋（图 5-4）。

图 5-4　植物标本

蜡叶标本的保存和入柜：凡经上台纸和装入纸袋的高等植物标本，经正式定名后，都应放进标本柜中保存。标本柜的材质以铁制的最好，可以防火，现在一般多用木制标本柜。通常采用二节四门的标本柜，柜分上下两节，这样搬运起来方便，每节的大小约为高80 cm，宽75 cm、深50 cm，每节分成两大格，每格再以活板隔成几格，上节的底部左右各装活动板一块，同时可以拉出，供临时放置标本用。每格内可放樟脑防虫剂，以防虫蛀。

【实践与练习】

尝试采集和制作简单的植物标本。

第二节　昆虫标本的采集和制作

一、操作器具和药品

捕虫网，毒瓶，诱虫灯、采集箱，镊子，昆虫针（也可以用大头针代替），展翅板，三角纸包，昆虫匣，海绵或棉花，乙醚或氯仿（也可用苦杏仁，枇杷仁，青核桃皮，月桂叶等低毒物质）。

二、昆虫标本的采集

1. 制作毒瓶　在市售的毒瓶底部（也可自制）放入海绵或棉花，滴入一些乙醚或氯仿。也可以把苦杏仁、枇杷仁、青核桃皮等捣碎，包在纱布内，放入毒瓶底部，约占瓶高1/3，压平后，将刺有小孔的硬纸盖在上面。

2. 捕捉昆虫　采集飞翔的昆虫要用捕虫网。捕捉这类昆虫的时候，把网口迎着飞来的昆虫，猛然一兜，立刻再把网身翻折上来，遮住网口，以免昆虫从网口飞出。飞蛾类多数在夜间活动，利用它们的趋光性的特点，可在路灯附近捕捉。采集活动迟缓的昆虫，虽然会飞但是常常停息的昆虫（如某些甲虫）用捕虫网去捕，也可以用镊子去捕捉（图5-5）。

图5-5　捕捉昆虫

3. 毒杀昆虫　将捕获的昆虫放入毒瓶毒杀。大型的鳞翅目昆虫，在瓶内两翅易折断或鳞片掉落，可以先用三角纸包把它包好，然后投入毒瓶。

4. 临时包装　应及时从毒瓶中取出已毒死的昆虫，毒瓶里积存的昆虫不要过多，以免昆虫损坏触角、翅、腿等部分。从毒瓶里拿出来的昆虫，可以暂时保存在三角纸包（图5-6），再把三角纸包放进采集箱中。

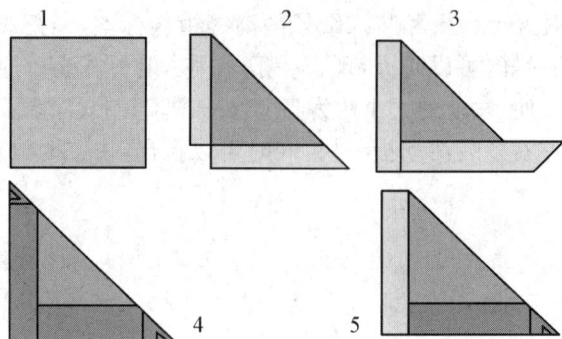

图 5-6　三角纸包制作

5. 观察记录　每采集到一种昆虫，都要用肉眼或者放大镜进行初步观察，并且要做记录，把采集地点、采集人姓名、昆虫的生活习性（如栖息的环境、危害的农作物、危害的状况），尽可能详细地写在记录本上。将昆虫从毒瓶里取出，分别放在三角纸包时，应该系上或装进临时标签，标签上注明采集日期和采集人姓名。

6. 注意事项　毒瓶里放的毒物对人体也有毒，因此使用毒瓶时要特别小心。千万不要把手伸进毒瓶里，不要把食物跟毒瓶放在一起。拿过毒瓶后要把手洗干净。

三、昆虫干制标本的制作

昆虫一般都适于制成干制标本。这种标本的制作，要在昆虫采集回来以后，及时进行，以免时间长了，虫体过于干燥，制作起来容易损伤触角和足等部分。制作过程如下。

1. 插针　把采集来的不需要展翅的昆虫放在三级板上，让昆虫的背面向上，将昆虫针垂直地插入昆虫体内，针插标本应按昆虫大小，选用适当粗细的昆虫针。插针的部位一般是在前翅之间的胸部中央（鳞翅目、膜翅目等都从中胸背面正中央插入；同翅目、双翅目中间偏右的地方插针；直翅目插在前翅基部上方的右侧；鞘翅目插在右鞘翅的前方）。昆虫针插入虫体后，使虫体背面露出的昆虫针的高度跟三级板第一级的高度相等，针上部外露全针的 1/4 为宜，这样，每个昆虫标本在昆虫针上的高度就一致了。插针部位注意，一方面是为了插得牢固，另一方面是为了使插针虫体的鉴定特征明显（图 5-7）。

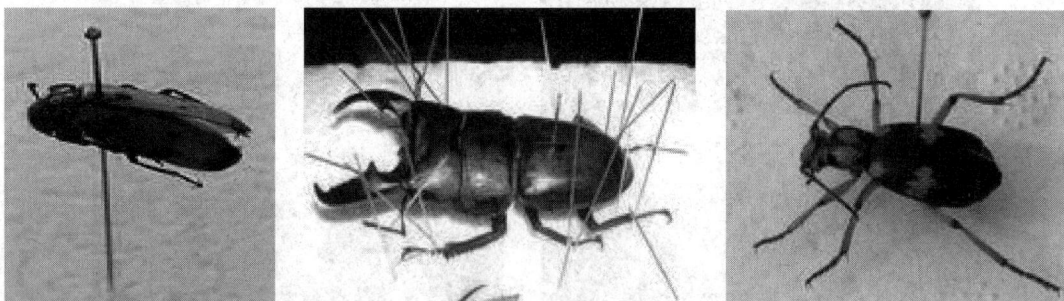

图 5-7　插针

2. 展翅　蝶类、蛾类、蜻蜓等翅较大的昆虫，要先做展翅工作。把采集来的昆虫放在展翅板的纵缝里，用针把昆虫固定在缝底的软木板上，把翅展平，使左右四翅对称，用纸条压住翅的基部，用大头针把纸条钉好，把触角和 3 对足整理好。鳞翅目，使两翅后缘稍向前倾，蝇类和蜂类翅的前端与头平齐为准。等到虫体完全干燥以后，从展翅板上取下来，放在三级板上调整好昆虫在昆虫针上的高度（图5-8）。

身体微小的昆虫不能用昆虫针插入虫体，这就需要先将昆虫用胶水粘在三角纸的尖端，再用昆虫针插入三角纸基部的中央，将三角纸的尖端转向针的左边，然后把昆虫针倒着插进三级板第一级的小孔中，使三角纸上露出的昆虫针的高度，跟三级板第一级的高度相等。

3. 整姿　将昆虫针插在昆虫上以后，要用镊子整理触角、翅和足，使昆虫合乎自然状态。然后，把这些

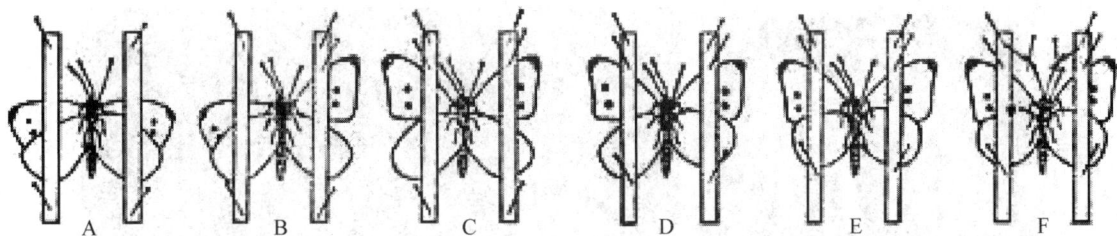

图 5-8　展翅

插着昆虫的昆虫针插过标签中央,在标签上已经预先注明了应该填明的事项,如昆虫名称、采集日期、采集地点、采集人姓名等,鉴定过的标本应插好学名标签。把插着昆虫和标签的昆虫针再插入三级板第二级的小孔中,使标签下方的高度跟三级板的第二级的高度相等,这时,干制标本就制成了。

　　4．装盒　针插的昆虫标本,放在通风的地方阴干,完全干燥以后,放入有盖的标本匣中保存,标本在标本匣中应分类排列(图 5-9)。盒盖与盒底应可以分开,盒盖可以嵌玻璃(但要长期保存的标本盒盖最好不要透光,以免标本出现褪色现象),便于展示。在盒内的四角还要放置樟脑球,以防虫蛀,樟脑球应固定。然后,将标本盒放入关闭严密的标本橱内,定期检查,发现蛀虫及时用敌敌畏进行熏杀。

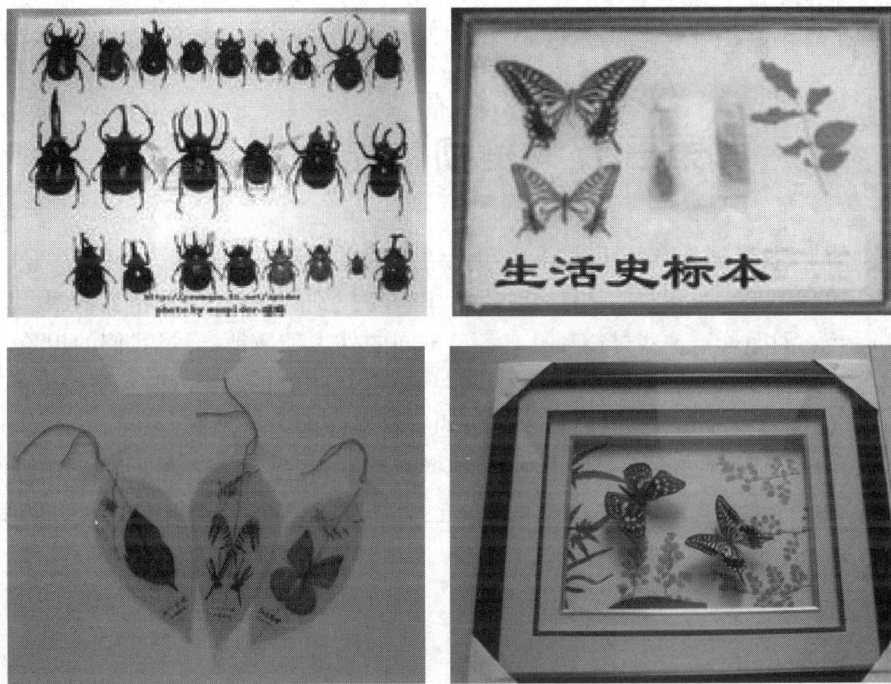

图 5-9　制作好的昆虫干制标本

四、昆虫浸制标本的制作

　　昆虫的卵、幼虫、蛹都可以做成浸制标本。一些不适于做成干制标本的成虫,例如身体小的,没有翅的,腹部大而柔软的,身体细长的,也可以做成浸制标本。做幼虫浸制标本时,先用沸水把幼虫煮过。在煮之前,不要给幼虫东西吃,等幼虫把粪便排尽后再煮。煮的时间不要过长,只要虫体变得直硬了就行。将煮的直硬的幼虫,投入保存液里保存。成虫、蛹和卵都可以直接投入装着保存液的指形玻璃管里保存。保存液一般是用 75％乙醇溶液或者稀释的甲醛(一份甲醛加 17～19 份水)。指形玻璃管中的保存液一般是装到全管的 2/3,指形玻璃管里放好标本以后,塞紧木塞,用蜡封好口,就可以长期保存了(图 5-10)。

　　如果浸制的虫体较大,体内水分过多,需要换过几次保存液,才能够长期保存,不然标本就会腐烂。

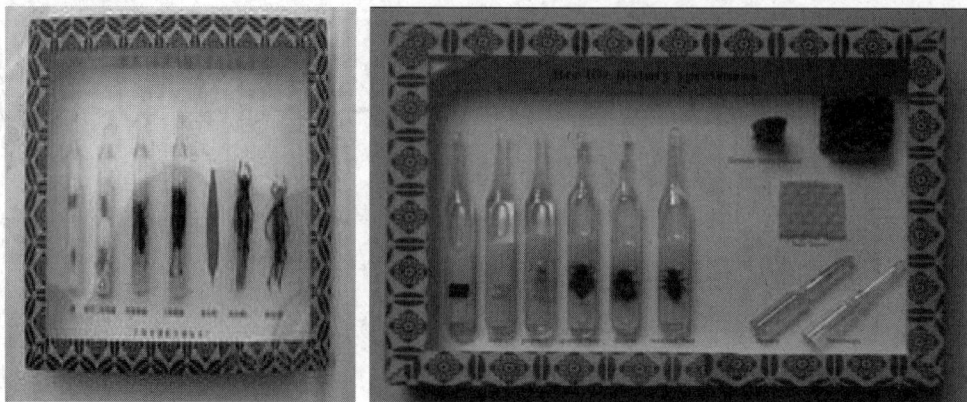

图 5－10　昆虫浸制标本

【实践与练习】

1. 捕捉蝴蝶，制作标本。
2. 捕捉金龟子，制作标本。

第三节　生物粘贴画制作

为了丰富学生的生活，开展粘贴画活动制作，可以培养学生的动手实践能力，使学生获得成就感，激发其想象力，提高学习的兴趣。粘贴画，就是用各种生活中容易找到的材料（比如植物的根、茎、叶、花、果实、种子、纸片、布丁、蛋壳、羽毛等），这些材料都具有各自不同的外表和质地，通过我们的想象，结合美术创作图案，将选择的材料粘贴在图案上，组成美妙的、具有特殊意义的美工作品。它需要较强的美术功底和多次的实践相结合，将创作者的灵感表现在一些不起眼的材料组合之上的艺术。

根据使用的材料，将粘贴画分为植物种子粘贴画、树叶粘贴画、蛋壳粘贴画、毛线粘贴画等。

下面就把常见的几种用生物组织材料制作粘贴画的方法在这里简单介绍一下，供大家参考。

一、种子粘贴画的制作

1. 准备材料

（1）三合板一块，大小根据画幅而定。

（2）各种种子：如胡椒子、葵花子、扁豆、小麦、亚麻子、菜子、绿豆、蚕豆、豌豆（也可依据实际情况作些改动）等种子若干；建议首先把种子用杀虫剂和甲醛浸泡后晒干，然后裹上防腐胶水。

（3）工具：镊子、胶水、塑料、刮刀、工具刀、清漆、画笔、铅笔、案板、纸、多媒体课件、范画等。

2. 制作过程

（1）确定画幅尺寸，设计图案。若你不善于绘画，可选定一个图，然后取一张与画幅同样大小的纸，将它与选定的图案作同样数目的方格等分，据原图方格中的线条，将其准确地画到纸上。方格等分的程度越细，则准确程度越高。

（2）把画有图案的纸覆在三合板上，用图钉或胶带纸固定，再用笔将图案重重地描绘一遍，使之在板上留下清晰的线条。

（3）根据种子不同的外观和质地，进行总体构思，确定种子所安排的各个部分。种子一般选不易烂的，不要选较圆或表面易脱落或极凹凸不平的，那样粘不稳，易掉，有些种子可用刀劈开使用，劈开后要重新进行防腐处理，如葵花子等。

（4）在板上涂少许胶水，用刮刀均匀地铺开，再按照由上而下的顺序向各部分填放种子。根据种子的大小而定,大粒的用手或镊子,小粒的可用纸做的漏斗均匀地洒在规定部位。种子全部填放完后,用手把种子按牢,等胶水稍干后修整一下,除去多余的种子。

（5）等胶水晾一个晚上,便可喷涂清漆,最好是薄薄地涂上几层。漆干后,一幅美妙的种子粘贴画便完成了。你可以稍加装饰,挂在墙上,或压在玻璃台板下。

（6）种子等粘贴画的放置保存中要定期检查,防止种子脱落、发生霉变、被虫叮咬等,发现这些现象要及时进行补充、晾干和使用杀虫剂等处理。

二、树叶粘贴画的制作

树叶的粘贴画同种子的粘贴画大体相似,由于选择的材料是树叶,因而有一些不同的地方,下面就不同的地方进行简单的描述。

1. 树叶的采集与保存

（1）树叶的采集要先考虑其形状的变化。如多菱形的枫树叶、圆形的桦树叶、长形的楸树叶及椭圆的胡枝子叶等,都应采集,以保证图案结构的多样化。

（2）树叶的采集还要考虑颜色的多样性。

（3）树叶的采集要系列化,即每一种形状、颜色的树叶都能形成从小到大逐个渐进的序列。这样能保证制作时有充分选择的余地。同时也要收集一些花叶、花籽与梗等。

（4）采集树叶的同时要携带一定数量的吸水纸或废报纸,如果有纸张粗糙的旧书或杂志也可以。边采集边将树叶展平后摆放到吸水纸中。带回来以后用重物压紧,并且每天翻动两次,约1周待树叶干透以后,分类夹放好就可以用了。

2. 树叶的选用与粘贴

（1）工具:普通白纸若干张,镊子一个,胶水一瓶,剪刀、小刀、多媒体课件、树叶、范画等。

（2）构思画面:粘贴前先选择适合画面需要的树叶,树叶一定要选择薄的,厚的树叶很难贴牢。用镊子轻轻地夹放到画稿上摆成基本图案。经过精心设计摆放,认为达到了画面要求时就可以按照先后次序,用胶水将树叶放贴到预先设计好的白纸位置上。由于胶水比较黏,所以要准备好餐巾纸,在树叶贴到纸上后用餐巾纸迅速把多余的胶水轻轻擦干净。

（3）个性化创意:在完成了所有的粘贴后,还需要在画上画自己想画的东西,比如一条鱼,一些水草,再加几个圈圈在上面。

（4）成功完成:在图案之上再蒙上一层薄纸后渐渐地展平,用同白纸大小的薄木板轻压树叶,放到一边待胶水干透后一幅画就完成了。注意不要重压,否则树叶容易破裂。

3. 画面处理的方法

（1）一种树叶的多次利用:利用树叶可以做很多风景、动物、器物的粘贴画。但是,一个画面的好坏,主要取决于树叶的形状与颜色的选择、搭配。同种大小、颜色不同的树叶在一起搭配粘贴能表现很多的内容。同时要兼顾树叶之间颜色的对比,色度的黑、白、灰。主体部分的色彩不宜太鲜艳,细节部分的色彩可鲜艳一些,这样交错搭配画面就比较协调。例如,准备粘贴一幅"孔雀开屏"的画面,可以选择绿色的柳树叶叠放成扇状,在孔雀屏空隙处摆放两层红与黄的柳树叶,正面放一叶浅黄色的柳树叶做孔雀的身体,用叶梗做孔雀的腿,这样,一只向每一位参观者展示自己风姿的绿孔雀就完成了。如果想粘贴一幅"葡萄"的画面,可以用大小不同、颜色不同的树叶相互叠放后形成硕果累累画面后,由两片大菱形作葡萄叶完成整幅画面。

（2）多种树叶的组合:随着画面内容的不同,有些物体需要不同形状的树叶去完善,如要贴一幅"金鱼戏水"的画面,金鱼的身体部分用浅色的长圆形树叶,尾巴用红绿相间的枫叶,用外层红、里层黑的花籽粘上眼睛,金鱼就惟妙惟肖了。画面下边用蕨草做水草,上边用松针叶贴几条代表水平面。从画面上看,好像一条色彩斑斓的金鱼在水中悠然自得的嬉游。

（3）花叶、花籽、花梗的使用:花叶、花籽、花梗往往能完成很多特殊的画面。例如,想要贴一幅"小麦"的画面,主要是用草籽左右交错粘贴后用柳叶做麦叶,草梗做麦秆。给人一种颗粒饱满、丰收在望的景象。

要注意的是,树叶粘贴画的季节性较强,宜选择金秋的时节,不失时机地备下充足的粘贴材料。制作好的粘贴画如下(图5-11)。

图 5-11　制作好的种子和树叶粘贴画

三、蛋壳粘贴画的制作

1. 原料工具　蛋壳两个、水彩笔或者爆米花笔、剪刀、纸板、胶水、镊子、卡纸。
2. 方法步骤　见图 5-12。

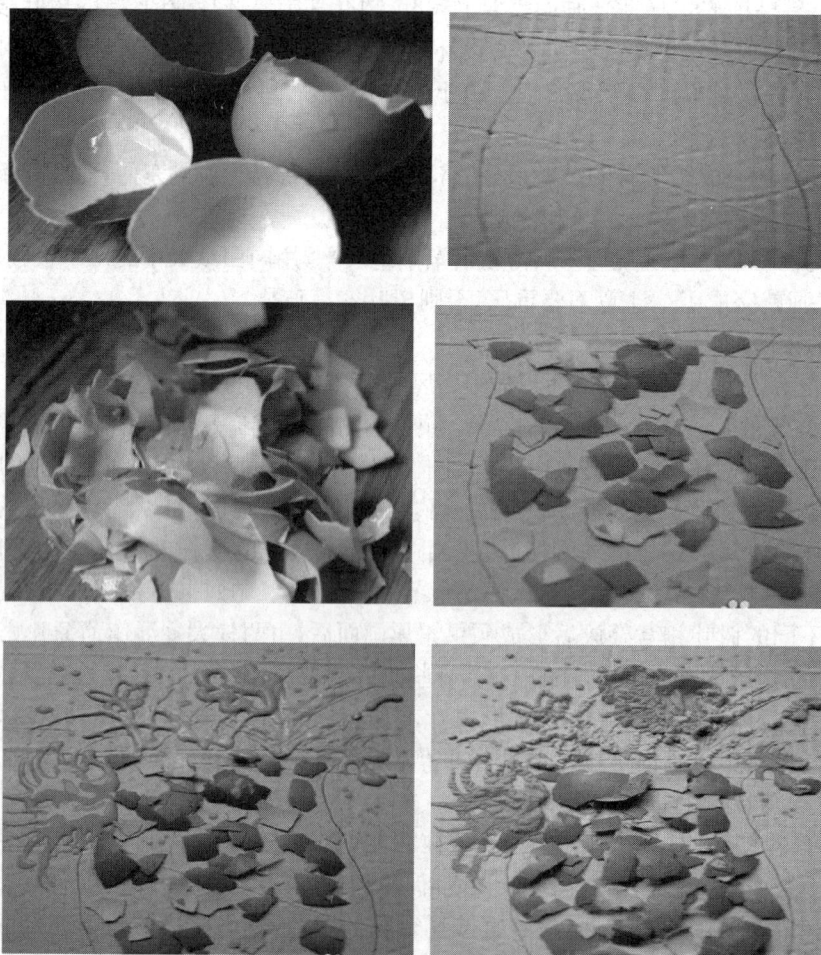

图 5-12　蛋壳粘贴画制作

（1）鸡蛋壳两个洗净晾干，特别是蛋壳内的薄膜要撕去。

（2）剪下合适大小的卡纸一张，把图形拷贝到彩色卡纸上，用彩色水笔勾边。

（3）用镊子把蛋壳压碎，蛋壳的裂纹可大可小，根据具体的图案而定。

（4）把蛋壳用小毛笔蘸胶水涂在卡纸上花瓶图形内，不同的部位可以用不同颜色的蛋壳粘贴，可以用不同颜色的蛋壳镶在中间，边缘一定要对齐。胶水要涂的厚，但不要涂太大面积。

（5）按着蛋壳碎片的形状上色，画上花朵和叶子。最后用电吹风吹干，加上镜框，一幅漂亮的装饰画就好了。当然，你也可以发挥你的想象力，做出更漂亮的粘贴画来。

【实践与练习】

自己设计图案，制作以上 3 种粘贴画各一副。

下 篇

Part 2 地理学

第一节 认 识 宇 宙

问题与现象

"宇宙",我们一般把它当作是天地万物的总称。我国古代有"上下四方曰宇,往古来今曰宙"的观点。在这种观念之下,人们把空间称为"宇",把时间称为"宙"。所以,"宇宙"这个词有"所有的时间和空间"的意思。把"宇宙"的概念与时间和空间联系在一起,体现了我国古代人民的独特智慧。

一、物质的宇宙

20 世纪 60 年代以来,随着大型天文望远镜的使用,以及空间探测技术的发展,使得人们观测到的宇宙范围不断扩大,对宇宙的认识不断加深。

宇宙是由各种形态的物质所组成,晴朗的夜晚,我们用肉眼或借助望远镜,可以看见星光闪烁的恒星、在星空中移动的行星、圆缺多变的月亮、有时还可以看见轮廓模糊的星云、一闪即逝的流星、拖着长尾巴的彗星。借助天文望远镜和其他空间探测技术,我们还可以探测到存在于星际空间的气体和尘埃等。所有这些,通称天体。天体在大小、质量、广度、温度等方面存在巨大的差别。

1. **土星** 土星是围绕太阳运行的行星。土星有美丽的光环,并被较多的卫星拱卫。它的体积约是地球的 740 倍,质量约是地球的 95 倍(图 6-1)。

2. **蟹状星云** 星云是由气体和尘埃组成的呈云雾状外表的天体。主要成分是氢,蟹状星云是金牛座中的一团无定形的膨胀气体云,它的大小约为 12 光年×7 光年,总辐射光度比太阳强几万倍(图 6-2)。

图 6-1 土星

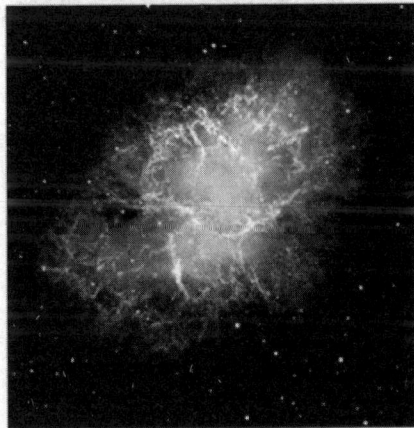

图 6-2 蟹状星云

3. **哈雷彗星** 彗星是在扁长轨道上绕太阳运行的一种质量较小的天体,呈云雾状的独特外貌。哈雷彗星是第一颗经推算预言必将重新出现而得到证实的著名大彗星。哈雷彗星的公转周期是 76 年(图 6-3)。

4. 流星　流星体是行星际空间的颗粒和固体小块，数量众多。沿同一轨道绕太阳运行的大群流星体，称为流星群。流星群与地球相遇时，人们会看到天空某一区域在几小时、几天甚至更长的时间内流星数目显著增加，有时甚至像下雨一样，这种现象称为流星雨。大多数流星雨是以辐射点所在星座或附近的恒星命名的，如图 6-4 所示的狮子座流星雨，是 1998 年天文学者在西班牙拍摄到的（图上有 5 颗流星）。

图 6-3　哈雷彗星

图 6-4　流星

二、运动的宇宙

宇宙处于不断的运动之中。天体之间相互吸引和相互绕转，形成天体系统。天体系统有不同的级别。目前，人们认识到的天体系统，从小到大排列，有以下几个层次。

1. 地月系　月球围绕地球公转，构成地月系。月地平均距离为 38.4 万千米（图 6-5）。

2. 太阳系　地球和水星、金星、火星、木星、土星、天王星和海王星等行星，以及小行星、彗星、流星体等天体围绕太阳公转，构成太阳系（图 6-6）。太阳是太阳系的中心天体，占太阳系总质量的 99.86%。

图 6-5　地月系

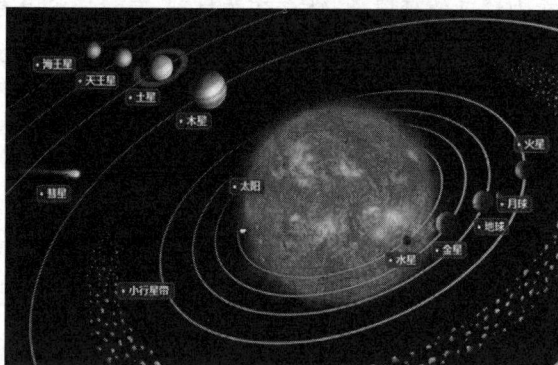
图 6-6　太阳系

3. 银河系　银河系是太阳系所在的恒星系统，包括 1 200 亿颗恒星和大量的星团、星云，还有各种类型的星际气体和星际尘埃。它的直径约为 100 000 多光年，中心厚度约为 12 000 光年，总质量是太阳质量的 1 400 亿倍。在银河系里大多数的恒星集中在一个扁球状的空间范围内，扁球的形状好像铁饼。扁球体中间突出的部分叫"核球"，半径约为 7 千光年。核球的中部叫"银核"，四周叫"银盘"。在银盘外面有一个更大的球形，那里星少，密度小，称为"银晕"，直径为 7 万光年（图 6-7）。

图 6-7　银河系

银河系以外还有许多同银河系规模相当的天体系统，称为河外星系，简称星系。用目前最大的望远镜，可以观测到数以 10 亿计的星系,其中离我们最远的估计为 150 亿～200 亿光年。天文学上把银河系和现阶段所观察到的河外星系,合起来叫作总星系,这就是我们能观测到的宇宙范围。

三、宇宙中的地球

在古代,由于受科学技术等的影响,人们只能够站在地球上去观察日月星辰,人们发现太阳、月亮等一些星体都围绕地球运转,最初由古希腊学者欧多克斯提出,后经亚里士多德、托勒密进一步发展而逐渐建立和完善产生了"地心说"(图 6-8)。16 世纪 40 年代,波兰杰出的天文学家哥白尼,根据自己多年观察的结果,首先提出了"日心说",他认为地球不是宇宙的中心,而是一颗围绕太阳转动的小小星球。后来的科学研究,不断证实和发展了哥白尼的观点。现在,人们已经知道,地球是太阳系中一颗普通的行星,与太阳相距 1.496 亿千米。

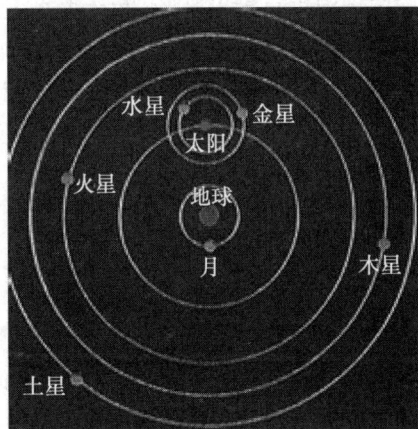

图 6-8 地心说模型

四、地球在宇宙中

地球是太阳系中一颗普通的行星。从表 6-1 中可以看出,在太阳系的八大行星中,地球的质量、体积、平均密度、自转和公转运动有自己的特征,但并不特殊。

表 6-1 太阳系八大行星概况

行星		质量 (地球为1)	体积 (地球为1)	平均密度	公转周期	自转周期
类地行星	水星	0.05	0.056	5.46	87.9 d	58.6 d
	金星	0.82	0.856	5.26	224.7 d	243 d
	地球	1.00	1.000	5.52	1 a	23 h 56 min
	火星	0.11	0.150	3.96	1.9 a	24 h 37 min
巨行星	木星	317.94	1 316.000	1.33	11.8 a	9 h 50 min
	火星	95.18	745.000	0.70	29.5 a	10 h 14 min
远日行星	天王星	14.63	65.200	1.24	84.0 a	约 16 h
	海王星	17.22	57.100	1.66	164.8 a	约 18 h

然而,地球却特殊在这是一颗适合生物生存和繁衍的行星。虽然我们相信宇宙空间还会有适合生命繁衍的星球,但是到目前为止,我们还没有发现它们。为什么地球上会有出现生命物质的存在呢? 这与地球所处的宇宙环境,以及地球本身的条件有密切的关系。

在恒星世界里,有半数以上的恒星是成双成对,或者三五成群出现,而太阳是单颗恒星,周围的恒星密度小。例如,太阳光到达地球需要 8 分钟的时间,而离太阳最近的恒星(比邻星)的光到达地球需 4.2 年的时间。太阳附近恒星密度小,有利于太阳的稳定。

从太阳系诞生到地球上升始有原始的生命痕迹,中间经历了漫长的阶段。在这个阶段里,太阳没有明显的变化,地球所处的光照条件一直比较稳定,生命从低级到高级的演化没有中断。

地球附近的行星际空间,大、小行星绕日公转的方向一致,而且绕日公转轨道面几乎在同一个平面上。大、小行星各行其道,互不干扰,使地球处于一种安全的宇宙环境之中。

地球与太阳的距离适中,平均温度为 15℃,使地球表面有适于生命过程发生和发展的温度条件。如果地球距离太阳太近,地表温度太高,由于热扰动太强,原子根本不能结合在一起,也就无法形成分子,更别说复杂的生命物质了。相反,如果地球距离太阳太远,地表温度太低,生命物质也无法形成。

地球具有适中的体积和质量,其引力可以使大量的气体聚集在地球的周围,形成包围地球的大气层。原始地球大气成分主要是二氧化碳、一氧化碳、甲烷和氨,缺少氧气,不适合生物生存的需要。经过漫长的演化过程,地球大气转化为以氮和氧为主的、适合生物呼吸的大气。

地球上有液态水。原本地球上没有水。由于原始地球体积收缩和内部放射性元素衰变产生热量,地球内部温度逐渐升高,不断产生水汽。这些水汽通过火山活动等形式逸出地表,逐渐冷却、凝结形成降水,汇聚到地表低洼地带,形成原始海洋。海洋是生命的摇篮,最初的单细胞生物,就出现在海洋中。

由上述可知,地球处在一个比较稳定和安全的宇宙环境之中,而且自身又具备了生命物质生存所必需的温度、大气、水等条件,生物的出现和存在也就不足为奇了。

五、星座

地球以外的天体,距离我们远近极其悬殊。晴朗的夜晚,每当人们抬头仰望天空的时候,总会感到天空是地平面上巨大的半球面,日月星辰都分布在这个半球面上。恒星自身能够发光,在星空中是最为显著的天体。恒星距离地球非常遥远,人们用肉眼很难察觉到恒星的运动,因而可以认为恒星是固定不动的。我们用肉眼可以看到的恒星有近 6 000 颗。为了方便研究,天文学家用"视星等"来区分它们的明亮程度。星等级越低,星数越多。但是星等级并不反映恒星本身真正发出光度的大小。同样发光度的恒星,距离地球越近,亮度越大;距离越远,亮度越小。根据长期观察,人们把肉眼能够看到的星分为六等,一等星最亮,六等星最暗,比六等星更暗的就要用望远镜来观察了。

自古以来,人们对于恒星的排列现状就很感兴趣,把一些邻近的恒星联系起来,组成星座,1922 年,国际天文学联合会决定将天空划分为 88 个星座。许多星座都有美丽的传说,我们可以根据星座中的亮星及其组成的现状把它们分辨出来。

1. 大熊星座与北斗七星　大熊座是在北方天空中最醒目的星座,我国北方地区上空终年可见。这个星座最耀眼的部分是由七颗星组成的"北斗",我国古代天文学家给北斗七星每一颗都专门起了名字,还特别把斗身的四颗星称作"魁",魁就是传说中的文曲星(图 6-9)。

2. 小熊星座与北斗星　小熊星座虽然不明亮,但它因有北极星而非常文明。位于"小熊"的尾巴尖上的北极星是小熊星座中最亮的恒星,离我们约 400 光年。由于北极星始终位于北极的上空,千百年来地球上的人们靠它来导航,即使是在科技高度发达的今天,北极星在天文量测、定位等方面仍然有着非常重要的作用(图 6-10)。

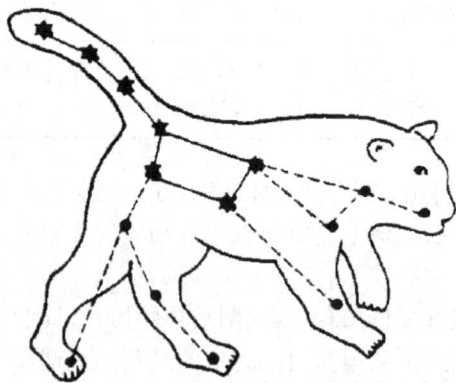

图 6-9　大熊星座与北斗七星

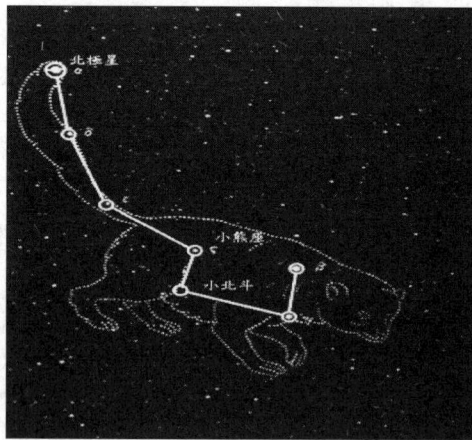

图 6-10　小熊星座与北极星

六、开发宇宙

随着科技不断地发展,人类已经能够进入到太空并开始适应、研究、认识、开发和利用空间环境,这是人类历史上的一次伟大飞跃。宇宙中蕴藏着丰富的自然资源,这些资源主要包括空间资源、太阳能资源和矿产资源。

宇宙空间极其辽阔,人类可以从距离地球数万千米的高空观测地球,迅速大量地收集地球的各种信息,还可以在卫星上进行各种科学实验。例如,在生物卫星上研究失重对昆虫、微生物以及植物的生长、发育和新陈代谢的影响。太阳能绝大部分不能透过地球大气到达地表。如何最大限度地利用太阳能,是摆在科学家面前的科研问题。通过科学家对月球岩石标本的分析发现,里面含有地壳里面的所有元素和 60

多种矿藏,还富含有地球上没有的能源和 ^{3}He,它是核聚变反应堆理想的燃料。

　　宇宙开发活动,无论规模和技术,还是经济投入,都已不是一个国家所能独立完成的。因此,空间资源开发的一个趋向是日益走上国际合作的道路。

【阅读与扩展】

探索地外文明

　　现代的天文观测和实验越来越支持这样一个观点:宇宙空间任何天体只要条件合适,就可能产生原始的生命,并逐渐进化到高级生命。人类为了探索地外文明的存在,并试图与地外智慧生物取得联系,采取了一系列方法。例如,半个多世纪以来,人类通过电报、广播、电视、雷达等发射的大量无线电波已经传出了几十光年;同时,人类不断加强对地外智慧生物可能发出的电波的接受工作。此外,人类还在一些送往太空探测器上装了不少资料。这些资料包括了人体的形态、太阳系的形成、二进制的一些基本常数、一百多张地球文明和风景的幻灯片,记录在镀金铜板上的各种语言、音乐和声乐等。人类期待着地外智慧生物的回音。

中国向宇宙空间进军

　　空间资源开发是一个国家的总体战略。航天技术发展的每一个里程碑,都是国家根据其政治、经济、科技、社会发展的需求而做出的战略性决策。我国的航天事业起步于20世纪50年代中期,现在已经步入世界航天技术先进国家的行列(图6-11,图6-12)。

图6-11　火箭发射

图6-12　"神舟"十号

　　1956年,中国把开发火箭技术纳入国家12年科学发展远景规划。

　　1960年2月19日,中国自行设计制造的试验型液体燃料探空火箭首次发射成功。

　　1970年4月24日,中国第一颗人造地球卫星"东方红"一号在酒泉发射成功,中国成为世界上第5个发射卫星的国家。

　　1975年11月26日,中国首颗返回式卫星发射成功,3天后顺利返回,中国成为世界上第3个掌握卫星返回技术的国家。

　　1984年,实验通信卫星"东方红"二号发射成功,标志着中国成为世界上能发射地球静止轨道卫星的国家。

　　1985年10月长征火箭开始走向国际市场,先后为许多国家和地区发射了卫星。

　　1999年11月20日,中国第一艘无人试验飞船"神舟"一号试验飞船在酒泉发射升空,21小时后在内蒙古中部回收场成功着陆。

　　2001年1月10日1时0分,中国自行研制的"神舟"二号无人飞船在酒泉卫星发射中心发射升空。

　　2002年3月25日,"神舟"三号在酒泉卫星发射中心成功升入太空。4月1日,"神舟"三号成功降落于内蒙古中部地区。

　　2002年12月30日零时40分,"神舟"四号无人飞船在酒泉卫星发射中心发射升空。

2003 年 1 月 5 日晚上 7 时许在内蒙古中部预定区域着陆,顺利回收。

2003 年 10 月 15 日,中国第一位航天员杨利伟乘坐"神舟"五号飞船进入太空,实现了中华民族千年飞天梦想,标志着我国成为世界上第 3 个能够发射载人飞船的国家。

2005 年 10 月 12 日,航天员费俊龙、聂海胜乘坐"神舟"六号飞船再次进入太空,并在遨游太空 5 天、完成一系列太空实验后安全返回地面。

2008 年 9 月 25 日 21 点 10 分 04 秒"神舟"七号载人航天飞船从中国酒泉卫星发射中心载人航天发射场用长征二号 F 火箭发射升空。飞船于 2008 年 9 月 28 日 17 点 37 分成功着陆于中国内蒙古四子王旗主着陆场。"神舟"七号飞船共计飞行 2 天 20 小时 27 分钟。"神舟"七号载人飞船是中国"神舟"号飞船系列之一,用长征二号 F 火箭发射升空。这是中国第 3 个载人航天飞船,突破和掌握出舱活动相关技术。

2011 年 11 月 1 日 5 时 58 分 10 秒"神舟"八号飞船由改进型"长征"二号 F 遥八火箭顺利发射升空。升空后 2 天,"神八"与此前发射的"天宫一号"目标飞行器进行了空间交会对接。组合体运行 12 天后,"神舟"八号飞船脱离"天宫一号"并再次与之进行交会对接试验,这标志着我国已经成功突破了空间交会对接及组合体运行等一系列关键技术。

2012 年 6 月 16 日 18 时 37 分,"神舟"九号飞船在酒泉卫星发射中心发射升空。2012 年 6 月 18 日 11 时左右转入自主控制飞行,14 时左右与"天宫一号"实施自动交会对接,这是中国实施的首次载人空间交会对接。2012 年 6 月 29 日 10 点 00 分安全返回。

2013 年 6 月 11 日 17 时 38 分"神舟"十号在酒泉卫星发射中心由长征二号 F 改进型运载火箭(遥十)"神箭"成功发射。在轨飞行 15 天,并首次开展中国航天员太空授课活动。飞行乘组由男航天员聂海胜、张晓光和女航天员王亚平组成,聂海胜担任指令长;6 月 26 日,"神舟"十号载人飞船返回舱返回地面(图 6-12)。

【思考与练习】

1. 说明天体系统的形成和不同层次的关系,并绘出简单的示意图。
2. 谈谈宇宙开发与我们有什么样的关系。

第二节 地球的运动

问题与现象

我国陆地幅员辽阔,陆上面积达到了 960 万平方公里,产生了很多有趣的现象。位于我国东部的北京的中小学生早上 8:00 上学,中午 12:00 放学;而位于西部新疆的中小学生早上 9:30 上课,中午 13:30 才放学;在美国白天举行的比赛我们要在午夜才能看到;世界上最大的沙漠撒哈拉终年炎热,四川盆地四季分明,等等。这些有趣的现象是由什么原因造成的呢?

一、地球的自转

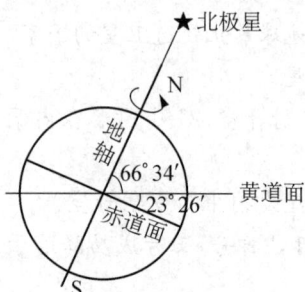

图 6-13 地轴

地球绕其自转轴的旋转,叫作自转。地球自转轴简称地轴。地轴是一个假想轴,地轴的北端始终指向北极星的附近,并且垂直于赤道,与地表有两个交点,北极点(用字母 N 表示)和南极点(用字母 S 表示)(图 6-13)。地球自转的周期由于选取的参照点不同而不同,其长度略有差异。如果以太阳作为参照点,其自转周期为 24 小时;如果是以距离地球遥远的恒星作为参照点,则自转的周期为 23 时 56 分 4 秒,我们把这个时间称为恒星日。恒星日是地球自转的真正周期。

【思考】

　　用地球仪演示地球的自转,请思考:从北极上空观察,地球是怎样自转? 如果从南极上空观察,地球自转的方向又会有什么不同呢? (图6-14)

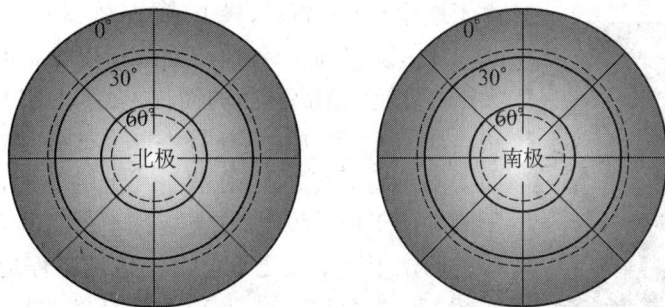

图 6-14　不同观察点观察地球

二、地球的公转

　　地球绕太阳的运动,叫作地球的公转。地球公转的路线叫作公转轨道。它是一个近似正圆的椭圆轨道,太阳位于椭圆的一个焦点上(图6-15)。

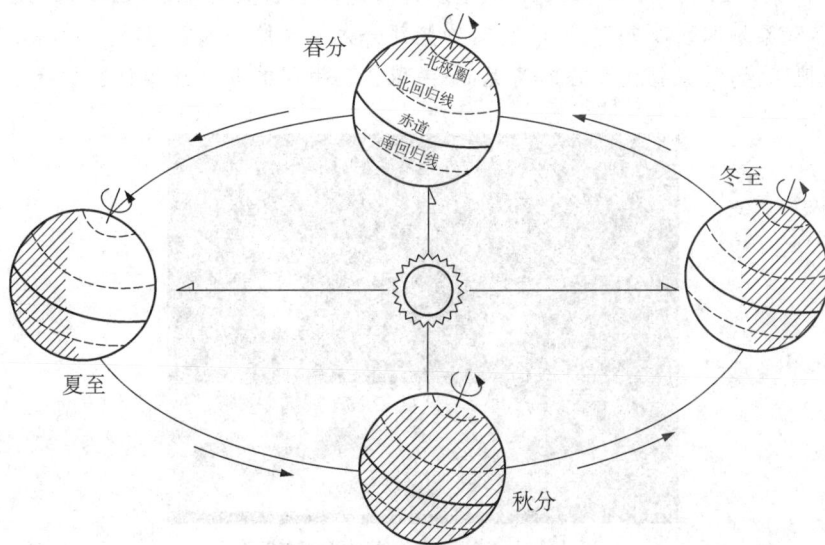

图 6-15　地球公转示意图

　　由于太阳略微偏离地球公转轨道的中心,因此,日地距离不断随地球公转而发生细微的变化,地球公转速度也相应有一些变化(表6-2)。一般情况下,在不特别考察地球的近日点和远日点时,我们可以使用日地平均距离1.5亿千米(也叫作一个天文单位)、平均角速度1°每日、平均线速度30千米每秒等数据来说明地球公转的基本情况。

表 6-2　地球公转速度的变化

时间	日地距离	地球运动的角速度	地球运动的线速度
1 月初	14 710 万 km	61′/d	30.3 km/s
7 月初	15 210 万 km	57′/d	29.30/s

　　同地球自转方向一致,地球公转的方向也为自西向东,即从地球北极上空向下看,地球沿逆时针方向绕太阳运转地球公转一周360°,所需要的时间为365日6时9分10秒,这叫作1恒星年。

三、昼夜交替

由于地球是一个既不发光也不透明的球体,所以在同一时间里,太阳只能照亮地球的一半。向着太阳的半球是白天,背着太阳的半球是黑夜。如图 6-16 所示昼半球和夜半球的分界线(圈)叫作晨昏线(圈)。由于地球不停地自转,昼半球与夜半球也就不停地交替。

图 6-16　昼、夜半球晨昏线

任一瞬间,地球各地所处的昼夜状态可以用太阳高度来表达。太阳高度是太阳高度角的简称,表示太阳光线对当地地平面的倾角。如图 6-16 所示,在昼半球上的各地,太阳高度总是大于 0°,即太阳在地平线之上;在晨昏线上的各地,太阳高度等于 0°,即太阳刚好位于地平线上;在夜半球上的各地,太阳高度总是小于 0°,即太阳位于地平线之下。由于地球不停地运动,昼夜也就不断地交替。昼夜交替的周期,或太阳高度的日变化周期为 24 小时,叫作 1 太阳日。太阳日制约着人类的起居作息,因而被用来作为基本的时间单位。此外,太阳日时间不长,使整个地球表面增热和冷却不致过分剧烈,从而保证了地球上生命有机体的生存和发展。

【小实验】

请用一盏台灯代表太阳,一个地球仪代表地球,演示地球昼夜更替现象(图 6-17)。

1. 打开台灯,观察地球仪哪些部分被照亮,哪些部分太阳光照不到?
2. 匀速转动地球仪,观察昼夜更替的情况,昼半球和夜半球的分界线是什么形状?

图 6-17　地球昼夜更替现象演示

四、地方时

由于地球不停地自西向东自转,在同纬度地区,相对位置偏东的地点比位置偏西的地点先看到日出,这样时间就有了早迟之分。显然,位置偏东的点时间比位置偏西的点时间来得更早一些。因经度而不同的时刻,统称为地方时。地球自转一周 360°,需要的时间大约为 24 小时。即:地球 1 小时转过 15°,经度相差 1°,地方时相差 4 分钟,以此类推。所以,各地的地方时经度上的微小差别,都能造成相应的地方时之差。

地方时因经度而不同,使用起来很不方便。19 世纪中期,欧美一些国家开始采用一种全国统一的时间。随着长途铁路运输和远洋航海事业的日益发达,国际交往频繁,各国采用的未经协调的地方时,给人们带来很多困难。1884 年,国际上采取了全世界按统一标准划分时区,实行分区计时的办法。我们知道,从理论上全球共划分成 24 个时区,各时区都以中央经线的地方时为本区的区时。相邻两个时区的时区相差 1 小时。我国领土跨 5 个时区,为了便于不同地区的联系和协调,全国目前统一采取北京所在的东 8 区区时(即东经 120°的地方时),称为"北京时间"。

【思考】
　　一家涉外宾馆为了方便游客安排出行时间,接待大厅里需要挂上几个时钟,表示世界不同城市(如北京、伦敦、巴黎、纽约、东京、曼谷、堪培拉)时间的差异。假如经理请你负责这项工作,你如何确定不同时钟的时间?

五、太阳直射点的回归运动

　　地球是一个球体,太阳虽然在同一时刻能够照亮地球的一半,但却只直射地面上的一点。我们把地球表面接受太阳直射的点,称为太阳直射点。由于地轴倾斜和地球公转这两个重要因素,太阳直射点的纬度是在不断变化的。从冬至日(12 月 22 日)到夏至日(6 月 22 日),太阳直射点自南纬 23°26′向北移动,经过赤道(春分日 3 月 21 日),到达北纬 23°26′;从夏至日到冬至日,太阳直射点由北纬 23°26′往南移,经过赤道(秋分日 9 月 23 日),再到达南纬 23°26′。太阳直射点在赤道南北的这种周期性往返运动,称为太阳直射点的回归运动(图 6-18)。太阳直射点回归运动的周期为 365 日 5 时 48 分 46 秒,叫作 1 回归年。

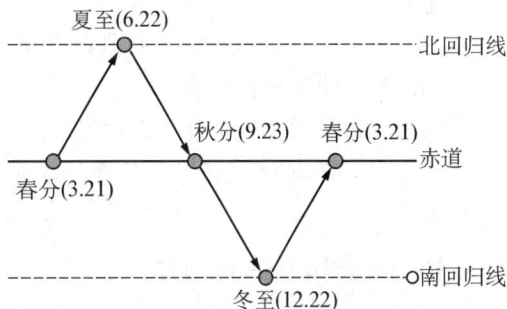

图 6-18　太阳直射点回归运动

　　在太阳直射点上,单位面积获得的太阳辐射能量最多。显然,太阳直射点的南北移动,使太阳辐射能在地球表面的分配具有回归年的变化。

六、昼夜长短和正午太阳高度的变化

　　太阳直射点的移动,使地球表面接受到的太阳辐射能量,因时因地而变化。这种变化可以通过昼夜长短和正午太阳高度的变化来体现。昼夜长短反映了日照时间的长短;正午太阳高度是一日内最大的太阳高度,反映了太阳辐射的强弱。两者结合起来,可以定性地表达某时某地太阳辐射能量的多少。

(一) 昼夜长短的变化

　　春分日至秋分日,是北半球的夏半年。在此期间,太阳直射北半球,北半球各纬度昼长大于夜长;纬度越高,昼越长夜越短。其中,夏至日这一天,北半球各纬度的昼长达到一年中的最大值,而且北极圈及其以北地区,太阳整日不落,出现极昼现象。南半球反之。

　　自秋分日至次年春分日,是北半球的冬半年。在此期间,太阳直射南半球,北半球各纬度夜长大于昼长;纬度越高,夜越长昼越短。其中,冬至日这一天,北半球各纬度的昼长达到一年中的最小值,而且北极圈及其以北地区,太阳整日不出,出现极夜现象。南半球反之。

　　在春分日和秋分日,太阳直射赤道,全球各地昼夜等长,各为 12 小时(图 6-19)。

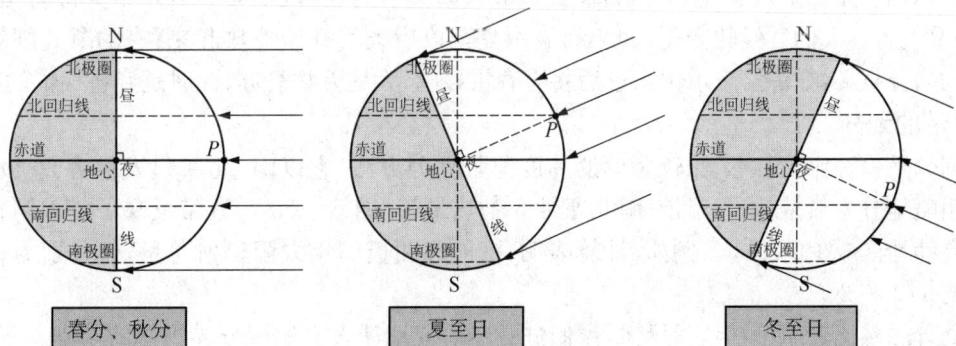

图 6-19　昼夜变化

（二）正午太阳高度的变化

同一时刻,正午太阳高度由太阳直射点向南北两侧递减。

夏至日那天,太阳直射北回归线,此时,北回归线及其以北各纬度,正午太阳高度达到一年中的最大值;南半球各纬度,正午太阳高度达到一年中的最小值。冬至日那天,太阳直射南回归线,此时,南回归线及其以南各纬度,正午太阳高度达到一年中的最大值;北半球各纬度,正午太阳高度达到一年中的最小值。

春分日和秋分日,太阳直射赤道。正午太阳高度自赤道向两极递减。综上所述,全球除赤道以外,同一纬度地区,昼夜长短和正午太阳高度随季节而变化,使太阳辐射具有季节变化的规律,形成了四季;同一季节,昼夜长短和正午太阳高度随纬度而变化,使太阳辐射具有纬度分异的规律,形成了五带。

【思考】

1. 分析图6-19,太阳分别直射哪个纬度?

2. 哪个纬度昼长最长?

3. 昼长的纬度分布有什么规律?

4. 一年中,正午太阳高度的纬度分布有什么规律?

七、四季和五带的划分

（一）四季的划分

我国与欧美国家传统的四季划分虽然都立足于昼夜长短和正午太阳高度的季节变化,但是具体的时间划分不同(图6-20)。我国古代天文学家和劳动人民,将地球绕日运行的轨道分为24段,每一段叫作一个节气。人们根据太阳辐射的年变化情况,以二十四节气中的立春、立夏、立秋和立冬为起点,划分为春、夏、秋、冬四季。这样划分的季节,夏季就是一年内白昼最长、太阳高度最高的季节;冬季就是一年内白昼最短、太阳高度最低的季节;春秋两季就是冬夏的过渡季节。欧美国家则把春分、夏至、秋分和冬至,分别看作春、夏、秋、冬四季的起点。

传统的划分四季的方法,与各地实际气候的递变不一定符合。为了使季节划分与气候相结合,现在北温带许多国家一般把3、4、5月3个月划为春季;6、7、8月3个月划为夏季;9、10、11月3个月划为秋季;12、1、2月3个月划为冬季。

季节的划分,对人们的生产和生活具有重要意义。例如,二十四节气的创立不仅是我国科学史上的一个辉煌成就,而且对我国黄河流域人们的生活和农业生产,具有指示和预告作用。在二十四节气中,有的节气告诉人们季节的更替,如立春表示冬天即将结束,春天即将开始;有的节气告诉人们气候的变化,如小暑表示夏至以后天气开始炎热起来;有的节气则对安排农事活动有一定的指导意义,如惊蛰表示雨水过后将有春雷轰鸣,大地万物复苏,此时是春耕大忙的时节。

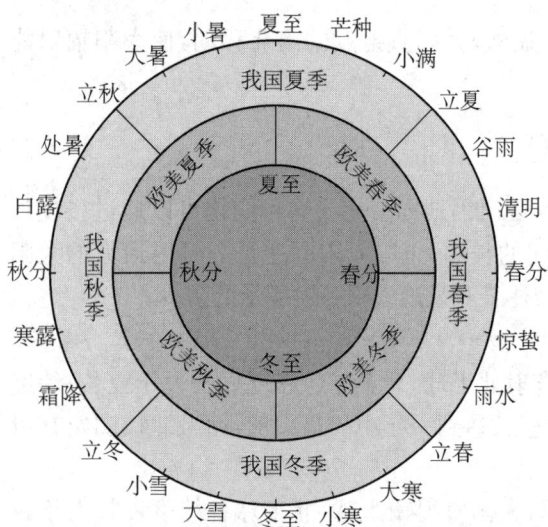

图6-20 二十四节气与四季(北半球)

（二）五带的划分

五带的划分是一种比较古老、比较简单的纬度地带划分方法,它以南、北回归线和南、北极圈为界限,把地球表面粗略地分为热带、南北温带、南北寒带5个热量带(图6-21)。五带反映了年太阳辐射总量从低纬地区向高纬地区减少的规律。例如,计算表明,极圈和两极的年太阳辐射总量,仅分别为赤道上年太阳辐射总量的1/2和2/5。

五带的划分虽然比较简单,但它是科学家们进一步研究地球表面地域分异规律的基础。例如,地理学家把气候、植被、土壤等因素综合起来考虑,划分了热带雨林带、温带落叶阔叶林带、苔原带等。

【思考】

读图6-21,五带分别有什么样的特点?

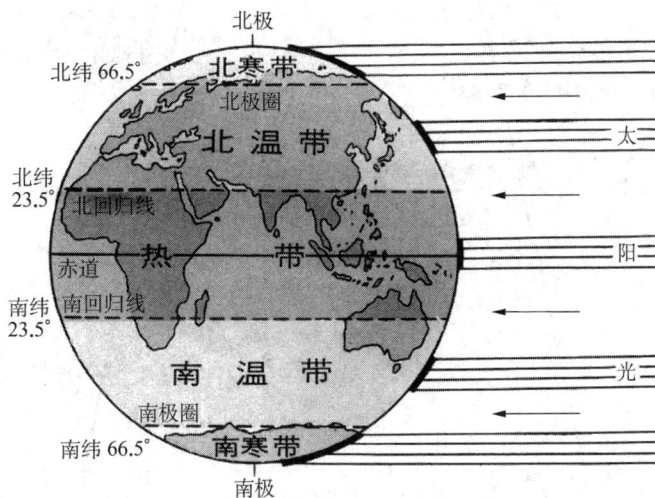

图6-21 五带的划分

【阅读与扩展】

国际日期变更线

1522年,麦哲伦船队在经历三年环球航行后回到西班牙时,发现航海日志的日期比岸上的日期少一天,这在当时引起一场轩然大波。这是为什么呢?

原来,当船舶在向西行进时,中午的物理时刻会逐日推迟,即每天都在推迟中午的到来。按这种被延长了的昼夜来计算日子,在绕行地球一周后,便要少一天。反之向东航行,中午的物理时刻逐日提早,昼夜缩短,环球一周后,日期便会多出一天。如果没有适当的措施,每绕行地球一周,日期便差一天。

1884年,人们决定在太平洋中,也即在180°经线附近画一条线,规定当各种交通工具自东向西越过此线后,日期增加一天;而自西向东越过此线后,日期减少一天。这条线就是"日界线",也叫"国际日期变更线"。日界线分出了最东时区和最西时区。日界线西侧的东12区成为全球最早迎接太阳升起的地方,它的时刻最早;日界线东侧的西12区则成为全球时刻最迟的地方。日界线的设置,把时区的排列,变无限方向为有限方向,因此避免了环球航行中日期混乱的现象发生。

地方时的计算

地方时的计算规律:经度相同的地方,地方时相同,经度不同的地方,地方时不同;时间东早西迟;经度相差15°,地方时相差1小时,经度相差1°,地方时相差4分钟;极点是所有经线的交点,无地方时。

地方时的计算公式:

所求地方时=已知时间±4分钟×经度差/1°

(注:东"+"西"—")

地方时计算步骤:

步骤一:求经度差(同"减"异"加")。

步骤二:求时间差,经度每隔15°,地方时相差1小时;经度每隔1°,地方时相差4分钟。

步骤三:判断东西(判断迟早),东加西减。

【案例分析】

例1.当北京(116°E)地方时为12点时,乌鲁木齐(87°E)地方时是几时几分?(图6-22)

图 6-22 北京和乌鲁木齐经度

分析：因为北京、乌鲁木齐两个城市同是东经，所以，两地的经度差＝116°－87°＝29°，地方时差＝29°×4分钟/1°＝116分钟，因为两地同是东经，度数越大越靠东，要求的乌鲁木齐度数比北京更小，所以，乌鲁木齐在北京的西部，应减地方时差。乌鲁木齐地方时为 12：00－116分钟＝10：04分。

解：所求地方时＝已知时间－4分钟×经度差/1°

$$= 12:00 - 4分钟 \times (116° - 87°)/1°$$
$$= 12:00 - 4分钟 \times 29°$$
$$= 12:00 - 116分钟$$
$$= 10:04$$

答：乌鲁木齐的地方时为上午10：04。

【思考与练习】

1. 填写下列表格

地球的运动	旋转中心	旋转方向	运转中心	举例说明地球的运动
自转				
公转				

2. 北京时间和北京地方时是一样吗？如果不同，两者相差多长时间？

3. 离北京所在的东八区较远的地区，作息时间与北京不同。例如，新疆乌鲁木齐市的人们一般早晨10点钟上班，午后14点钟吃午饭。为什么会产生这样的作息时间？

4. 美国旧金山（122°W）地方时为14点时，迈阿密（80°W）地方时是几时几分？

5. 下面是一首农谚：

立春阳气转，雨水沿河边，惊蛰乌鸦叫，春分地皮干；
清明忙种麦，谷雨种大田，立夏鹅毛住，小满雀来全；
芒种开了铲，夏至不拿棉，小暑不算热，大暑三伏天；
立秋忙打甸，处暑动刀镰，白露烟上架，秋分不生田；
寒露不算冷，霜降变了天，立冬交十月，小雪地封严；
大雪江茬上，冬至不行船，小寒近腊月，大寒整一年。

读这首农谚,完成下列问题:

(1) 找出这首农谚中明确指示农业生产的谚语,并明确节气的名称。

(2) 把这些节气与今年的年历(带有农历的年历),对照看一看它们分别对应哪月哪日?

(3) 联系当地农业生产的实际,看看农事的安排与这首农谚是否大体相符?

第三节　大气的组成与垂直分层

问题与现象

　　按照我们习惯性的思维,海拔越高,距离太阳越近温度也应该越高,但是事实却并非如此,去过山区旅游的人都知道,随着我们越往山顶走,温度越低;珠穆朗玛峰是世界上最高的山峰(8 844.43 米),而在山顶却终年都有冰川的存在(图6-23)。为什么会有这种奇怪的现象存在呢?

图6-23　珠穆朗玛峰

一、大气的组成

　　自然状态下的低层大气主要是由干洁空气、水汽和固体杂质三部分组成的。除去水汽和悬浮颗粒的空气称为干洁空气。

　　干洁空气(25 km以下)的主要成分中,氮和氧合占干洁空气体积分数的99%。氧是人类和一切生物维持生命活动所必需的物质;氮是地球上生物体的基本成分(图6-24)。大气中的微量成分二氧化碳和臭氧,含量虽少,但对地球上的生命活动和自然环境有着重要作用。二氧化碳是绿色植物进行光合作用的基本原料,并对地面起保温作用。臭氧能大量吸收太阳紫外线,保护地球上的生物免受过多紫外线的伤害,被誉为"地球生命的保护伞";而穿透大气射到地面上的少量紫外线,又起到杀菌治病作用。

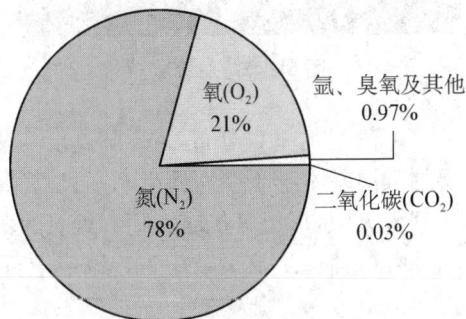

图6-24　干洁空气的组成及其按体积所占的百分比

　　水汽和固体杂质在大气中的含量很少,但却是成云致雨的必要条件。大气中的水汽主要来自海洋上及陆地上的江、河、湖、沼等湿地的蒸发和植物的蒸腾。它是大气中唯一能够在自然环境状态下发生相态变化(即固、液、气三态转变)的成分。云、雾、雨、雪等天气现象,就是水汽相变的结果。大气中的固体杂质主要来源于地面的尘埃、烟尘颗粒、火山灰等,作为水汽的凝结核,对云雾和降水的形成起到促进作用。

由于人类活动造成的大气污染,已导致大气成分比例的变化。例如,人类活动燃烧煤、石油等矿物燃料,排放出大量的二氧化碳,使大气中的二氧化碳含量不断增加。又如,在制冷工业发展前,大气中是没有氟氯烃化合物的。20 世纪 80 年代以后,随着电冰箱、冰柜等的广泛使用,释放出大量的氟氯烃化合物,使大气中的氟氯烃含量增加。氟氯烃能破坏大气中的臭氧,使大气中的臭氧总量减少。尽管人类活动引起的大气成分的变化是缓慢的,但已直接构成对人体健康的危害,并影响到人类的生存环境,而且对社会经济各个方面都具有潜在的重大影响。由于人类活动排入大气中的这些污染物不受国界限制,因此造成的危害是全球性的。为此,从整个人类生存与发展的共同利益出发,多次国际会议的召开,都是为了研讨并采取有效措施来控制有害气体的排放量,以保护大气环境。

二、大气垂直分层

地球大气从地面向上,可延伸到数千千米的高空。大气温度的垂直变化状况,各层次不尽相同,有的气温随高度而递减,有的气温随高度而增加。温度的垂直变化状况又决定了空气的垂直运动状况。依据温度、密度和大气运动状况,可将大气划分为对流层、平流层和高层大气。

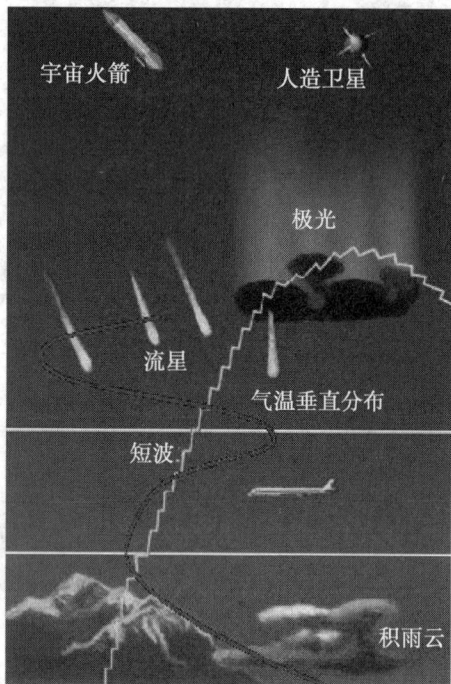

图 6-25 对流层

（一）对流层

贴近地面的大气最低层。整个大气质量的 3/4 和几乎全部水汽、固体杂质都集中在这一层。该层是大气中最活跃、与人类关系最密切的一层。人类就生活在对流层的底部(图 6-25)。

对流层有以下特点:

● 气温随高度的增加而递减。这是因为地面是对流层大气的主要的直接热源,因而气温随着海拔的增加而递减,平均每上升 1 000 m,气温降低 6℃。

● 对流运动显著。该层上部冷下部热,有利于空气的对流运动,对流层即因此得名。对流层的高度因纬度而异:低纬度地面受热多,对流旺盛,对流层高度可达 17～18 km;高纬度地面受热少,对流运动弱,对流层高度仅 8～9 km。

● 天气现象复杂多变。近地面的水汽和固体杂质通过对流运动向上空输送,在上升过程中随着气温的降低,容易成云致雨。云、雨、雾、雪等天气现象都发生在这一层。所以对流层是大气中最活跃的一层,与人类的关系也最密切。

（二）平流层

自对流层顶至 50～55 km 高度的范围为平流层。这一层有以下特点。

● 气温的垂直分布,下层随高度变化很小,在 30 km 以上,气温随高度增加而迅速上升。这是因为该层的气温基本上不受地面影响,而是靠臭氧吸收大量太阳紫外线增温的。在 22～27 km 高度处,臭氧含量达到最大值,形成臭氧层。随着臭氧的增多,气温迅速增高。

● 气流以平流运动为主。该层上部热下部冷,大气稳定,不易形成对流,而是以平流运动为主,故而得名。

平流层与人类的关系也很密切。首先,由于臭氧大量吸收太阳紫外线,成为人类生存环境的天然屏障。其次,该层水汽、固体杂质极少,天气晴朗,能见度很好,大气平稳,有利于高空飞行。现在人们乘坐的大型飞机多是在平流层中飞行。

（三）高层大气

高层大气为平流层顶以上的大气,气压很低,空气密度很小。到 2 000～3 000 km 的高空,大气的密度已与星际空间的密度非常接近。这里的一些高速度运动的空气质点经常散逸到宇宙空间去,这个高度可看作地球大气的上界。在 80～500 km 的高空,有若干电离层。电离层大气在太阳紫外线和宇宙射线的作用下,处于高度电离状态,故而能反射无线电波,对无线电通信有重要作用。

臭　氧　层

臭氧是由氧原子和氧分子结合而成。在低层大气里由于缺乏氧原子,生成臭氧的机会少,所以臭氧的含量很少。随着高度增加,太阳紫外线辐射增强,氧原子在紫外线辐射作用下发生分解,氧原子随之增多,生成臭氧的机会就增多。大致在 60 km 以上臭氧含量逐渐增多,在 20～30 km 氧原子和氧分子的含量都比较多,这一高度臭氧含量最大,形成明显的臭氧层。在此高度以上,太阳紫外线辐射就更加强烈,大部分氧分子都分解为氧原子了,出现氧原子过多而氧分子过少的状况,结合成臭氧的机会就少,所以臭氧含量也逐渐减少,大致在 60 km 以上,臭氧含量就极少了。

【思考与练习】

1. 简要说明大气的组成及大气成分的作用。
2. 为什么对流层越往高空,气温越低?
3. 为什么说对流层与人类关系最为密切? 为什么几乎全部的水汽、杂质都集中在对流层?
4. 为什么说平流层是人类生存环境的重要屏障?

第四节　大气的运动

问题和现象

众所周知,不管是在什么时候,海边和河边的风力总是比内地地区风力更大一些,山区的风力总是比平原地区的风力更大一些,为什么会出现这样的现象? 什么是风? 风是怎么形成的? 对我们的天气和气候有什么样的影响呢?

一、热力环流

由于地面冷热不均而形成的空气环流,称为热力环流,它是大气运动的一种最简单的形式。

如图 6-26 所示,在理想情况下,近地面受热均匀,使得地面到高空各高度水平面上气压相等;但是具体情况却并非如此,冷热不均引起同一水平面上的气压差异。A 地受热多,近地面空气膨胀上升,到上空聚积起来,使上空的空气密度增大,在高空形成高气压;B、C 两地受热少,空气冷却收缩下沉,上空的空气密度减小,从而在高空形成低气压。只要水平面上存在气压的差异,气流就会从高压区流向低压区,于是,在上空,空气便从气压高的 A 地向气压低的 B、C 两地扩散。

在近地面,A 地空气上升后向外流出,这就使 A 地近地面的空气密度减小,形成低气压;B、C 两地因有下沉气流,近地面的空气密度增大,形成高气压。于是,近地面的空气又从 B、C 两地流回 A 地,以补充 A 地上升的空气,从而形成了热力环流。

综上所述,近地面空气的受热或冷却,引起气流的上升或下沉运动,空气的上升或下沉,导致同一水平面上气压的差异。气压差异是形成大气的水平运动的直接原因。

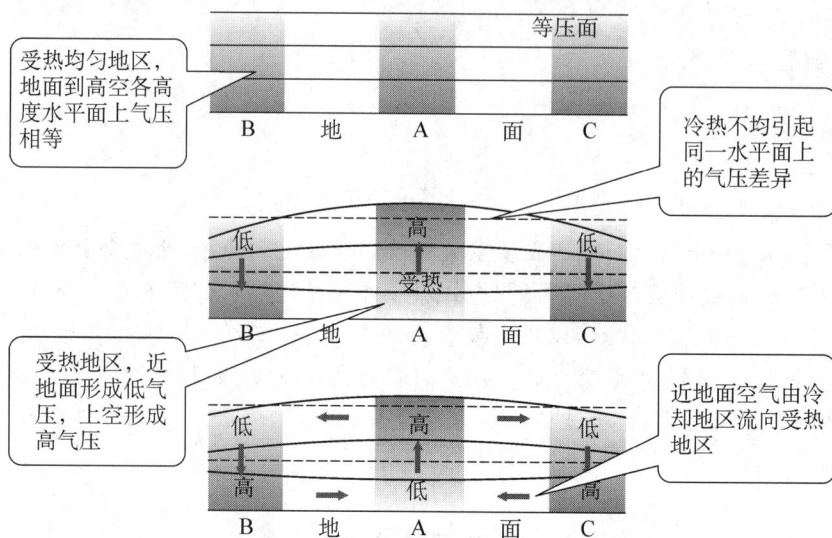

图 6-26 冷热不均引起的热力环流

【小实验】

做一两个小实验,证明热力环流的存在。

1. 烧一锅开水,注意观察锅里沸腾的开水,中间水往上冒,锅边水往下沉。

2. 在室外安全的地方点燃一小堆纸,注意观察纸片和灰烬显示出的空气流动路线,即纸片和灰烬从火堆上升,在空中流向四周,又从火堆四周下沉,然后又进入火堆。

二、季风环流

地球表面的海陆分布影响到全球的气压带和风带的分布规律,尤其是在北半球,因陆地面积比南半球大的缘故,其影响更为显著。海陆热力性质的差异,导致冬夏间海陆气压中心的季节变化,是形成季风环流的主要原因。

我们知道,由于海陆间热力性质的差异,在同样的太阳辐射条件下,陆地的温度变化比海洋快得多,冬季大陆上气温比海洋上低得多,形成冷高压;夏季大陆增温比海洋迅速,形成热低压。这样,冬夏季海陆之间气压高度的季节变化,引起了一年中盛行风的方向,随着季节的变化而有规律的反向变换,从而形成了近地面的季风环流(图 6-27)。季风环流也是大气环流的一个组成部分。亚洲东部的季风环流最为典型。

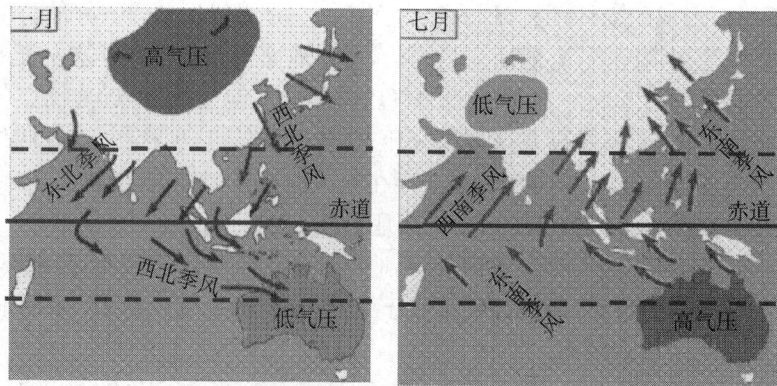

图 6-27 季风环流

太平洋是世界最大的大洋,亚欧大陆是世界最大的大陆,东亚居于两者之间,海陆的气温对比和季节变化都比其他任何地区显著。所以,海陆热力性质差异引起的季风,在东亚最为典型,范围大致包括我国东部、朝鲜半岛和日本等地区。冬季,东亚盛行来自蒙古-西伯利亚高压前缘的偏北风,寒冷干燥,风力强劲;夏季,东亚盛行来自太平洋副热带高压西北部的偏南风,高温、湿润和多雨。

　　海陆热力性质差异是形成季风的重要原因,但并不是唯一的原因。气压带和风带位置的季节移动等也是形成季风的原因。例如,我国西南地区及印度一带的西南季风,就是南半球的东南信风夏季北移越过赤道,在地转偏向力影响下向右偏转而成的。

【阅读与扩展】

副热带高压与我国的降水和旱涝

　　副热带高压是全球性的大气环流系统。它通常活动在较低纬度上空,夏季最强,冬季最弱,对一些地区的天气、气候产生巨大影响。太平洋副热带高压中心有时只有一个,位于夏威夷附近;有时分裂成两个,分别位于东、西太平洋上。西太平洋副热带高压(简称副高),对我国天气、气候影响最为直接。它的强弱、进退,几乎决定着我国东部地区主要雨带的分布以及水旱灾害的发生。随着副高位置的季节性北移和加强,夏季风暖湿气流随之逐渐北进,而北方来的冷空气势力逐渐减弱,冷暖气流在副高北侧交锋形成的降雨带也随之逐渐北上。就平均状况而言,春末,副高位置大约在北纬15°~20°,雨带常位于华南。夏初,副高西伸北进到北纬20°左右,雨带也北移到长江中下游地区直至日本南部,形成长达1个月之久的梅雨季节。7~8月,副高进一步北进到北纬25°~30°,雨带随之北推到华北、东北地区。9月,副高南退,雨带也随之南移,北方雨季结束。

　　副高的位置和强弱一旦异常,就会引起我国不同地区的水旱灾害。当有的年份夏季副高发展强大西伸至我国大陆、位置持续偏南时,雨带就长时间滞留在江、淮地区,易造成江淮地区洪涝灾害,而北方地区则会发生干旱。相反,当副高季节性北跃时间提前、位置较常年偏北时,我国北方地区就容易出现洪涝灾害,南方则易出现干旱。

城市热岛环流

　　城市人口集中,工业发达,居民生活,工业生产和汽车等交通工具每天要消耗大量的煤、石油、天然气等燃料,释放出大量的废热,导致城市的气温高于郊区,使城市犹如一个温暖的岛屿,人们称之为"城市热岛"。通常,城市的年平均气温可比郊区高出0.5~1℃。当大的环流微弱时,城市热岛的存在,引起空气在城市上升,在郊区下沉,在城市与郊区之间形成了小型的热力环流,称为城市热岛环流(图6-28)。由于城市热岛环流的出现,城区工厂排出的污染物随上升气流而上升,笼罩在城市上空,并从高空流向郊区,到郊区后下沉。下沉气流又从近地面流向城市中心,并将郊区工厂排出的污染物带入城市,致使城市的空气污染物更加严重。为了减轻城市的大气污染,在城市规划时,一定要注意研究城区上升气流到郊区下沉的距

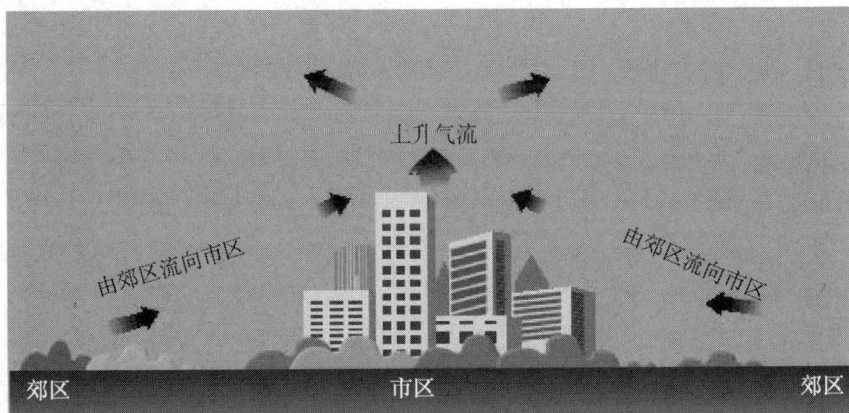

图6-28　城市热岛环流示意图

离。一方面将污染严重的工业企业布局在下沉距离之外，避免这些工厂排出的污染物从近地面流向城区。另一方面，应将卫星城建在城市热岛环流之外，以避免相互污染。

【思考与练习】

1. 城市风对城市大气环境有什么不良影响？

2. 我们在城市建设中应采取什么样的对策解决城市热岛环流问题？

3. 为什么在海边的风力较大？白天和夜晚风向有差别吗？请作图说明。

第七章

人类生活的家园——地球

第一节　地壳的组成与变动

问题与现象

地壳是由岩石组成的,岩石是形成地貌的物质基础。岩石在我们生存的地球上广泛分布,山脉、丘陵、岛屿及平原的基底,都是由岩石组成的。那么岩石是如何形成的呢?

一、组成岩石的矿物

自然界的物质都是由化学元素组成的,而地壳中的化学元素,在一定的地质条件下结合而形成的天然化合物或单质,就是矿物。矿物是人类生产和生活资料的重要来源之一。它在地球上分布十分广泛,到处可以看到。自然界的矿物很多,约有 3 000 多种,而组成岩石的主要造岩矿物不过二三十种。岩石中硅酸盐类和其他含氧盐类矿物各占 1/3,而重量分别占 75% 和 17%。其中,常见的造岩矿物主要有石英、长石、云母、角闪石等(图 7-1)。

石英　　　　　　　　　　　云母　　　　　　　　　　　长石

图 7-1　常见造岩矿物

1. **石英**　地球表面分布最广的矿物之一,常见于各种岩石中。石英的成分简单,无解理、晶面,具有玻璃光泽。水晶就是一种无色透明的大型石英结晶体矿物,呈无色、紫色、黄色、绿色等。

2. **云母**　常见的有白云母、黑云母。通常单晶体为短柱状或板状,集合体为鳞片状,珍珠光泽。具有良好的隔热性、弹性和韧性。广泛运用于建材行业、消防行业。

3. **长石**　侵入火成岩或喷出火成岩中的岩浆的结晶体,是构成地壳的最主要的一类矿物,具有玻璃光泽,单晶体呈板状,硬度为 6。

二、岩石之家

地壳中的矿物在各种地质作用下,按一定的方式结合在一起的集合体就是岩石,如花岗岩就是由长石、石英和云母等组成,大理石由方解石集合而成。岩石依据成因可以分为岩浆岩、沉积岩和变质岩三大类。

(一) 岩浆岩

岩浆岩是岩浆活动的产物。地下炙热的岩浆上升,侵入地壳中或喷出地表,随着温度的下降和压力的降低,逐渐冷却凝固而形成的岩石(图7-2)。在岩浆活动中,岩浆中的有用物质富集而形成矿床,许多金属矿就是这样形成的。岩浆岩主要有侵入岩和喷出岩两种。岩浆在地下巨大的压力作用下,沿着地壳薄弱地带侵入而经缓慢冷却凝固而形成的岩石,成为侵入岩(如花岗岩)。岩浆喷出或溢出地表,冷凝形成的岩石称为喷出岩(如玄武岩)。

岩浆岩种类有很多,常见的侵入岩如花岗岩,其主要构成矿物有石英、长石和黑云母,以灰白色和肉红色最为常见。花岗岩质地坚硬又美观,是优质的建筑材料。

玄武岩是常见的一种喷出岩,其主要构成矿物是斜长石和辉石,多为黑色或灰黑色,具有气孔构造斑状结构。玄武岩可用作耐磨耐酸性很好的铸石原料。

玄武岩　　　　　　　　　　　　　　花岗岩

图7-2　常见岩浆岩

(二) 沉积岩

裸露地表的岩石,在外力的作用及生物的影响下,逐渐成为砾石、沙子和泥土。这些碎屑物质被风、流水等的搬运后沉积起来,经固结成岩而形成的岩石,叫沉积岩(图7-3)。

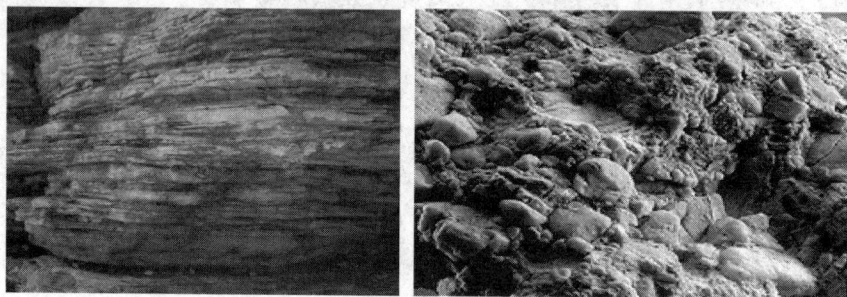

图7-3　沉积岩

按沉积物的颗粒大小,沉积岩可分为砾岩、砂岩、页岩等。有的沉积岩是由化学沉淀物或生物遗体堆积,经石化作用即成化石。沉积岩具有明显的层理结构。

知识链接

沉积岩是一层一层地沉积下来形成的,因而不同的时期形成了不同的岩层,在岩层中常常能找到变成岩石的古生物的遗体或遗迹,即化石。通过研究地层和化石,可以恢复地球历史,确定地质年代。在正常情况下,地层总是按顺序排列的。一个未经变动的沉积岩层,下面的岩层总比上面的岩层更古老。依据地层层序,就可以确定地层的时代。然而,由于地壳运动,地层往往错综复杂,层序已遭破坏,因此需要根据化石来确定地层顺序和年代。

通过研究地层,还可以重现古地理环境。地层中的化石,有的是陆地或淡水生物,有的是属于海洋生物。根据岩层的组成物质和化石特征,我们就可以推知沉积时的地理环境。如富含珊瑚化石的石灰岩,表示是温暖的浅海环境;有丰富植物化石的煤层,表示当时森林茂密的湿热环境。

(三) 变质岩

地壳中已生成的岩石,因温度、压力及化学性质性流体的作用下而导致矿物成分、化学结构和构造的变化,称为变质作用,其形成的岩石即为变质岩。例如,石灰岩受热变成大理岩,页岩被挤压变质成坚硬的板岩(图7-4)。

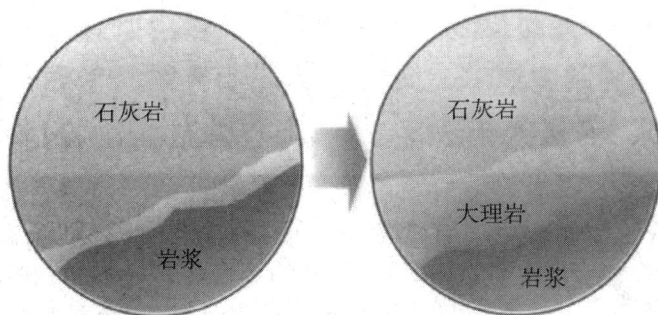

图7-4　石灰岩受热变成大理岩

三、岩石间的相互转化

三大类岩石可以相互转化。地球内部的岩浆,在岩浆活动过程中上升冷却凝固,形成岩浆岩。岩浆岩在地表外力的侵蚀、搬运、堆积挤压作用下,形成沉积岩。同时,这些已形成的岩石经变质作用形成变质岩。各类岩石在地壳深处被高温熔化,又成为岩浆回到地球内部。

四、地壳的变动

地球上沧海桑田的变化,都是地壳变动的结果。引起地壳及其表面形态不断发生变化的各种作用统称为地质作用。地质作用根据其能量来源,可分为内力作用和外力作用。内力作用的能量来自于地球本身内部的热能;外力作用的能量来自于外部,主要是太阳能。我们生活中看到的各种地表形态,就是内外力共同作用下形成的。

五、内力作用与地表形态

内力作用主要表现形式有岩浆活动、地壳运动和变质作用等。生活中我们经常看到弯弯曲曲的岩层,它们就是地壳运动的痕迹。

地壳在不断地运动,地壳运动引起的地壳的变形变位,这种变化常常被保留在地壳的岩层中,这些都是地壳运动的"足迹"。

(一) 褶皱

当岩层受到地壳运动产生的强大挤压时,便会发生弯曲变形,这叫褶皱。岩层发生褶皱,就会形成高山和谷地等地貌。世界上绝大多数山脉,如阿尔卑斯山、喜马拉雅山、安第斯山脉等,都是因褶皱而形成的山脉(图7-5)。

褶皱有背斜和向斜两种基本形态。一般向上拱起的岩层称为背斜。在地貌上,背斜常成为山岭。向斜岩层一般向下弯曲,向斜常成为谷地或盆地。但是,许多背斜顶部因受张力作用,容易被侵蚀而成谷地,而向斜槽部受到挤压,岩层坚硬不易被侵蚀,反而成为山岭(图7-6)。

图7-5　山脉

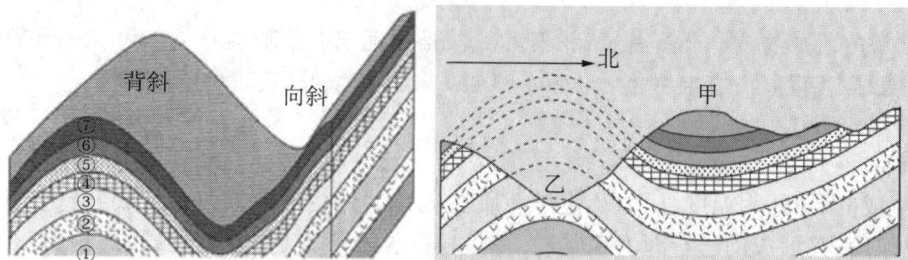

图7-6　褶皱的基本形态

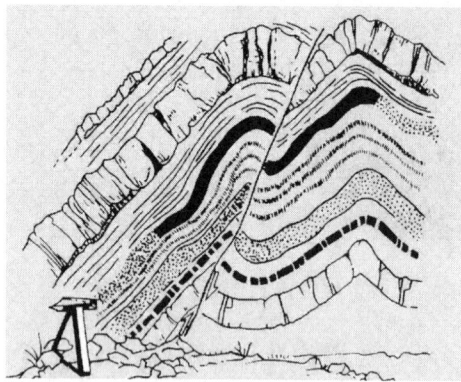

图7-7　断层

（二）断层

地壳运动产生的强大压力或张力,超过了岩石的强度,岩体就会破裂断开。其中,断裂面两侧的岩块有明显的相对错动、移位,称为断层(图7-7)。断层一侧上升的岩块,常成为块状山地或高地,如我国的泰山、华山等(图7-8);而另一侧相对下沉的岩块,常成为低地或谷地,如我国的渭河平原、汾河谷地等。

了解地质构造规律,对于找水、找矿、工程建设等有很大帮助。例如,含天然气、石油的岩层,背斜是良好的储油构造;向斜构造盆地,有利于储存地下水,常形成自流盆地(图7-9)。在工程建设方面,隧道工程通过断层时必须采取相应的加固措施,以免发生崩塌;建水库时,应避开断层带,以免诱发地震、滑坡、渗漏等不良后果。了解一些地质构造规律,有利于监测、预防地质灾害的发生,从而减少地质灾害带来的损失。

泰山

华山

图7-8　泰山和华山

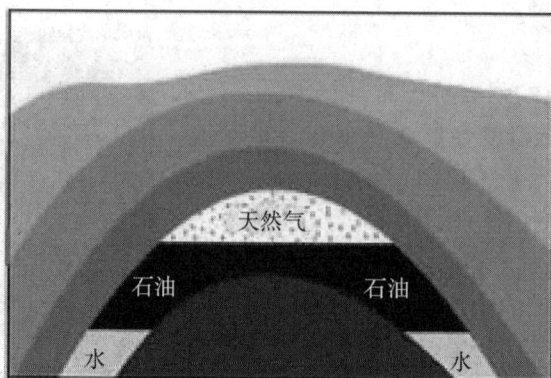

图7-9　自流盆地

六、外力作用与地表形态

内力作用形成地表形态的骨架,外力作用则不断地对地表形态进行再塑造,使地表形态更加丰富多彩。外力作用主要包括风化作用、侵蚀作用、搬运作用、沉积作用等。

在风化作用基础上,流水、风、冰川和生物等外力对地表进行侵蚀破坏作用。风化侵蚀的产物,经过外力搬运作用,随着流速降低、风力减小或冰川融化等,这些物质又在地表沉积下来。在侵蚀和沉积过程,形成各种各样的侵蚀、堆积地貌。

(一) 风力作用

在干旱地区,风吹蚀地面,形成风蚀沟谷、风蚀洼地等。地表沙尘和碎屑物被风力侵蚀搬走,常形成大片的戈壁和裸露荒漠。风在搬运途中,当风力减小或气流受阻,便导致风沙堆积,形成沙丘、沙垄等风蚀地貌(图7-10)。而更细的粉沙尘土,被风带到更远的地方,随风力减弱沉积形成黄土堆积。

(二) 流水作用

流水的作用强大而普遍。流水侵蚀使地面变得崎岖。坡面水流侵蚀下切形成沟谷。流水在搬运途中,随流速降低,所挟带的物质便沉积下来。在山前易形成冲积扇;河流中下游泥沙淤积则形成冲积平原;而在河口则易形成河口三角洲(图7-11)。

图7-10　风蚀地貌

V字形河谷

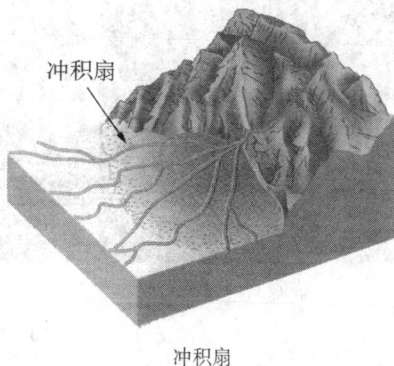

冲积扇

图7-11　河谷和冲积扇

知识链接

冰川作用形成的地貌十分独特。在第四纪冰川运动过程中,在冰川刨蚀作用下形成大量的U形谷,同时在U形谷的前缘产生冰坎。后来,随着冰川的融化海平面上升,冰坎逐渐被海水淹没,海水进入U形谷,就形成了峡湾,如罗威的峡湾。峡湾的轮廓曲折,海岸陡峭,中部海水最深,在峡湾的岸壁上有冰川形成的擦痕。峡湾风光美丽,同时也是船只理想的避风港(图7-12)。

图7-12　U形谷

【阅读与扩展】

世界自然遗产——新疆雅丹地貌

雅丹地貌是一种典型的风蚀地貌，又称风蚀垄槽，或者称为风蚀脊（图7-13）。

"雅丹"原是我国维吾尔族语，意为陡峭的土丘。在极干旱地区的一些干涸的湖底，常因干涸裂开，风沿着这些裂隙吹蚀，裂隙愈来愈大，使原来平坦的地面发育成许多不规则的背鳍形垄脊和宽浅沟槽，这种支离破碎的地面成为雅丹地貌。有些地貌外观如同古城堡，俗称魔鬼城。

塔里木盆地的罗布泊区域，有些雅丹地形的沟深度可达十余米，长度由数十米到数百米不等，走向与主风向一致，沟槽内常有沙子堆积。在垄脊顶部常有白色盐壳，又称白龙堆。

图7-13　雅丹地貌

美 丽 的 石 头

人们生活中常提到的宝石，就是岩石中最美丽而贵重的一类。它们外观晶莹，颜色鲜艳，光泽灿烂，质地坚硬，是可以制作首饰等用途的天然矿物晶体（图7-14）。

猫眼石　　　　　　　　　葡萄石　　　　　　　　　钻石

图7-14　美丽的石头

钻石是宝石当中的精品，又叫金刚石。它是世界公认的七大宝石之一，有宝石之王的美称。钻石的主要构成元素是碳，其原石常呈八面体，硬度为10，金刚光泽，具有特殊的亲油性。世界最大的钻石，重达3 106克拉。

石块是最平常不起眼的东西，但在"岩石王国"中也有许多独特的成员，被称作怪石或奇石，更有一些"石头"因为自身的奇特和名贵，被奉为一国之"国石"。

【思考与练习】

1. 请收集我国著名的地貌图片，在班上与同学们一起分享。
2. 观察你家乡的岩石，看一看有哪些类型的岩石？
3. 你的家乡有哪些自然和文化遗产？举例说明。
4. 气势磅礴的长江三峡主要是由于哪一种地质作用形成的？
5. 关于黄土高原地貌的叙述，正确的是哪种？

　　A. 广泛分布的黄土是由水流堆积而成

　　B. 广泛分布的黄土是由风力搬运堆积而成

　　C. 千沟万壑的地表形态是由于流水侵蚀作用的结果

　　D. 千沟万壑的地表形态是由于地壳内力作用而形成的

第二节　陆地水与生物

　　水乃生命之源,它是自然界最为活跃的因素之一,也是地球上一切生物得以生存的必要条件和物质基础。陆地水大约占全球水体的 3.5%,也就是这看起来不多的 3.5%,却巨大地影响着地球的环境。陆地水根据空间分布的不同,可以分为地表水和地下水。地表水主要包括冰川水、湖泊水、江河水等水体。

一、冰川水

　　冰川主要分布于高纬度地区和中、低纬度地区的高山上。它是这些寒冷地区多年降雪积聚、经过挤压变质作用而形成的(图 7-15)。冰川拥有的淡水占陆地水体的 70%左右,但这种水体只有极少部分融水,为江河提供补给水源,而大部分很难被人类利用,特别是占绝大部分的极地冰川,几乎不被人类所利用。内陆冰川,造就了一些人类赖以生存的绿洲;而极地冰川却记录着地球的气候、水文等的变化信息,为人类了解地球环境的变化,提供了直接的依据。

图 7-15　冰川

二、河流水

　　陆地水体从更新速度看,以河流为最快,它与人类的关系也最为密切。由于河水的运动更新快,循环周期短,其对人们的生活、生产等活动影响巨大。河水也不断地改变着地表的形态,比如在河流的中、下游形成冲积平原;在河口处形成河口三角洲、在山区的山口处形成冲积扇地貌,为农业的发展提供了深厚而肥沃的土壤。除此以外,河流在交通运输方面的价值从古至今都受到人们的重视(图 7-16)。那么,河流的水源来自于哪里?

　　河流根据最后的归宿可以分为内流河和外流河。我国的河流大多是外流河,河水主要来自于天上的降水。深居内陆的地方的河流,大多是内流河,其补给水源主要来自于高山的冰川融水。这类河流在冬季往往会出现断流的现象。

图 7-16　河流

三、湖泊水

　　湖泊分为淡水湖和咸水湖。我国东部季风区的湖泊都是淡水湖,特别是我国长江中、下游地区分布着许多的湖泊,如洞庭湖、太湖等。我国的西北内陆地区的湖泊,则多是咸水湖,如我国最大的咸水湖青海湖(图 7-17)。湖泊是地球陆地水圈的重要组成部分,它对河流起到重要的调节作用,是许多生物的栖息地,同时,湖泊也为我们人类提供水源、食品等物质,支撑着我们的农业、工业、商业、运输业等部门的发展。

　　随着经济的迅猛发展,人们无节制的大量排放,许多湖泊遭到严重污染,导致湖泊的生态环境遭到严重破坏,其中,水体的富营养化现象尤为突出,直接影响到湖泊的可持续发展与利用。目前,国家正在采取一些积极的措施治理水污染,也取得了一定的成效。

洞庭湖

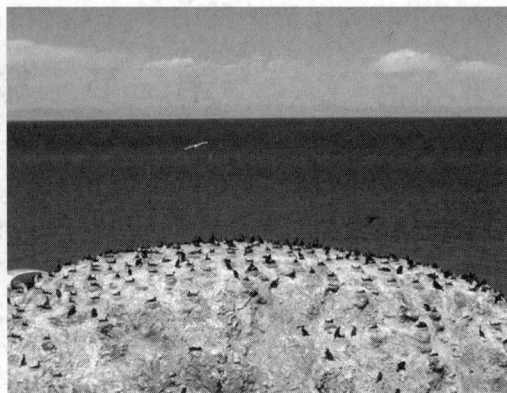
青海湖

图 7 - 17　湖泊

四、地下水

陆地水除了地表水，还有地下水。地下水根据其埋藏条件主要分为潜水和承压水（图 7 - 18）。潜水是埋藏在地下第一个隔水层之上的地下水，它有一个自由水面，其水位的高低受降水的影响比较明显，也和人类取水量的多少有关。一旦人类抽取地下水过量，就会造成潜水水位的持续下降，形成地下水位漏斗区，进而导致地面下降和海水渗透等后果。

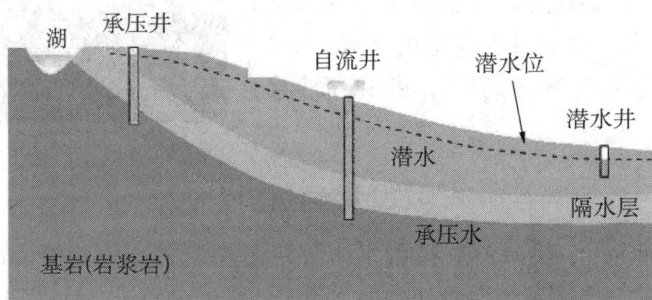

图 7 - 18　地下水

承压水是埋藏在两个隔水层之间承受一定压力的地下水，没有自由的水面。当上面的隔水层被凿穿时，水就会在压力的作用下往上涌，甚至喷出地表。一般情况下，承压水埋藏比较深，循环更新时间比较长，水质较好，水量很稳定。但开发利用后，短期内不容易恢复，所以一般情况下不主张开发利用承压水。

陆地各种水体之间不断地运动、转化。此外，在陆地和海洋之间也进行着水的循环运动，这使得陆地水体不断得到更新和补充。同时，水循环运动还影响着全球的气候，从而影响到生物的分布。

五、生物

图 7 - 19　喜光和喜阴植物

生物是在地球发展历史过程中产生的，是地理环境的产物，也是地理环境的组成要素。生物必须依赖并适应环境，另一方面，地球生物的出现，也影响和改变着地理环境。

生物在生长过程中始终和周围环境进行着物质和能量的交换，同时也受到地理环境的制约，所以，环境影响着生物的分布，特别是对植物的影响。

光照的强弱影响着植物的分布。植物有喜光植物和喜阴植物，喜光植物一般分布于向阳坡或垂直空间的高处，以便吸收更充足的阳光；而喜阴植物一般分布在背阳坡，或生长在密林的底层部位（图 7 - 19）。

热量条件的不同对植物分布的影响也十分明显。从赤道到两极,随热量的有规律变化,形成了各种不同类型的植被(图7-20)。

热带雨林　　　　　　　　　　苔原

图7-20 不同植被

水分条件的变化对植物的影响十分突出。从沿海到内陆,随着降水量的减少,形成了由森林到草原再到荒漠的地域分异规律。不同的植物对水分的需求不同,所以,在不同的环境条件下生长的植物,它们在个体形态、生理机能等方面具有明显的差别,比如水湿环境的植物(莲)和干旱环境的植物(骆驼刺)(图7-21)。

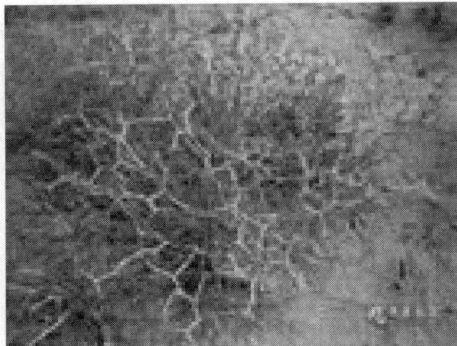

莲　　　　　　　　　　骆驼刺

图7-21 不同环境的植物

生物是自然环境的产物,其生存需依赖地理环境,同时,它们也在创造和改变着地理环境。因为有它们,我们人类的生活才会多姿多彩。

【阅读与扩展】

神秘的北纬30°

在地球北纬30°附近,有许多神秘而有趣的自然现象。如美国的密西西比河、埃及的尼罗河、伊拉克的幼发拉底河、中国的长江等,均在北纬30°入海。地球上最高的珠穆朗玛峰和最深的西太平洋马里亚纳海沟,也在北纬30°附近。

在这一纬度线上,奇观绝景比比皆是,自然谜团频频发生,如中国的钱塘江大潮、安徽的黄山、江西的庐山、四川的峨眉山、巴比伦的"空中花园"、约旦的"死海"、古埃及的金字塔及狮身人面像、北非撒哈拉大沙漠的"火神火种"壁画、加勒比海的百慕大群岛和远古玛雅文明遗址……可以说,在北纬30°线附近或在这一纬度线上,奇事怪事,数不胜数。北纬30°"中国段"被誉为中国最美的风景走廊,东起浙江舟山市,西至西藏日喀则地区,横跨浙江、安徽、西藏等9个省区;并且跨越长江三角洲、江汉平原、四川盆地、川西高原和青藏高原。世界之"谜"都在这条线上,地球至今仍有无数未被人类所认知的秘密,而其中北纬30°堪称一条神秘而又奇特的纬线。在这条纬线上,贯穿有四大文明古国、神秘百慕大、埃及金字塔等诸多神奇的自然及人文现象……

地 下 漏 斗

图 7-22 地下漏斗

地下水漏斗是一个肉眼看不见的巨大无比的漏斗(图7-22)。在许多城市和工矿区,地面来水不够用,就打井抽取地下水。随着人口的增长和生产的发展,采取地下水的量越来越大,而地下水的自然补充和恢复又跟不上,如此入不敷出,天长地久就形成一个地下水面以城市和工矿区为中心,中间深,四周浅的大漏斗。早年井水离地面不过两三米的地方,如今井深60米也不见水了。更严重的是,超量开采地下水,还造成地面沉降,建筑物开裂、倾斜,影响安全。目前,全国已形成漏斗区面积达8.7万平方公里,相当于5个北京市的面积。

【思考与练习】

1. 在农村,许多家庭都打了水井,这些井是潜水井还是承压井?
2. 水资源是可再生资源,那么,它是取之不尽,用之不竭的吗?为什么?
3. 结合当地的实际情况,说明生物与环境的关系。

第三节 海洋水的性质及海水的运动

问题与现象

海水是由多种成分组成的混合物质,海水能作为饮用水吗?许多人都知道海水不能喝,为什么呢?海水与陆地水究竟有什么不同?海洋面积辽阔,约占地球总面积的71%。海洋是地球生命的起源地,蕴涵着丰富的资源和许多人类未解之谜。

一、海水的性质

大多的陆地水都是淡水,而海水是咸水。海水中含有许多的盐类物质,其中最多的是氯化钠和氯化镁。人们日常生活中使用的盐,其中主要成分就是氯化钠。海水的味道既咸又涩,那是因为氯化镁的缘故。海水中盐类物质的多少,人们一般用盐度来表示。整个地球海洋的盐度平均约为3.5‰。

海洋中的总盐度基本保持稳定。但是,在不同的海域或同一海域不同的时间,海水的盐度是不一样的。在远离大陆的海域,海水的盐度主要受降水量和蒸发量的影响;而在靠近大陆的海域,盐度除了受降水量和蒸发量的影响以外,还要受河川径流、洋流等因素的影响。

从低纬度到高纬度,海水盐度的高低,主要取决于蒸发量和降水量之差(图7-23)。蒸发使海水浓缩,而降水使海水稀释。有河水注入的地方,海水盐度一般较低。如亚马孙河口,向外延伸约160 km内的海水都是淡水。世界上盐度最高的海域是红海,盐度高达4.1‰;盐度最低的海域是波罗的海,其盐度不超过1‰。

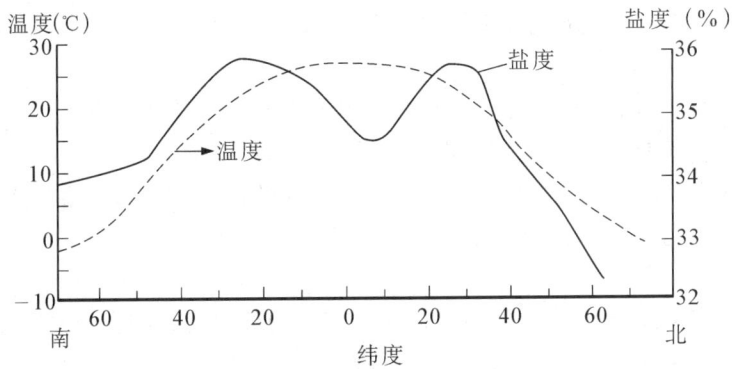

图 7-23 海洋表面平均温度和盐度随纬度的变化

不同海域的海水温度,或同一海域不同深度的海水温度是不一样的。海洋表层海水的温度,主要取决于吸收的太阳辐射能和海水蒸发消耗的热量之比。所以,一般来说,表层海水的温度是由低纬度向高纬度递减的。与同纬度地区相比,有暖流经过的地方,海水温度会偏高;而寒流经过的地方,水温会偏低。

同一海域的海水的温度,在垂直方向上,海水的温度随深度增加而递减。但 1 000 m 以下的水温变化就不大了,经常保持着低温状态(图 7-24)。

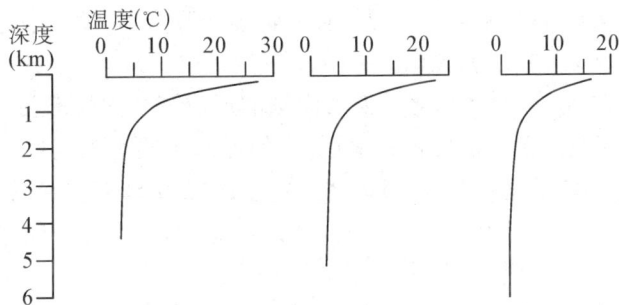

图 7-24 垂直方向的海水温度

二、海水的运动

广袤无垠的海洋,不管是洋面还是海洋内部都处于运动之中,海水的运动表现出多种形式,主要有波浪、潮汐和洋流三种。

形成波浪的原因主要有风、海底地震以及海底火山喷发。风浪是常见的一种波浪,它是在风力的作用下形成的。风力越强,波浪的规模就越大;海底地震或火山喷发,一般容易诱发海啸,从而产生巨浪,对沿海地区造成极大的破坏(图 7-25)。

潮汐现象是太阳和月球共同引力作用下,海水产生的周期性涨落现象(图 7-26)。白天的海水涨落称为潮,夜晚的海水涨落称为夕。人类可以利用潮汐来发电、搞海水养殖。甚至还能用于许多军事行动。

图 7-25 巨浪

图 7-26 潮汐

海水常年比较稳定地沿着一定方向作大规模的流动,就叫洋流。洋流根据其形成原因的不同,可分为风海流、密度流和补偿流。

风海流是在盛行风的作用下,海水随风漂流,并且由上层海水带动下层海水一起流动而形成的。如南北半球的信风带和盛行西风带,就是由盛行风形成的。

密度流是因为相邻海域的海水,由于温度、盐度不同,导致海水的密度产生差异,从而引起海水的流动。这种洋流分为表层和底层。表层海水由密度小的海域流向密度大的海域;底层海水由密度大的海域流向密度小的海域。

补偿流是因风力和密度差异所形成的洋流,使海水流出的海域海水减少,相邻的海域的海水就会流来补充而形成的。这种洋流又分为水平补偿流和垂直补偿流。

除上述因素外,陆地形状和地转偏向力也会改变洋流的流向,从而使洋流的分布显得非常复杂,不过也有一定规律可循。

三、洋流对地理环境的影响

洋流对流经的沿海地区的气候、海洋生物的分布和渔业生产、航海等都有影响,对人类文明进程起着重要的作用。

洋流按其性质不同,可分为暖流和寒冷。暖流对沿岸地区有增温增湿的作用;寒流对沿岸地区有降温减湿的作用。这对沿岸地区的气候影响较为明显。如果洋流出现异常,就会引起沿岸的气候,乃至全球的气候出现异常,如厄尔尼诺现象和拉尼娜现象。

洋流也会影响海洋生物的分布,世界著名的四大渔场的形成就和洋流有关。在寒、暖流交汇或海水上泛的海域,由于海水搅动把海底的营养盐类带到表层,促使浮游生物大量繁殖,为各种鱼类提供了丰富的饵料,吸引鱼类来此觅食,如日本北海道渔场、英国北海渔场、加拿大纽芬兰渔场和秘鲁渔场。

另外,洋流运动能够将某一海域的污染物质携带到别的海域,这样会加快净化速度。同时,也会造成近海污染物的扩散,从而扩大污染,沿岸受到影响的居民增多。

洋流还能影响到人类的航海事业,海轮顺着洋流的速度比逆着洋流航行的速度快得多。

【阅读与扩展】

厄尔尼诺现象

"厄尔尼诺"一词来源于西班牙语,原意为"圣婴"。19世纪初,在南美洲厄尔尼诺的厄瓜多尔、秘鲁等西班牙语系的国家,渔民们发现,每隔几年,从10月至第二年的3月便会出现一股沿海岸南移的暖流,使表层海水温度明显升高。南美洲的太平洋东岸本来盛行的是秘鲁寒流,随着寒流移动的鱼群使秘鲁渔场成为世界四大渔场之一,但这股暖流一出现,性喜冷水的鱼类就会大量死亡,使渔民们遭受灭顶之灾。由于这种现象最严重时往往在圣诞节前后,于是遭受天灾而又无可奈何的渔民将其称为上帝之子——圣婴。

后来,在科学上此词语用于表示在秘鲁和厄瓜多尔附近几千公里的东太平洋海面温度的异常增暖现象。当这种现象发生时,大范围的海水温度可比常年高出3~6℃。太平洋广大水域的水温升高,改变了传统的赤道洋流和东南信风,一定程度上减弱了赤道逆流,导致全球性的气候反常。

拉尼娜现象

拉尼娜是西班牙语"La Nina"——"小女孩,圣女"的意思,是厄尔尼诺现象的反相,指赤道附近东太平洋水温反常下降的一种现象,表现为东太平洋明显变冷,同时也伴随着全球性气候混乱,总是出现在厄尔尼诺现象之后。

气象和海洋学家用来专门指发生在赤道太平洋东部和中部海水大范围持续异常变冷的现象(海水表层温度低出气候平均值0.5℃以上,且持续时间超过6个月以上)。拉尼娜也称反厄尔尼诺现象。

厄尔尼诺和拉尼娜是赤道中、东太平洋海温冷暖交替变化的异常表现,这种海温的冷暖变化过程构成一种循环,在厄尔尼诺之后接着发生拉尼娜并非稀罕之事。同样拉尼娜后也会接着发生厄尔尼诺。但从1950年以来的记录来看,厄尔尼诺发生频率要高于拉尼娜。拉尼娜现象在当前全球气候变暖背景下频率趋缓,强度趋于变弱。特别是在20世纪90年代,1991～1995年曾连续发生了3次厄尔尼诺,但中间没有发生拉尼娜。

拉尼娜现象常与厄尔尼诺现象交替出现,但发生频率要比厄尔尼诺现象低。拉尼娜现象出现时,我国易出现冷冬热夏,登陆我国的热带气旋个数比常年多,出现"南旱北涝"现象;印度尼西亚、澳大利亚东部、巴西东北部等地降雨偏多;非洲赤道地区、美国东南部等地易出现干旱。

【思考与练习】

1. 海洋表面平均温度和盐度随纬度变化有什么特征?海水的温度和盐度变化会受哪些因素的影响?
2. 举例说明海水的运动对人类的影响。

第四节 海洋的利用与保护

问题与现象

占地球表面积的71%的海洋,拥有丰富的各种资源。在21世纪的今天,全球粮食、资源、能源供应紧张与人口迅速增长的矛盾日益突出的情况下,向海洋进军已成为历史发展的必然。

一、海洋资源的利用

海洋中有生物约20多万种,其中植物2.5万,动物18万。从古代开始,人类就已经开始捕捞和采集海产品。由早期的近海捕捞到如今的远洋捕捞。渔具、渔船以及探鱼技术的进步,大大提高了人类的海洋捕捞能力。海洋中的鱼、虾、贝、藻等组成的海洋生物资源,既可以食用,也可以药用。

(一)海洋渔业资源

目前,人类利用较多的是渔业资源。海洋的渔业资源主要集中在沿海大陆架海域,由于这里的海水比较浅,阳光充足,生物光合作用强,加之入海河流带来丰富的营养盐类,因而浮游生物大量繁殖(图7-27)。这些浮游生物是鱼类的饵料,它们在海洋中分布很不均匀,一般在温带海域比较多。

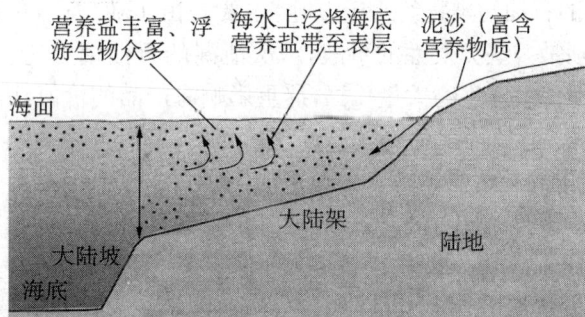

图7-27 大陆架剖面图

(二)海洋矿产资源

海洋中蕴藏着丰富的矿产资源。目前发现海水中蕴含有80多种化学元素;在大陆架浅海海底,埋藏着丰富的煤、石油、天然气等矿产资源；在滨海地带有大量的砂、贝壳等建筑材料和一些金属矿产；在深海海盆中，广泛分布有多金属结核矿、深海磷钙土等矿产资源（图2－28）。

图7－28　海洋矿产资源

人类目前主要开发的是油气资源。它的发展经历了从沿海到远海、从浅海到深海的过程。特别是从20世纪80年代开始，随着能源危机和科学技术的进步，近海地带的油气勘探和开发飞速发展，海洋石油开发迅速向大陆架挺进。

（三）海洋空间资源

海洋的空间资源指的是可供人类开发利用的海面、海中、海底3个部分。随着世界人口的迅猛增长，有限的陆地空间就显得更加拥挤，开发利用海洋空间就越来越引起世界人们的关注。

目前利用最多的是海面，如海洋运输、海上生产空间（海上钻井平台）。对于范围更广的海中、海底空间资源的利用正处于起步阶段。海洋环境与陆地相比，具有其特殊性和复杂性。在洋面上有多变的气象状况和海水的运动；在海中、海底要克服黑暗、高压、低温、缺氧的环境，加之海水又具有很强的腐蚀性，所以大大增加了海洋空间资源开发的难度。

除以上3种资源以外，海洋还蕴藏着丰富的动力资源，如：利用潮汐发电；丰富的化学资源，如海盐；还可以淡化海水，为人类提供丰富的淡水资源等。

二、海洋污染

海洋污染是目前海洋环境面临的重大问题。人类直接或间接地向河口和大洋排放各种废物或者废热，超过海洋的自净能力，危害人类生存环境和健康，或者危机海洋生命，即构成海洋污染。

人类的生产和生活活动中产生的废弃物和污染物最终都会直接或者间接地进入到海洋。沿海地区海域直接接纳污水、地表径流、工业和城镇倾倒的废物和垃圾，受到这些污染物的影响广泛而严重。海洋污染物主要包括污水、营养物质、合成的有机化合物、垃圾、重金属、石油、放射性物质等。

1. **石油**　每年排入海洋的石油污染物约1千万吨，主要是由工业生产，包括海上油井管道泄漏、油轮事故、船舶排污等造成的，特别是一些突发性的事故，一次泄漏的石油量可达10万吨以上，这种情况的出现，大片海水被油膜覆盖，将促使海洋生物大量死亡，严重影响海产品的价值，以及其他海上活动。

2. **重金属**　汞、铜、锌、钴、镉、铬等重金属，砷、硫、磷等非金属由人类活动而进入海洋。海洋污染汞，每年可达万吨，已大大超过全世界每年生产约9千吨汞的纪录，这是因为煤、石油等在燃烧过程中，会使其中含有的微量汞释放出来，逸散到大气中，最终归入海洋，估计全球在这方面污染海洋的汞每年约4千吨。镉的年产量约1.5万吨，据调查镉对海洋的污染量远大于汞。

3. **合成的有机化合物农药**　有农业上大量使用含有汞、铜以及有机氯等成分的除草剂、灭虫剂，以及工业上应用的多氯酸苯等。这一类农药具有很强的毒性，进入海洋经海洋生物体的富集作用，通过食物链进入人体，产生的危害性就更大，每年因此中毒的人数多达10万人以上，人类所患的一些新型的癌症与此也有密切关系。这些物质进入海洋，造成海水的富营养化，能促使某些生物急剧繁殖，大量消耗海水中的氧气，易形成赤潮，继而引起大批鱼虾贝类的死亡。

4. **固体废弃物**　主要是工业和城市垃圾、船舶废弃物、工程渣土和疏浚物等。据估计,全世界每年产生各类固体废弃物约百亿吨,若1%进入海洋,其量也达亿吨。这些固体废弃物严重损害近岸海域的水生资源和破坏沿岸景观。

5. **废热**　工业排出的热废水造成海洋的热污染,在局部海域如有比原正常水温高出4℃以上的热废水常年流入时,就会产生热污染,将破坏生态平衡和减少水中溶解氧。

海洋环境污染具有污染物质来源广、种类多、持续时间长、潜在危害大、流动性强、影响范围广等特点。为了解决这一世界性环境问题,在联合国的组织协调下,各国政府和科学家在海洋倾废管理、海洋科学研究和环境监测、资源养护、情报交流等方面密切合作,有力促进了海洋环境保护。

三、海洋环境保护

如何保护海洋环境?首先应该确立海洋发展新思路,调整沿海地区产业结构,淘汰落后产业;同时建立海洋环境监测体系,提高处理海洋突发污染事件的能力;加强海洋环境保护的力度,对违法违规行为加重处罚;加大宣传力度,让全世界的人们都来关心和保护海洋环境。

目前我国已建成各类海洋自然保护区80余个,其中国家级海洋自然保护区24个。这些海洋自然保护区保护了具有较高科研、教学、自然历史价值的海岸、河口、岛屿等海洋环境,保护了中华白海豚等珍稀濒危海洋动物及其栖息地,也保护了红树林、珊瑚礁、滨海湿地等典型海洋生态系统。

【阅读与扩展】

海 水 淡 化

海水淡化是人类追求了几百年的梦想。早在400多年前,英国王室就曾悬赏征求经济合算的海水淡化方法。

从20世纪50年代以后,海水淡化技术随着水资源危机的加剧得到了加速发展,在已经开发的20多种淡化技术中,蒸馏法、电渗析法、反渗透法都达到了工业规模化生产的水平,并在世界各地广泛应用。

现在世界上有10多个国家的100多个科研机构在进行着海水淡化的研究,有数百种不同结构和不同容量的海水淡化设施在工作(图7-29)。一座现代化的大型海水淡化厂,每天可以生产几千、几万甚至近百万吨淡水。

图7-29　海水淡化设备

淡化水的成本在不断地降低,有些国家已经降低到和自来水的价格差不多。某些地区的淡化水量达到了国家和城市的供水规模。

可 燃 冰

可燃冰就是天然气水合物,它在自然界广泛分布于大陆永久冻土、岛屿的斜坡地带、活动和被动大陆边缘的隆起处、极地大陆架以及海洋和一些内陆湖的深水环境。在标准状况下,一单位体积的气水合物分解最多可产生164单位体积的甲烷气体,因而其是一种重要的潜在未来资源。

天然气水合物是20世纪科学考察中发现的一种新的矿产资源。它是水和天然气在高压和低温条件下混合时产生的一种固态物质,外貌极像冰雪或固体乙醇,点火即可燃烧,有"可燃水"、"气冰"、"固体瓦斯"之称,被誉为21世纪具有商业开发前景的战略资源,天然气水合物是一种新型高效能源,其成分与人们平时所使用的天然气成分相近,但更为纯净,开采时只需将固体的"天然气水合物"升温减压就可释放出大量的甲烷气体。

天然气水合物使用方便,燃烧值高,清洁无污染。据了解,全球天然气水合物的储量是现有天然气、石油储量的两倍,具有广阔的开发前景。美国、日本等国均已经在各自海域发现并开采出天然气水合物,据测算,中国南海天然气水合物的资源量为700亿吨油当量,约相当中国目前陆上石油、天然气资源量总数的二分之一。

墨西哥湾漏油事件

2010年4月20日发生的一起墨西哥湾外海油污外漏事件,又称英国石油漏油事故。起因是英国石油公司所属一个名为"深水地平线"(Deepwater Horizon)的外海钻油平台故障并爆炸,导致了此次漏油事故。爆炸同时导致了11名工作人员死亡及17人受伤。据估计每天平均有12 000~100 000桶原油漏到墨西哥湾,导致至少2 500平方公里的海水被石油覆盖着。专家们担心此次漏油会导致一场环境灾难影响多种生物。此次漏油还影响了当地的渔业和旅游业。墨西哥湾漏油事故发生后,漏油事故附近大范围的水质受到污染,不少鱼类、鸟类、海洋生物以及植物都受到严重的影响,如患病及死亡等。路易斯安那州、密西西比州和阿拉巴马州的渔业进入灾难状态。美国总统奥巴马表示墨西哥湾漏油的影响如同911恐怖袭击。美国政府在2010年11月份的调查报告指出有6 104只鸟类、609只海龟、100只海豚在内的哺乳动物死亡,这个数字可能包括了死于自然原因的动物(图7-30)。

图7-30　墨西哥湾漏油事件

【思考与练习】

1. 观察世界四大渔场的分布并阐明其形成的原因。

2. 我国拥有6 000多个岛屿、18 000多千米的陆岸线和14 000千米的海岸线,管辖海域面积约300多万平方千米。在开发利用我国海洋资源和保护海洋环境方面,你认为应当如何处理好两者之间的关系?

第八章

自然灾害

自然灾害大多数是地理环境演化过程中的正常事件,但它却成为阻碍人类社会发展最重要的自然因素之一。各种自然灾害不仅造成大量人员伤亡和经济损失,还会导致社会的不稳定和人们的心理创伤。人类面临的自然灾害主要分为两大类:一类是气象灾害,另一类是地质灾害。

第一节　气象灾害及其防御

问题与现象

气象灾害是指大气对人类生活和经济活动造成的直接或间接的损害。它是自然灾害中的原生灾害之一。一般包括天气、气候灾害和气象次生、衍生灾害。气象灾害是自然灾害中最为频繁而又严重的灾害。中国是世界上自然灾害发生十分频繁、灾害种类甚多,造成损失十分严重的少数国家之一。

一、气象灾害的特点

1. 种类多　主要有暴雨洪涝、干旱、热带气旋、霜冻低温等冷冻害、风雹、连阴雨和浓雾及沙尘暴等其他灾害共 7 大类 20 余种,如果细分,可达数十种甚至上百种。

2. 范围广　一年四季都可出现气象灾害;无论在高山、平原、高原、海岛,还是在江、河、湖、海以及空中,处处都有气象灾害。

3. 频率高　中国从 1950～1988 年的 38 年内每年都出现旱、涝和台风等多种灾害,平均每年出现旱灾 7.5 次,涝灾 5.8 次,登陆中国的热带气旋 6.9 个。

4. 持续时间长　同一种灾害常常连季、连年出现。例如,1951～1980 年华北地区出现春夏连旱或伏秋连旱的年份有 14 年。

5. 群发性突出　某些灾害往往在同一时段内发生在许多地区,如雷雨、冰雹、大风、龙卷风等强对流性天气在每年 3～5 月常有群发现象。1972 年 4 月 15～22 日,从辽宁到广东共有 16 个省、自治区的 350 多个县、市先后出现冰雹,部分地区出现 10 级以上大风以及龙卷风等灾害天气。

6. 连锁反应显著　天气气候条件往往能形成或引发、加重洪水、泥石流和植物病虫害等自然灾害,产生连锁反应。

7. 灾情重　联合国公布的 1947～1980 年全球因自然灾害造成人员死亡达 121.3 万人,其中 61% 是由气象灾害造成的。

我国受气象灾害的危害严重。气象灾害不仅种类多,而且频繁爆发,其中影响较大、较为常见的气象灾害主要是台风、寒潮、洪涝和干旱等。

二、台风

每年夏秋季节,我国沿海地区频受台风袭击,就连内陆地区也受其影响,给人民的生命财产带来严重的损失。亚洲东部其他国家,以及亚洲南部、北美洲东海岸的一些国家也频受台风之灾(图 8-1)。

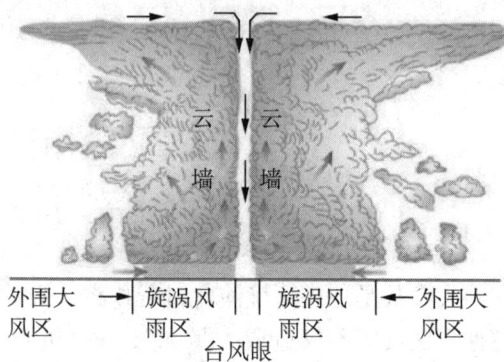

图 8-1 台风

台风、飓风都属于热带气旋中强度最强的一级,仅因所在海域不同而名称各异。过去我国习惯称海温高于 26℃的热带洋面上发展的热带气旋为台风,西北太平洋上热带气旋中心附近最大风力在 12 级或以上的称为台风;印度洋和大西洋上热带气旋中心附近最大风力在 12 级或以上的称为飓风(表 8-1)。

表 8-1 西北太平洋热带气旋强度等级

名称	中心附近最大风力	名称	中心附近最大风力
热带低气压	6~7 级	强热带风暴	10~11 级
热带风暴	8~9 级	台风	>12 级

台风形成在热带或副热带海面温度 26℃以上的广阔洋面上,是一种强烈发展的热带气旋(中心气压很低),在北半球为逆时针向中心辐合的大旋涡,在南半球为顺时针向中心辐合的大旋涡。全球大洋平均每年约有 80 个热带气旋生成,其中 2/3 左右都达到了台风(或飓风)的强度。西北太平洋是全球台风发生频率最高、强度最大的海域。我国是世界上受台风影响最大的国家之一。

台风灾害主要由强风、特大暴雨和风暴潮造成。10 级大风就能拔树倒屋,而台风伴有 12 级或以上的强风,具有可怕的摧毁力。强风会掀翻万吨巨轮,使地面建筑物和通信设施遭受严重损失。特大暴雨(一天之中降雨量可达 500~1 000 mm)会造成河堤决口,水库崩溃,洪水泛滥,瞬息之间使农田、村镇变成一片汪洋泽国。特大风暴潮更会产生毁灭性灾害。严重的风暴潮,潮位可高出海平面 5~6 m,能破坏海堤,淹没岛屿。随着科学技术的发展和预报水平的提高,台风引起的生命伤亡在迅速减少。由于世界上沿海地区大都是经济发达地区和人口集中地区,台风造成的经济财产损失仍然十分严重(图 8-2)。

图 8-2 台风过后的场景

加强台风的监测和预报,是减轻台风灾害的重要措施。对台风的探测主要是利用气象卫星。在卫星云图上,能清晰地看到台风的存在和大小。利用气象卫星资料,可以确定台风中心的位置,估计台风强度,监测台风移动方向和速度,以及狂风暴雨出现的地区等,对防止和减轻台风灾害起着关键作用。当台风到达近海时,还可用雷达监视台风的动向。

三、寒潮

寒潮是冬季的一种灾害性天气,群众习惯把寒潮称为寒流。所谓寒潮,就是北方的冷空气大规模地向南侵袭我国,造成大范围急剧降温和偏北大风的天气过程。寒潮一般多发生在秋末、冬季、初春时节。我国气象部门规定:冷空气侵入造成的降温,一天内达到10℃以上,而且最低气温在5℃以下,则称此冷空气爆发过程为一次寒潮过程。可见,并不是每一次冷空气南下都称为寒潮。

图8-3　寒潮带来的大雪

寒潮是我国冬半年主要的气象灾害。寒潮造成的灾害主要有:强烈降温会使农作物遭受冻害,尤以秋季和春季的寒潮对农作物危害最大;大风能吹翻船只,摧毁建筑物,破坏牧场;严重的大雪、冻雨可压断电线、折断电杆,造成通信和输电线路中断,交通运输受阻等(图8-3)。寒潮影响的范围大,而且多种灾害并发。

就目前来说,对寒潮仍无有效的防御方法。提前发布准确的寒潮消息或警报,使海上船只在大风到来前返港;提醒有关部门事先对农作物、畜群等做好防寒准备,将可大大减少损失。

四、干旱

图8-4　干旱造成的地裂

干旱通常指淡水总量少,不足以满足人的生存和经济发展的气候现象,一般是长期的现象,干旱从古至今都是人类面临的主要自然灾害。即使在科学技术如此发达的今天,它造成的灾难性后果仍然比比皆是(图8-4)。尤其值得注意的是,随着人类的经济发展和人口膨胀,水资源短缺现象日趋严重,这也直接导致了干旱地区的扩大与干旱化程度的加重,干旱化趋势已成为全球关注的问题。

干旱是由多种因素引起的,防御干旱应采取多种措施。因地制宜实行农林牧相结合的农业结构,改善干旱区农业生态环境,有利于减轻和避免干旱的威胁;在干旱多发地区,选择耐旱的作物;开展农田水利基本建设,营造防护林,改进耕作制度等,都是防御干旱的有效措施。

五、暴雨洪涝

连续性的暴雨或短时间的大暴雨都会造成严重的洪涝灾害,使国民经济和人民财产蒙受巨大损失。我国是世界上多暴雨的国家之一。在我国,除西部一些沙漠地区外,均会有暴雨出现,但大暴雨和特大暴雨主要发生在南方和东部地区。降雨等级与雨量见表8-2。

表8-2　降雨等级与雨量(单位:mm)

24 h雨量	<0.1	0.1～9.9	10～24.9	25～49.9	50～99.9	100~249.9	≥250
等级	微量	小雨	中雨	大雨	暴雨	大暴雨	特大暴雨

暴雨的形成要具备以下几个条件:
- 源源不断的水汽供应。
- 强烈的上升运动。上升气流将水汽不断地向上空输送,随着气温降低,水汽凝结成云致雨。
- 形成降水的天气系统持续时间较长。如锋面、气旋、热带气旋等天气系统,遇地形阻挡,移动速度减慢,或上述天气系统重复出现。

在全球范围内,每年都有不同程度的暴雨洪水发生,亚洲是每年全球洪水发生最多的地区。我国每年都有不同程度的暴雨洪涝灾害发生。利用气象卫星对暴雨、洪水进行监测,对防御洪水有巨大作用。提高暴雨预报的准确率,可以有效地减轻洪涝灾害的损失。防洪则需要工程措施和非工程措施相结合进行。工程措施包括:修筑堤坝、整治河道;修建水库;修建分洪区(或滞洪、蓄洪区)等。非工程措施是:洪泛区土地管理;建立洪水预报警报系统;拟定居民的应急撤离计划和对策;实行防洪保险等。

【阅读与扩展】

2008年度中国十大自然灾害

一、5·12汶川特大地震导致重大人员伤亡和财产损失

5月12日14时28分,四川省汶川县(北纬31°、东经103.4°)发生里氏8级地震,此后地震灾区还发生了上万次余震,最高震级达6.4级。此次地震属浅源地震,是新中国成立以来灾害性最为严重的地震,其伤亡人数仅次于1976年唐山7.8级地震,经济损失和救灾难度之大为历史罕见。四川、甘肃、陕西、重庆、河南、湖北、云南、贵州、湖南、山西等省(市、区)共有417个县、4 667个乡镇、48 810个村受灾,受灾人口4 625.6万人,紧急转移安置1 510.6万人,因灾死亡69 227人,失踪17 923人,受伤37.4万人;倒塌房屋796.7万间,损坏房屋2 454.3万间,直接经济损失8 523.09亿元。

二、年初特大低温雨雪冰冻灾害影响21省(区、市、兵团)

1月10日至2月2日我国南方大部分地区发生低温雨雪冰冻灾害,降温幅度之大多年少有、降水之多历史同期罕见、持续时间之长多年未遇、灾害损失之重远超常年。经核定,此次灾害造成21个省(区、市、兵团)受灾,因灾死亡132人,失踪4人,紧急转移安置166万人;农作物受灾面积11 874.2千公顷,绝收面积1 690.6千公顷;倒塌房屋48.5万间,损坏房屋168.6万间;因灾直接经济损失1 516.5亿元。其中,湖南、贵州、江西、安徽、湖北、广西、四川、云南等省(区)受灾较重。由于灾害发生时恰逢春运高峰时段,灾害的波及面之广、影响程度之深、社会影响之大,均为历史罕见。

三、台风"黑格比"严重影响两广地区

2008年第14号强台风"黑格比"(HAGUPIT)于9月19日20时在菲律宾以东的西北太平洋洋面上生成,9月21日11时加强为强热带风暴,9月21日下午加强为台风,9月22日14时加强为强台风。"黑格比"于9月24日早上6时45分在广东省电白县陈村镇沿海登陆,登陆时中心最大风力15级(48 m/s)。台风"黑格比"具有强度强、移动快、影响范围广等特点,共造成广东、广西、海南、云南四省1 501.9万人(次)不同程度受灾,死亡47人(含失踪人口),紧急转移安置157.2万人;农作物受灾面积879.1千公顷;倒塌房屋4.1万间;因灾直接经济损失133.3亿元。

四、6月上中旬华南、中南地区发生严重洪涝灾害

6月上中旬,华南、中南地区出现大范围持续性降雨过程,降雨导致浙江、江西、湖北、湖南、广东、广西、贵州、云南等8省(自治区、直辖市)遭受严重洪涝受灾,其中江西、湖南、广东、广西、贵州受灾较重,针对广西、广东、江西、湖南四省灾情,国家减灾委、民政部启动了三级应急响应。此次大范围洪涝过程共造成2 997.9万人受灾,因灾死亡87人,失踪10人,紧急安置转移254.0万人;农作物受灾1 429.9千公顷,绝收207.2千公顷;倒塌房屋12.4万间,损坏房屋36.0万间;直接经济损失236亿元。

五、新疆出现历史上第二个严重干旱年

5月至9月,新疆大部地区气温持续异常偏高,降水明显偏少。其中,北疆地区气温偏高1.6℃,天山山区偏高1.8℃,偏高幅度均居历史同期第一位,全疆有64个气象站气温偏高幅度突破历史同期极值;新疆全疆平均降水量59 mm,比常年同期偏少24.0%,北疆地区平均降水量62.9 mm,较常年同期偏少32.6%。受气温和降水影响,全区大部地区出现了严重的春夏连旱,旱情仅次于1974年,是历史上第二个严重干旱年。全区有1 867.6万公顷天然草场严重受旱,占可利用草场面积的38%,天然放牧场及打草场产草量普遍下降30%~40%。其中,阿勒泰地区各类草场受旱面积达433.3万公顷,占可利用草场的60%;塔城地区则遭受了30多年来未遇的罕见干旱,有373.3万公顷天然草场严重干旱,占该地区可利用草场面积的

60%以上;伊犁河谷受灾严重的草场面积达185.5万公顷,占草场总面积的54%。

六、长江沿线及江南地区发生严重秋涝

10月下旬至11月初,长江沿江及其以南地区出现较大范围强降雨,降雨量比常年同期偏多2~4倍,其中贵州东部和北部、云南西部、广西西部、湖南中部和西藏东南部地区雨量为100~200 mm,广西郁江及云南元江等河流发生超警洪水,洪水量级达到历史同期最大,南方多条河流11月份集中发生历史同期最大洪水。此次秋涝过程造成云南、重庆、湖南、广西、贵州5省发生严重洪涝、滑坡和泥石流灾害,421.3万人受灾,因灾死亡61人,失踪46人,紧急安置转移18.3万人;农作物受灾201.7千公顷,绝收37.6千公顷;倒塌房屋1.4万间,损坏房屋5.2万间;直接经济损失8.2亿元。其中云南省因洪涝导致的滑坡泥石流灾害造成楚雄、昆明、临沧、红河、大理、普洱、文山、昭通、曲靖、保山、玉溪、德宏、版纳等13个州市245万人受灾,因灾死亡43人、失踪46人、受伤29人,紧急转移安置灾民6.18万人;农作物受灾118.2千公顷、绝收26.8千公顷;民房倒塌3 149户10 484间,损坏30 507间;死亡大牲畜1 430头(只);灾区电力、交通、水利、通信、卫生等基础设施不同程度受损。

七、四川攀枝花-会理地震导致川滇两省损失严重

8月30日16时30分,四川省攀枝花市仁和区与凉山彝族自治州会理县交界处(北纬26.2°,东经101.9°)发生里氏6.1级地震,震源深度10 km,之后又发生余震千余次,最大震级5.6级,给四川省和云南省造成严重的人员伤亡和财产损失。地震共造成川滇两省126.9万人受灾,因灾死亡41人,紧急转移安置22.7万人;倒塌房屋2.2万间,损坏房屋64.3万间;直接经济损失36.2亿元。

八、9月下旬四川发生严重暴雨洪涝和泥石流灾害

9月24日至25日,四川震区东部部分地区降了大到暴雨,导致四川地震灾区发生暴雨洪涝和泥石流灾害,共造成220万余人受灾,紧急转移安置10.5万余人,因灾死亡19人,失踪40人;倒塌民房3 600余户、1.3万余间,损坏民房2.4万余间;因灾直接经济损失9.6亿元。

九、宁夏严重干旱致夏秋粮减产

3月份以来,宁夏大部分地区降水持续偏少。3~6月份,中部干旱带累计降水量仅为17.0~57.0 mm,大部分地区降水量为1960年以来同期最少;南部山区3~6月份累计降水量较历年同期偏少5成以上,原州区降水量为1957年以来最小值。7~9月中旬,全区仍然未出现大范围有效降水。持续干旱给宁夏南部山区及中部干旱带农业生产造成严重影响。干旱导致小麦灌浆不足,空秕率增高,豆类作物荚果数和荚粒数减少,粒重下降,造成减产;玉米、马铃薯等秋粮作物生长缓慢,苗情较差,产量受到较大影响。

十、10月末西藏发生强降雪,10万余人受灾

10月26~28日,西藏自治区那曲、山南、日喀则、林芝、昌都等地区出现强降雪过程,造成19县受灾,受灾人口10.27万人,因灾造成11人死亡,1人失踪,81人冻伤,其中2人重伤;因灾死亡牲畜8 705头(只);直接经济损失1.54亿元。

【思考与练习】

调查当地有哪些主要的气象灾害。应该采取哪些有效防御措施?

第二节　地质灾害及其防御

问题与现象

每年死于自然灾害的人很多,其中因地质灾害死亡的人所占比例较高,那么,什么是地质灾害?如何有效预防地质灾害?

地质灾害是自然灾害当中的一种形式，人们生活中常见到的地质灾害主要有地震、火山喷发、滑坡、泥石流等（图8-5）。

图8-5　地质灾害

一、地震

地震是指地壳中的岩石在内力长期作用下发生倾斜或弯曲，一旦作用力超出岩石本身的承受能力时，岩层就会突然断裂或错位，其内部蕴藏的能量就会以地震波的形式突然释放出来，从而引起一定范围内的地面震动的现象。在板块与板块的交界处，地壳运动十分活跃，容易发生地震（图8-6）。

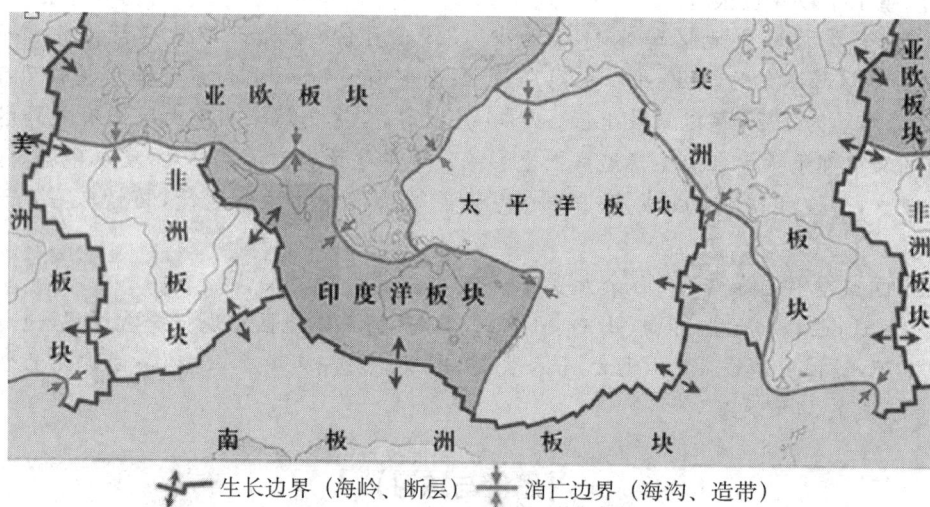

↤↦生长边界（海岭、断层）　─┼─消亡边界（海沟、造带）

图8-6　六大板块示意

地震释放的能量大小通常用里氏震级来表示。地震释放的能量越大，震级就越高。震级高一级，能量增加约30倍。一般而言，三级以下的地震叫微震，人无感觉；而五级以上的地震就会造成破坏。震级越高，造成的破坏就越严重。地震造成的破坏程度，一般用烈度来表示。烈度跟震源深度、震中距、当地的地质构造和地面建筑等因素有关。

地球上主要有两大地震带，我国位于两大地震带上，是世界上地震灾害最严重的国家之一（图8-7）。1976年7月28日发生在唐山的7.8级大地震，顷刻间就摧毁了这个百万人口的工业重镇；2008年5月12日发生在四川汶川的8.0级地震，是新中国成立以来最大的一次地震（图8-8）。截至2009年5月25日10时，共遇难69 227人，受伤374 643人，失踪17 923人。直接经济损失达8 451亿元。

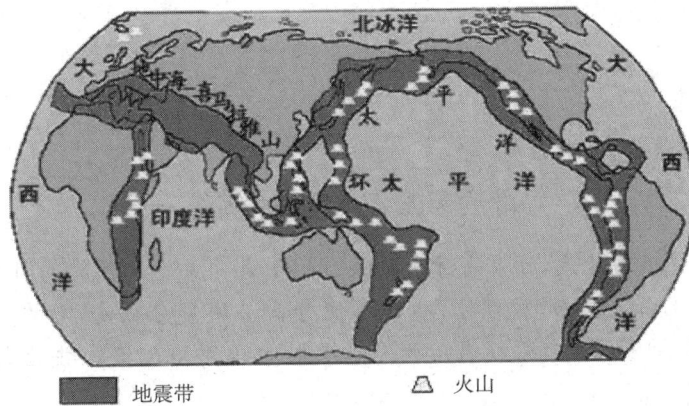

图 8-7　世界的火山地震分布示意图

图 8-8　地震后

二、火山喷发

火山喷发是地下深处的高温岩浆和气体、碎屑物喷出地表的现象。火山按其活动情况分为活火山、死火山、休眠火山三类。

强烈的火山喷发会造成巨大的危害(图 8-9)。高温熔融的岩浆可摧毁沿途的一切,火山灰夹杂着水蒸气遮天蔽日。周围的民房都可能被压塌,甚至被淹埋。

三、滑坡和泥石流

滑坡是在地势起伏的丘陵及山地,斜坡上的岩体或土体,在重力作用下向下滑动的现象。泥石流是山区经常发生的特殊洪流,它夹杂着泥沙、石块以及巨大的砾石,有极强的破坏性。

图 8-9　火山喷发

滑坡和泥石流不仅会破坏或掩埋坡上和坡下的道路、建筑物、农田,还会造成重大的人员伤亡。我国是一个多山的国家,南方地区降水多且集中,同时,加上人们不合理的经济活动,使滑坡和泥石流成为我国分布较广、危害较严重的自然灾害(图 8-10)。

图 8-10　滑坡

【阅读与扩展】

滑坡和泥石流灾害的危害

2010 年 8 月 7 日晚至 8 日凌晨,甘肃省甘南藏族自治州舟曲县发生强降雨引发泥石流灾害。滑坡泥石流堵塞嘉陵江上游支流白龙江,形成堰塞湖,回水使舟曲县城部分被淹,电力、交通、通讯中断。截至 2010 年 8 月 12 日 16 时 30 分,甘南藏族自治州舟曲县特大山洪地质灾害共造成 1 144 人遇难,600 人失踪。

地震来了如何自救

1. 如果在平房里,突然发生地震,要迅速钻到床下、桌下,同时用被褥、枕头、脸盆等物护住头部,等地震间隙再尽快离开住房,转移到安全的地方。地震时如果房屋倒塌,应待在床下或桌下千万不要移动,要等到地震停止再逃出室外或等待救援。

2. 如果住在楼房中,不要试图跑出楼外,及时躲到两个承重墙之间最小的房间,如厕所、厨房等,千万不要去阳台和窗下躲避。

3. 如果正在上课时发生了地震,不要惊慌失措,更不能在教室内乱跑或争抢外出。靠近门的同学可以迅速跑到门外,中间及后排的同学可以尽快躲到课桌下,用书包护住头部;靠墙的同学要紧靠墙根,双手护住头部。

4. 如果正在街上,绝对不能跑进建筑物中避险。也不要在高楼下、广告牌下、狭窄的胡同、桥头等危险地方停留。

5. 如果地震后被埋在建筑物中,应先设法清除压在腹部以上的物体;用毛巾、衣服捂住口鼻,防止烟尘窒息;要注意保存体力,设法找到食品和水,创造生存条件,等待救援。

滑坡和泥石流灾害的预防

1. 当看到或听到山坡发生崩塌、滑坡时,应迅速判断崩塌、滑坡来源方向,不能顺着崩塌、滑坡运动方向逃离,通常情况下应以最快速度向着垂直崩塌、滑坡运动的方向逃离。

2. 当看到或听到沟谷上游可能有泥石流发生时,不能顺着沟谷向下游逃离,而应以最快速度向沟谷两侧山坡上方逃离。

3. 平时要留心周围地形环境。低缓宽厚的山冈往往不易发生崩塌、滑坡,可以选作避灾场所,并做好相应准备;沿山脊展布的道路比沿山谷展布的道路更安全,日常活动和避灾过程中都应尽量选择安全道路行走。

4. 雨天在沟谷中耕作、放牧时,要提高警惕随时戒备泥石流的发生,尽量不要长时间在沟谷中或沟口停留。雨季穿越沟谷时,无论晴天还是下雨,都要先仔细观察,确认安全后再快速通过。

5. 灾害发生时,不要留恋财物、家畜家禽,要分秒必争、果断撤离,人的生命永远都是最宝贵的,在自保的同时尽量帮助别人。

6. 雨季或雨天的夜晚灾害发生的频率高,应对地质灾害保持更高的警惕性,雨天不要在崩塌、滑坡和泥石流的危险区留宿。

被火山淹没的城市——庞贝城

公元 79 年 8 月 23 日深夜到 24 日清晨间,维苏威火山爆发了。先是熔化的岩石以超音速的速度冲出温度高达 1 000℃的火山口,当火山内部再也承受不住巨大的压力时,惊天动地的喷发令火红色的砾石飞上 7 000 米的高空,然后,灼热的火山碎屑暴雨一般从天而降,向着庞贝倾泻而来。庞贝人惊骇万分,自公元前 1000 年这块土地上有人居住起,维苏威火山在那不勒斯海湾蓝色的天空下从来都是鲜花遍坡,它已经平静几百年了。庞贝人开始逃跑,奔跑在街道上的人被砾石击中而倒下,下落的火山碎屑在庞贝城中不断堆积,建筑物因承受不住重压而倒塌。同时,炙烫的岩浆裹挟着碎石冲下维苏威火山,以每小时 60 公里的速度到达庞贝,覆盖了整座城市的每一条街道,岩浆腾起的气浪烧烤着路边残剩的房屋和依然躲藏在那里的人。紧接着,黑色的火山灰从火山口上空滚滚而来,密不透风地封堵住庞贝城中每一扇门、每一扇窗户,封堵住那些在砾石的袭击中侥幸存活的庞贝人的眼睛和胸腔,令他们最终因为窒息而死——"生命中最悲惨的一刻来临了,他无法呼吸"。

公元 79 年,维苏威火山爆发 18 个小时后,火山碎屑将整个庞贝城掩埋,最深处竟达 19 米,曾被誉为美丽乐园的庞贝从地球上消失了。

令人难以置信的是,庞贝没有死亡。1594 年,人们在萨尔诺河畔修建饮水渠时发现了一块上面刻有"庞贝"字样的石头;没有人意识到,一座古代城市此刻正完整地密封在他们脚下占地近 65 公顷的火山岩屑中。1748 年,人们挖掘出了被火山灰包裹着的人体遗骸,这才意识到,公元 79 年维苏威火山的爆发掩埋了一座城市!

【思考与练习】

1. 举例说明,人类在改造自然的过程中,有可能引发哪些地质灾害?
2. 考察你家乡的环境,看一看是否存在一些灾害隐患?如何预防?

References
参考文献

1. 叶佩珉、赵占良. 生物. 北京：人民教育出版社，2004
2. 贺永琴. 生物学. 上海：复旦大学出版社，2006
3. 叶佩珉. 生物学（第一册，第二册）. 北京：人民教育出版社，1999
4. 吴国芳. 植物学（上、下册）. 北京：高等教育出版社，1983
5. 张俊范. 四川鸟类鉴定手册. 北京：中国林业出版社，1996
6. 汪忠. 生物. 南京：江苏教育出版社，2007
7. 刘淑海，韦志榕，陆军，等. 地理. 北京：人民教育出版社，2003
8. 韦志榕，陆军，丁尧清，等. 地理. 北京：人民教育出版社，2011

图书在版编目(CIP)数据

幼儿教师自然科学教程(生物地理分册)/王向东主编.—上海:复旦大学出版社,
2013.9(2023.8 重印)
普通高等学校学前教育专业系列教材
ISBN 978-7-309-10084-6

Ⅰ.幼… Ⅱ.王… Ⅲ.①生物-幼儿师范学校-教材②地理-幼儿师范学校-教材 Ⅳ.N43

中国版本图书馆 CIP 数据核字(2013)第 226182 号

幼儿教师自然科学教程(生物地理分册)
王向东 主编
责任编辑/傅淑娟

复旦大学出版社有限公司出版发行
上海市国权路 579 号 邮编:200433
网址:fupnet@ fudanpress.com http://www.fudanpress.com
门市零售:86-21-65102580   团体订购:86-21-65104505
出版部电话:86-21-65642845
上海四维数字图文有限公司

开本 890×1240 1/16 印张 10.5 字数 315 千
2023 年 8 月第 1 版第 9 次印刷
印数 22 801—25 900

ISBN 978-7-309-10084-6/N・17
定价:39.00 元

如有印装质量问题,请向复旦大学出版社有限公司出版部调换。